教育部职业教育与成人教育司推荐教材
中等职业教育技能型紧缺人才教学用书

地基与基础工程施工

(建筑施工专业)

本教材编审委员会组织编写

主编　李志新
主审　胡兴福　金忠盛

中国建筑工业出版社

图书在版编目（CIP）数据

地基与基础工程施工/本教材编审委员会组织编写；李志新主编. —北京：中国建筑工业出版社，2006（2021.9重印）
教育部职业教育与成人教育司推荐教材. 中等职业教育技能型紧缺人才教学用书. 建筑施工专业
ISBN 978-7-112-08071-7

Ⅰ. 地… Ⅱ. ①本…②李… Ⅲ. ①地基-工程施工-职业教育-教材②基础（工程）-工程施工-职业教育-教材 Ⅳ. ①TU47②TU753

中国版本图书馆CIP数据核字（2006）第057209号

教育部职业教育与成人教育司推荐教材
中等职业教育技能型紧缺人才教学用书
地基与基础工程施工
（建筑施工专业）
本教材编审委员会组织编写
主编 李志新
主审 胡兴福 金忠盛

*

中国建筑工业出版社出版、发行（北京西郊百万庄）
各地新华书店、建筑书店经销
霸州市顺浩图文科技发展有限公司制版
廊坊市海涛印刷有限公司印刷

*

开本：787×1092毫米 1/16 印张：15¼ 字数：368千字
2006年8月第一版 2021年9月第十三次印刷
定价：21.00元
ISBN 978-7-112-08071-7
（14025）

版权所有 翻印必究
如有印装质量问题，可寄本社退换
（邮政编码 100037）

本书是全国中等职业教育技能型紧缺人才教学用书之一。内容重点突出职业素养提高和职业实践能力培养。

本书共分四个单元,主要内容包括:基本知识、土方工程、地基工程处理技术、基础工程施工等。

本书可作为中等职业学校建筑工程施工专业的教学用书,也可作为专业技术人员参考材料。

* * *

责任编辑:朱首明　李　明
责任设计:赵明霞
责任校对:张树梅　张　虹

本教材编审委员会名单
（建筑施工专业）

主 任 委 员： 白家琪

副主任委员： 胡兴福　诸葛棠

委　　　员： （按姓氏笔画为序）

丁永明	于淑清	王立霞	王红莲	王武齐	王宜群
王春宁	王洪健	王　琰	王　磊	方世康	史　敏
冯美宇	孙大群	任　军	刘晓燕	李永富	李志新
李顺秋	李多玲	李宝英	李　辉	张永辉	张若美
张晓艳	张道平	张　雄	张福成	邵殿昶	林文剑
周建郑	金同华	金忠盛	项建国	赵　研	郝　俊
南振江	秦永高	郭秋生	诸葛棠	鲁　毅	廖品槐
缪海全	魏鸿汉				

出 版 说 明

为深入贯彻落实《中共中央、国务院关于进一步加强人才工作的决定》精神，2004年10月，教育部、建设部联合印发了《关于实施职业院校建设行业技能型紧缺人才培养培训工程的通知》，确定在建筑（市政）施工、建筑装饰、建筑设备和建筑智能化四个专业领域实施中等职业学校技能型紧缺人才培养培训工程，全国有94所中等职业学校、702个主要合作企业被列为示范性培养培训基地，通过构建校企合作培养培训人才的机制，优化教学与实训过程，探索新的办学模式。这项培养培训工程的实施，充分体现了教育部、建设部大力推进职业教育改革和发展的办学理念，有利于职业学校从建设行业人才市场的实际需要出发，以素质为基础，以能力为本位，以就业为导向，加快培养建设行业一线迫切需要的技能型人才。

为配合技能型紧缺人才培养培训工程的实施，满足教学急需，中国建筑工业出版社在跟踪"中等职业教育建设行业技能型紧缺人才培养培训指导方案"（以下简称"方案"）的编审过程中，广泛征求有关专家对配套教材建设的意见，并与方案起草人以及建设部中等职业学校专业指导委员会共同组织编写了中等职业教育建筑（市政）施工、建筑装饰、建筑设备、建筑智能化四个专业的技能型紧缺人才教学用书。

在组织编写过程中我们始终坚持优质、适用的原则。首先强调编审人员的工程背景，在组织编审力量时不仅要求学校的编写人员要有工程经历，而且为每本教材选定的两位审稿专家中有一位来自企业，从而使得教材内容更为符合职业教育的要求。编写内容是按照"方案"要求，弱化理论阐述，重点介绍工程一线所需要的知识和技能，内容精炼，符合建筑行业标准及职业技能的要求。同时采用项目教学法的编写形式，强化实训内容，以提高学生的技能水平。

我们希望这四个专业的教学用书对有关院校实施技能型紧缺人才的培养具有一定的指导作用。同时，也希望各校在使用本套书的过程中，有何意见及建议及时反馈给我们，联系方式：中国建筑工业出版社教材中心（E-mail：jiaocai@cabp.com.cn）。

中国建筑工业出版社
2006年6月

前　言

　　随着我国建筑业的蓬勃发展，建筑领域的科技进步，市场竞争也日趋激烈，地基基础专业领域的技能型人才十分紧缺。为了提高学生的职业素养和职业实践能力，培养学生的操作技能和技术服务能力，适应行业技术的发展，编写本书。

　　本书结合我国当前实际情况，突出职业教育，以就业为导向，岗位和学校教育相结合，打破学科体系，缩小知识与工作岗位的距离，以学生的自身条件为主，体现教学组织的科学性和灵活性。

　　本书体例编排采用了以单元为主体，分部分项为课题，实训课题为结果的编排形式。内容上以实用为准、够用为度，突出了操作技能的培训。在风格上力求知识浅显易懂、图文并茂，加强了实践教育。

　　通过本教材的学习，学生应能够应用图解说明建筑（市政）工程土方与基础施工的一般过程，能够区分和选择土方和基础施工机械、设备，掌握地基土的一般工程性质，掌握常用地基基础的施工技术、质量标准、安全要求，能够按照有关规范、规程进行施工，并能根据季节变化采取相应施工措施。

　　本书教学与实训时间安排为100学时。

　　本书单元1由河南建筑工程学校讲师秦继英编写，单元2由四川攀枝花建筑工程学校高级讲师钟世昌编写，单元3、单元4由天津市建筑工程学校高级讲师李志新编写。本书在编写过程中得到天津市建筑工程学校各级领导的大力支持和业内人士的大力帮助，在此一并表示感谢。本书由胡兴福、金忠盛两位老师主审。

　　由于编者的水平有限，错误之处在所难免，在此恳请有关专家、学者以及广大读者批评指正，以便进一步修改完善。

编　者

目 录

单元1 基本知识 1
课题1 地基与基础概述 1
课题2 土的物理性质及工程分类 6
课题3 工程地质勘察 19
实训课题 26
1. 测定土的基本物理性质指标 26
2. 测定黏性土的界限含水量（液限、塑限） 31
3. 击实试验 34
复习思考题 38
习题 39

单元2 土方工程 40
课题1 土方开挖与填筑 40
课题2 土方工程施工排水与降水 79
实训课题 90
1. 慢剪试验 90
2. 固结快剪试验 95
3. 快剪试验 95
4. 砂类土的直剪试验 95
复习思考题 96

单元3 地基工程处理技术 97
课题1 换填法施工 97
课题2 挤密法施工 106
课题3 振冲法 120
课题4 强夯法 126
课题5 预压固结法 131
课题6 化学加固法 141
复习思考题 162

单元4 基础工程施工 163
课题1 浅基础施工 163
课题2 箱形基础施工简介 182
课题3 桩基础施工 186
课题4 地下连续墙施工 214
复习思考题 234

参考文献 235

单元1 基本知识

知 识 点：地基与基础的概念、作用；岩土的工程性质及工程分类；识读勘察报告；建筑工程验槽。

教学目标：通过本单元的学习，学生应达到以下要求：掌握地基与基础的概念，了解其作用、特点、简单类别以及地基基础施工质量的重要性；施工时能根据地基土性质灵活选用施工设备、并了解施工中如何保护地基土不受破坏或较大的扰动；能读懂地基报告，从中了解施工场地土的性质。

课题1 地基与基础概述

1.1 地基与基础的概念

俗话说"万丈高楼平地起"，任何建筑物都建造在地球的表层，它构成了一切工程建筑的环境和物质基础。我们把受建筑物荷载影响的那部分地层称为地基，建筑物向地基中传递荷载的下部结构称为基础。建筑物的地基、基础如图 1-1 所示。

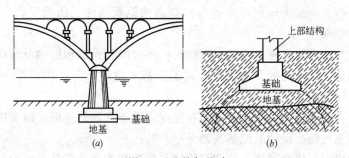

图 1-1 地基与基础

1.1.1 地基

建筑物（或构筑物）荷载都是通过基础传至土层，使土层产生附加应力和变形，由于土粒间的接触与传递，向四周土中扩散并逐渐减弱，我们把土层中附加应力与变形所不能忽略的那部分土层（或岩层）称为地基。

地基是有一定深度与范围的，基础下的土层称为持力层；在地基范围内持力层以下的土层称为下卧层，强度低于持力层的下卧层称为软弱下卧层。基础应埋置在良好的持力层上，如图 1-2 所示。

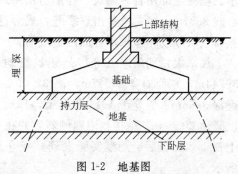

图 1-2 地基图

当建筑场地土质均匀、密实、性质良好且地基承载力较高时，一般的建筑可将基础直接做在天然土层上，称为天然地基。但是，我国幅员辽阔，自然地理环境不同，土质各异，地基条件区域性强，如果遇到建筑地基土土质软弱，压缩性高，强度低，无法承受上部结构的荷载，或者是上部结构荷载较大，地基土不能满足建筑物变形要求时，都要进行地基处理，这种经人工加固处理过的地基称为人工地基。地基处理方法较多，有换填法、排水固结法、化学加固法、CFG桩等等，它们各有特点，后面有专门课题介绍，这里不再赘述。

1.1.2 基础

建筑物是设置在地表土层上的，通常把地表以上的建筑物称为上部结构，地表以下的结构称为基础。基础是建筑物最底部的承重构件，由砖、石、混凝土、钢筋混凝土等建筑材料建造。

通常上部结构荷载通过墙或柱传给基础，基础将上部结构扩散，减小应力强度后传给地基。基础具有承上启下的作用，一方面它处于上部结构的荷载及地基反力的相互作用下，承受由此产生的内力（轴力、剪力和弯矩等）；另一方面，基础底面的反力反过来又作为地基上的荷载，使地基产生应力和变形。因此通常说基础设计时，除了需要保证基础结构本身具有足够的强度和刚度外，同时还应将地基的反力和沉降控制在允许范围内，因而基础设计又被称为地基基础设计。

1.2 地基与基础实例简介

我国劳动人民远在春秋战国时期开始兴建的万里长城，至今依然耸立，令世人瞩目。

隋唐时期修建的南北大运河，穿越各种复杂的地质条件，历经千百年风雨沧桑而不毁，被誉为亘古奇观。

隋朝工匠李春在河北省修建的赵州石拱桥，不仅因其建筑和结构设计而闻名于世，其地基基础处理也是非常合理的。他将桥台砌筑于密实粗砂层上，1300多年来估计沉降量仅几厘米，令人叹服。

宏伟壮丽的宫殿寺院，逾千百年而流存至今；遍布各地的高塔，遇多次强烈地震而安然无恙，这些都是与精心设计的地基基础分不开的。

举世闻名的意大利比萨斜塔，是建筑物倾斜的典型实例，它是由于地基不均匀沉降造成的。如图1-3所示。

我国重点文物保护建筑——苏州市虎丘塔，距今已有1千多年的历史。如图1-4所示。塔身全部用青砖砌筑，外形仿楼阁式木塔，建筑精美。但在1980年发现塔顶偏离中心线2.31m，底层塔身出现裂缝，成为危险建筑而封闭。勘察结果表明宝塔倾斜是由于地基覆盖层厚度相差悬殊等原因造成的。

加拿大特朗斯康谷仓，是建筑物地基滑移的典型实例。该谷仓成矩形，南北向长59.44m，东西向宽23.47m，高31.00m。谷仓基础为钢筋混凝土筏板基础，厚610mm，埋深3.66m。谷仓于1911年动工，1913年秋完工。谷仓建成试仓时，发现1小时内竖向沉降达30.5cm，结构物向西倾斜，并在24小时内谷仓倾倒，谷仓西端下沉7.32m，东端上抬1.52m。后经勘察实验发现，谷仓地基是因超载发生承载力破坏而滑动。如图1-5所示。

图 1-3　意大利比萨斜塔

图 1-4　苏州市虎丘塔

图 1-5　加拿大特朗斯康谷仓倾倒

图 1-6　匈牙利一码头建筑物墙体开裂

匈牙利一码头建筑物，为单层框架结构，建于1952年。建筑物采用圆柱形独立基础，外墙基础上布置钢筋混凝土连续梁，承受外墙荷载，建筑内墙采用条形基础。工程建成后不久，所有内墙都严重开裂。勘查研究发现，一栋建筑物采用两种基础类型，埋深相差悬殊，持力层土质压缩性高低相差悬殊，引起严重不均匀沉降，导致墙体严重开裂。如图1-6所示。

由上述可见，地基基础是整个建筑工程中的一个重要组成部分，建筑物事故的原因很多与地基基础有关，并且由于地基基础埋置于地下，一旦发生事故就不易补救。据统计，我国一般多层建筑中，基础工程造价约占总造价的1/4，工期可占总工期的1/4以上。如需人工处理或采用深基础时，其造价和工期所占的比例更大。但是，如果盲目地提高建筑物地基与基础的安全度，有时多花费建设资金却不能收到良好的效果。因此，工程技术人员必须十分重视并做好地基与基础的勘察、设计和施工阶段的各项工作。要求工程技术人员熟练掌握地基土的基本特性、地基基础的基本原理和主要概念，结合建筑场地条件及建筑物的结构特点，因地制宜地进行设计和施工，确保建筑物的安全。

1.3 基础的类型及其特点

基础按埋置深度和施工方法的不同可分为浅基础和深基础。浅基础是指埋深较浅，施工时采用的方法和工艺、条件都比较简单的基础类型。深基础是指相对埋置深度较大，需采用专用施工机械和特殊的施工方法施工，施工条件比较困难，施工机具比较复杂的基础类型。

1.3.1 浅基础

浅基础根据材料可分为无筋扩展基础和钢筋混凝土基础。

（1）无筋扩展基础

无筋扩展基础系指由砖、毛石、混凝土或毛石混凝土、灰土和三合土等材料组成的墙下条形基础或柱下独立基础，又称刚性基础。其类型及构造要求如图1-7所示。

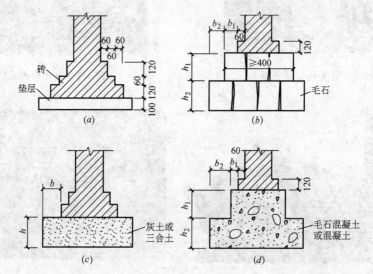

图1-7 刚性基础类型
(a) 砖基础；(b) 毛石基础；(c) 灰土基础、三合土基础；(d) 毛石混凝土基础、混凝土基础

这类基础有共同的特点，其基础材料的抗压强度较大，抗拉和抗弯的能力较差。因此在工程设计、施工时为满足无筋扩展基础的安全要求，基础通常做成台阶形，基础的外伸部分 b' 与基础高度 h 的比值有一定的限制，称为允许宽高比，见表1-1。无筋扩展基础为避免脆性材料被拉裂，其台阶的宽高比应满足其允许宽高比的要求，即

$$\frac{b'}{h} \leqslant \left[\frac{b'}{h}\right] = \tan\alpha \tag{1-1}$$

式中 $\left[\dfrac{b'}{h}\right]$ ——无筋扩展基础台阶宽高比允许值，查表1-1；

α ——基础的刚性角；

h ——基础台阶高度。

此类基础适用于六层及六层以下的民用建筑和墙承重的单层厂房。

无筋扩展基础台阶宽高比的允许值　　　　　表1-1

基础名称	质量要求	台阶宽高比的容许值		
		$P_k \leqslant 100$	$100 < P_k \leqslant 200$	$200 < P_k \leqslant 300$
混凝土基础	C15混凝土	1:1.00	1:1.00	1:1.25
毛石混凝土基础	C15混凝土	1:1.00	1:1.25	1:1.50
砖基础	砖不低于MU10，砂浆不低于M5	1:1.50	1:1.50	1:1.50
毛石基础	砂浆不低于M5	1:1.25	1:1.50	—
灰土基础	体积比为3:7或2:8的灰土，其最小干密度： 粉土 15.5kN/m³ 粉质黏土 15.0kN/m³ 黏土 14.5kN/m³	1:1.25	1:1.50	
三合土基础	体积比为1:2:4~1:3:6（石灰:砂:骨料），每层约虚铺220mm，夯至150mm	1:1.50	1:2.00	—

注：1. P_k为荷载效应标准组合时基础底面的平均压力（kPa）；
2. 阶梯形毛石基础的每阶伸出宽度不宜大于200mm；
3. 当基础由不同材料叠合组成时，应对接触部分作抗压验算；
4. 基础底面处的平均压力值超过300kPa的混凝土基础，尚应按下式进行抗剪验算。

$$V \leqslant 0.07 f_c A$$

式中　V——剪力设计值；
　　　f_c——混凝土轴心抗压强度设计值；
　　　A——台阶高度变化处的剪切断面面积。

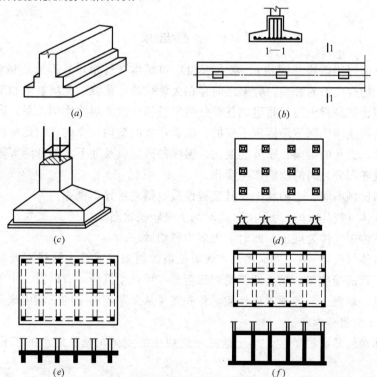

图1-8　钢筋混凝土基础类型
(a) 墙下条形基础；(b) 柱下条形基础；(c) 柱下独立基础；(d) 平板式筏形基础；
(e) 梁板式筏形基础；(f) 箱形基础

（2）钢筋混凝土基础

钢筋混凝土基础是由钢筋和混凝土浇筑而成的基型，也称柔性基础。钢筋混凝土基础具有较好的抗弯能力和抗剪能力，它能在较小埋深范围内将基础底面积扩大，因此当无筋扩展基础不能同时满足地基承载力和基础埋深的要求时，则需采用钢筋混凝土基础。

钢筋混凝土基础按构造形式可分为：墙下条基、柱下独立基础、十字交叉基础、筏形基础、箱形基础和壳体基础。如图1-8所示。

1.3.2 深基础

当浅基础无法满足建筑物对地基承载力和变形的要求时，可选用深基础。深基础埋深较大，深基础主要有桩基础、沉井基础、地下连续墙和墩式基础等，目前应用最广泛的是桩基础。桩基础作为深基础具有承载力高、稳定性好、沉降量小而均匀、沉降速率低、抗地基液化性能好等特点，因此桩基几乎可应用于各种工程地质条件和各种类型的建筑工程，尤其适用于建造在软弱地基上的高层、重型建筑物或构筑物。桩基础示意图如图1-9所示。

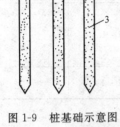

图1-9 桩基础示意图
1—承台；2—素混凝土垫层；3—桩体

课题2　土的物理性质及工程分类

2.1　土的组成

土一般是由固体矿物（固相）、水（液相）和气体（气相）三部分组成的三相体系。土中的固体矿物构成土的骨架，骨架之间存在大量孔隙，孔隙中充填着水和空气。

土的三相比例是指土的三相组成各部分的质量和体积之间的比例关系。同一地点的土体，它的三相组成的比例不是固定不变的，随着环境的变化，土的三相比例也会发生相应的变化。例如，天气的晴雨、季节的变化、温度的高低以及地下水的升降等等，都会引起土的三相组成各部分之间的比例产生变化。

土体三相比例不同，土的状态及其工程性质也随之各异，例如：

固体＋气体（液体＝0）为干土，此时黏土呈坚硬状态。

固体＋液体＋气体为湿土，此时黏土多为可塑状态。

固体＋液体（气体＝0）为饱和土，此时松散的粉细砂或粉土遇强烈地震，可能产生液化，而使工程遭受破坏；黏土地基受建筑荷载作用发生沉降，有时需几十年才能稳定。

由此可见，掌握土的各项工程性质，首先需要从最基本的土的三相组成开始学习。

2.1.1　土的固体颗粒

土的固体颗粒即矿物颗粒，是土的三相组成中的主体，是决定土的工程性质的主要成分。

（1）颗粒的粒组

自然界中土颗粒的大小相差悬殊，如：巨粒土漂石，粒径$d>200$mm，细粒土黏粒$d<0.005$mm，两者粒径相差超过4万倍。颗粒大小不同的土，它们的工程性质也各异。

为便于研究，把土的粒径按性质相近的原则划分为6个粒组。如图1-10所示。

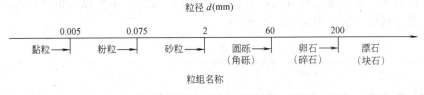

图1-10 土的粒径分组

同一粒组中的土的工程性质相似。通常粗粒土的压缩性低、强度高、渗透性大；带棱角、表面形状粗糙的土粒，不易滑动，因而其抗剪强度比表面圆滑的高，承载力相对较大。

(2) 土的颗粒级配

自然界里的天然土，很少是由一个粒组的土组成的，往往是由多个粒组混合而成，土的颗粒有粗有细。工程中常用土中各粒组的相对含量（各粒组占土粒总量的百分数）来表示，称为土的颗粒级配。这是决定无黏性土的指标，是粗粒土的分类定名的标准。

粒径分析方法，工程中常用筛析法、密度计法或移液管法。

筛析法：适用于土粒直径 $d>0.075$ mm 的土。筛析法的主要设备为一套标准分析筛，筛子孔径分别为 20、10、5、2.0、1.0、0.5、0.25、0.075mm。将土样倒入标准筛中，盖上盖，置于筛析机上震筛 10～15min。由上而下顺序称出留在各级筛子上及底盘内试样的质量，即可求得各个粒组的相对含量。

密度计法：适用于土粒直径 $d<0.075$ mm 的土。密度计法的主要仪器为土的密度计和容积为 1000mL 的量筒。根据土粒直径的大小不同，在水中沉降的速度也不同的特性，将密度计放入悬液中，测记 0.5、1、2、5、15、30、60、120 和 1440min 的密度计读数，通过分析计算而得出结果。

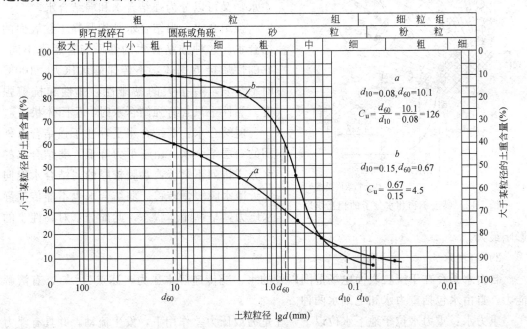

图1-11 粒径级配曲线

根据颗粒分析试验结果,绘制土的粒径级配曲线。如图 1-11 所示,图中纵坐标表示小于某粒径的土占总质量的百分数,横坐标表示土的粒径,由于粒径相差较大,故采用对数尺度。其分析结果还可用表 1-2 表示。

粒径分析表　　　　　　　　　　　　　　表 1-2

筛孔直径(mm)	20	10	5	2	1	0.5	0.25	0.1	0.075	底盘<0.075	总计
留筛土重(g)	176	198	153	185	226	366	708	652	86	84	2834
占全部土重的百分比(%)	6	7	5	7	8	13	25	23	3	3	100
大于某筛孔径的土重百分比(%)	6	13	18	25	33	46	71	94	97		
小于某筛孔径的土重百分比(%)	94	87	82	75	67	54	29	6	3		

粒径级配曲线上:纵坐标10%所对应的粒径 d_{10} 称为有效粒径;纵坐标60%所对应的粒径 d_{60} 称为限定粒径,d_{60} 与 d_{10} 的比值称为不均匀系数 c_u,即

$$c_u = \frac{d_{60}}{d_{10}} \tag{1-2}$$

工程上常用不均匀系数 c_u 表示颗粒组成的不均匀程度。当 c_u 很小时,曲线很陡,表示土粒均匀,级配不好;当 c_u 很大时,曲线平缓,表示土的级配良好。

2.1.2　土中水

水在土中存在的状态有液态、气态和固态。

(1) 液态水

按照水与土相互作用的强弱,土中的液态水分为结合水和自由水。如图 1-12 所示。

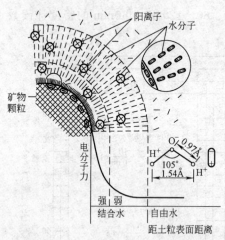

图 1-12　黏土矿物和水分子的相互作用

1) 结合水

结合水是指受电分子吸附于土粒表面的土中水,又可以分为强结合水和弱结合水。

强结合水:强结合水是指紧靠土粒表面的结合水。这种强结合水的性质与普通水不同:它的性质接近固体,不传递静水压力,100℃时不蒸发,有很大的黏滞性、弹性和抗剪强度。黏性土只含有强结合水时,呈固体状态。

弱结合水:弱结合水是存在于强结合水外围的一层结合水。由于引力降低,弱结合水的水分子排列不紧密,水膜较厚的弱结合水能向邻近薄水膜缓慢转移。弱结合水也不能传递静水压力,呈黏滞体状态,此部分水对黏性土的影响最大。

2) 自由水

自由水是存在于土粒表面电场范围以外的水,能传递静水压力,冰点为0℃,有溶解能力。自由水包括重力水和毛细水两种。

重力水:重力水位于地下水位以下,在重力或压力差作用下,发生流动,并具有浮力的作用。

毛细水：毛细水位于地下水位以上，受毛细作用而上升。毛细水上升对公路路基土干湿的状态及建筑物的防潮均有很大影响，在寒冷地区还要注意冻胀问题。

（2）气态水

气态水即水汽，对土的性质影响不大。

（3）固态水

固态水即冰。当气温降至0℃以下时，液态水结冰为固态水。水结冰，体积膨胀，使地基发生冻胀，所以寒冷地区确定基础的埋置深度时要注意冻胀问题。

2.1.3 土中气体

土中气体是指充填在土固体颗粒孔隙中的气体，包括和大气连通的（自由气体）和不连通的（封闭气泡）两种。和大气连通的气体的成分与空气相似，当土受到外力作用时，这种气体很快从孔隙中挤出，所以对土的工程性质没有多大影响。封闭气泡与大气隔绝，存在在黏性土中。当土层受荷载作用时，封闭气泡缩小，卸载时又膨胀，使土体具有弹性，称为"橡皮土"，使土体的压实变的困难。如果土中的封闭气泡很多时，将使土的压缩性增高，土的渗透性降低。所以土中的封闭气泡对土的工程性质有很大影响。

2.2 土的结构与构造

2.2.1 土的结构

土的结构主要是指土颗粒之间的相互排列与连接的形式。土的结构一般分为单粒结构、蜂窝结构和絮状结构三种基本类型。

（1）单粒结构

单粒结构是无黏性土的基本组成形式，由较粗的砾石颗粒、砂粒在自重作用下沉积而成。因颗粒较大，颗粒之间没有连接力，土的密实程度受沉积条件影响，有的较疏松，也有的较密实。如图1-13所示。

（2）蜂窝结构

形成蜂窝结构的颗粒主要是粉粒。如图1-14所示。

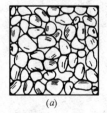

图1-13 单粒结构

(a)紧密结构；(b)疏松结构

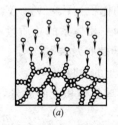
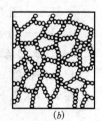

图1-14 蜂窝结构

(a)颗粒正在沉积；(b)沉积完毕

（3）絮状结构

形成絮状结构的颗粒是粒径极小的黏土颗粒（粒径小于0.005mm）。如图1-15所示。

以上三种结构中，密实的单粒结构工程性质最好，絮状结构工程性质最差。蜂窝结构和絮状结构如被扰动破坏天然结构，则强度降低、压缩性增高，不适合作为天然地基。

2.2.2 土的构造

土的构造是指同一土层中土颗粒之间相互关系的特征。土的构造通常分为层状构造、

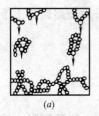
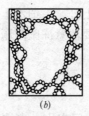

图 1-15 絮状结构
(a) 絮状集合体在沉积；(b) 沉积完毕

分散构造、裂隙构造。

层状构造：是土粒在沉积过程中，由于不同阶段沉积的物质成分和颗粒大小不同，沿竖直方向呈层状分布的特征。

分散构造：是土层颗粒间无大的差别，分布均匀，性质相近，常见于厚度较大的粗粒土，如砂、卵石层。

裂隙构造：是土体被许多不连续的小裂隙所分割。裂隙的存在大大降低了土体的强度和稳定性，增大了透水性，对工程不利。

通常分散构造的工程性质最好。裂隙构造中，因裂隙强度低、渗透性大，工程性质差。

2.3 土的物理性质指标

土的物理性质指标反映土的工程性质的特征，具有重要的实用价值。土中三相之间相互比例不同，土的工程性质也不同，因此需要定量研究三相之间的比例关系，即土的物理性质指标的物理意义和数值大小。

为了便于说明和计算，用三相示意图表示气体、水、颗粒之间的数量关系，图左边标注各相的质量，图右边标注各相的体积。如图 1-16 所示。

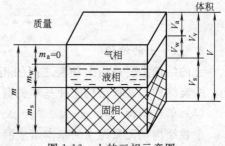

图 1-16 土的三相示意图

图中：

m_a、V_a——分别为气相的质量、体积，m_a 忽略不计为 0；

m_w、V_w——分别为液相的质量、体积；

m_s、V_s——分别为固相的质量、体积；

V_v——孔隙的体积，$V_v = V_a + V_w$；

m、V——分别为三相体系的总质量、总体积，$m = m_w + m_s$，$V = V_s + V_v$。

2.3.1 土的基本物理性质指标

(1) 土的密度 ρ 和土的重度 γ

土在天然状态下，单位体积土的质量，称为土的密度或天然密度，即

$$\rho = \frac{m}{V} \ (\text{g/cm}^3) \tag{1-3}$$

土在天然状态下，单位体积土的重力称为土的重力密度或重度，其值等于土的密度乘以重力加速度 g，工程中常取 $g = 10 \text{m/s}^2$，即

$$\gamma = \rho g \ (\text{kN/m}^3) \tag{1-4}$$

天然状态下土的密度值一般介于 1.6~2.2g/cm³ 之间，重度值一般介于 16~22kN/m³ 之间。

ρ 的测定方法：黏性土和粉土用环刀法；卵石、砾石与原状砂用灌水法。

(2) 土粒相对密度 d_s

土中固体矿物的质量与同体积 4℃纯水质量的比值，称为土粒的相对密度，即

$$d_s = \frac{m_s}{m_w} = \frac{m_s}{V_s \rho_w (4℃)} \tag{1-5}$$

土相对密度的数值大小取决于土的矿物成分，其值一般介于 2.6～2.8 之间。

d_s 的测定方法：常用比重瓶法，有时也可采用经验法。

（3）含水量 w

土在天然状态下，土中水的质量与土颗粒的质量之比，称为土的含水量，用百分数表示，即

$$w = \frac{m_w}{m_s} \times 100\% \tag{1-6}$$

含水量 w 是标志土的湿度的一个重要指标。天然土层的含水量变化范围较大，它与自然环境和土的种类有关。一般干砂土的含水量接近于零，而饱和砂土可达 40%；黏性土处于坚硬状态时，含水量约小于 30%，而处于流塑状态时，可达到 60%。一般情况下，同一类土含水量越大则强度越低，土的力学性质也随之改变。

含水量 w 的测定方法：常用烘箱法，适用于黏性土、粉土、砂土的常规试验；快速测定采用酒精燃烧法。

2.3.2 其他物理指标

（1）土的孔隙比 e

土中孔隙体积与土粒体积之比，称为土的孔隙比，即

$$e = \frac{V_V}{V_s} \tag{1-7}$$

孔隙比用小数表示，可以评价天然土层的密实程度。一般 $e<0.6$ 的土是密实的低压缩性土，$e>1.0$ 的土是疏松的高压缩性土。

（2）土的孔隙率 n

土的孔隙体积与土的总体积之比，称为孔隙率，用百分数表示，即

$$n = \frac{V_V}{V} \times 100\% \tag{1-8}$$

（3）土的饱和度 S_r

土中水的体积与孔隙体积之比，称为土的饱和度，即

$$S_r = \frac{V_w}{V_V} \tag{1-9}$$

土的饱和度用小数表示，反映孔隙被水充满的程度，是反映土体潮湿程度的物理性质指标。当 $S_r=0$ 时，土处于完全干燥状态；当 $0<S_r<0.5$ 时，土处于稍湿状态；当 $S_r \geqslant 0.8$ 时，土处于饱和状态；当 $S_r=1$ 时，土处于完全饱和状态。

（4）土的干密度 ρ_d 和干重度 γ_d

土中无水时，单位体积内土颗粒的质量，称为土的干密度或干土密度，即

$$\rho_d = \frac{m_s}{V} \text{ (g/cm}^3\text{)} \tag{1-10}$$

$$\gamma_d = \rho_d g \text{ (kN/m}^3\text{)} \tag{1-11}$$

土的干密度通常用作评价土体紧密程度的标准,控制填土工程的施工质量。其值 ρ_d 常在 $1.3\sim2.0\text{g/cm}^3$ 之间,γ_d 常在 $13\sim20\text{kN/m}^3$ 之间。

(5) 土的饱和密度 ρ_{sat} 和饱和重度 γ_{sat}

土体孔隙被水完全充满时,单位土体积饱和土的质量,称为土的饱和密度,即

$$\rho_{sat} = \frac{m_s + V_V \rho_w}{V} \text{ (g/cm}^3\text{)} \tag{1-12}$$

$$\gamma_{sat} = \rho_{sat} g \text{ (kN/m}^3\text{)} \tag{1-13}$$

(6) 土的浮密度 ρ' 和浮重度 γ'

地下水位以下,土粒受浮力作用,单位土体积内土粒的质量扣除同体积水的质量后,称为土的浮密度,即

$$\rho' = \frac{m_s + V_V \rho_w - V \rho_w}{V} = \rho_{sat} - \rho_w \text{ (g/cm}^3\text{)} \tag{1-14}$$

$$\gamma' = \rho' g = \gamma_{sat} - \gamma_w \text{ (kN/m}^3\text{)} \tag{1-15}$$

2.3.3 基本物理指标与其他指标的关系

上述 6 个指标均可由三相基本指标求得。在测得三相基本指标后,替换土的三相示意图中的各符号。如图 1-17 所示。

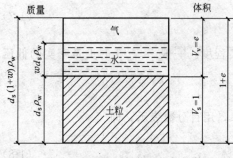

图 1-17 土的三相物理指标换算图

换算时,假设 $V_s = 1$,

则由式 (1-7) 可得孔隙体积 $V_V = e$;

土的总体积 $V = V_s + V_V = 1 + e$;

由式 (1-5) 可得土粒的质量 $m_s = d_s \cdot \rho_w$;

由式 (1-6) 可得水的质量 $m_w = w \cdot d_s \cdot \rho_s$;

总质量 $m = m_s + m_w = d_s \cdot \rho_w + w \cdot d_s \cdot \rho_w = d_s \cdot \rho_w (1+w)$;

其他物理指标按其物理意义,带入图 1-17 中各式,可得到其他物理指标与三相基本指标之间的换算关系。见表 1-3。

土的三相组成比例指标换算公式　　　　表 1-3

指标	符号	表达式	常用换算公式	常见值	单位
相对密度	d_s	$d_s = \frac{m_s}{V_s \rho_w}$	$d_s = \frac{S_r e}{w}$		
密度	ρ	$\rho = \frac{m}{V}$		1.6~2.2	t/m³
重度	γ	$\gamma = \rho g$ $\gamma = \frac{G}{V}$	$\gamma = \gamma_d (1+w)$ $\gamma = \frac{\gamma_w (d_s + S_r e)}{1+e}$	16~22	kN/m³

续表

指标	符号	表达式	常用换算公式	常见值	单位
含水量	w	$w=\dfrac{m_w}{m_s}\times 100\%$	$w=\dfrac{S_r e}{d_s}$ $w=\dfrac{\gamma}{\gamma_d}-1$	砂土:2.65~2.69 粉土:2.70~2.71 黏性土:2.72~2.75	
干密度	ρ_d	$\rho_d=\dfrac{m_s}{V}$	$\rho_d=\dfrac{\rho}{1+w}$ $\rho_d=\dfrac{d_s}{1+e}\rho_w$	1.3~2.0	t/m³
干重度	γ_d	$\gamma_d=\rho_d g$ $\gamma_d=\dfrac{G_s}{V}$	$\gamma_d=\dfrac{\gamma}{1+w}$ $\gamma_d=\dfrac{\gamma_w d_s}{1+e}$	13~20	kN/m³
饱和重度	γ_{sat}	$\gamma_{sat}=\dfrac{G_s+V_v\gamma_w}{V}$	$\gamma_{sat}=\dfrac{\gamma_w(d_s+e)}{1+e}$	18~33	kN/m³
有效重度	γ'	$\gamma'=\dfrac{G_s-V_s\gamma_w}{V}$	$\gamma'=\dfrac{\gamma_w(d_s-1)}{1+e}$ $\gamma'=\gamma_{sat}-\gamma_w$	8~23	kN/m³
孔隙比	e	$e=\dfrac{V_v}{V_s}$	$e=\dfrac{\gamma_w d_s(1+w)}{\gamma}-1$ $e=\dfrac{\gamma_w d_s}{\gamma_d}-1$	砂土:0~40% 黏性土:20%~60%	
孔隙率	n	$n=\dfrac{V_v}{V}\times 100\%$	$n=\dfrac{e}{1+e}$ $n=1-\dfrac{\gamma_d}{\gamma_w d_s}$	30%~50%	
饱和度	S_r	$S_r=\dfrac{V_w}{V_v}\times 100\%$	$S_r=\dfrac{w d_s}{e}$ $S_r=\dfrac{w\gamma_d}{n\gamma_w}$		

【例】 某原状土样由室内实验测得土的天然重度 $\gamma=18.6\mathrm{kN/m^3}$，土粒相对密度 $d_s=2.69$，天然含水量 $w=29\%$，试求土的孔隙比 e、孔隙率 n、饱和度 S_r、饱和土重度 γ_{sat}、干土重度 γ_d、有效重度 γ'。

【解】 孔隙比 $e=\dfrac{d_s\gamma_w(1+w)}{\gamma}-1=\dfrac{2.69\times 9.8(1+0.29)}{18.62}-1=0.826$

孔隙率 $n=\dfrac{e}{1+e}\times 100\%=\dfrac{0.826}{1+0.826}\times 100\%=45.2\%$

饱和度 $S_r=\dfrac{d_s w}{e}\times 100\%=\dfrac{2.69\times 0.29}{0.826}\times 100\%=94.4\%$

干土重度 $\gamma_d=\dfrac{\gamma}{1+w}=\dfrac{18.62}{1+0.29}=14.43\ (\mathrm{kN/m^3})$

饱和土重度 $\gamma_{sat}=\dfrac{(d_s+e)\gamma_w}{1+e}=\dfrac{(2.69+0.826)9.8}{1+0.826}=18.87\ (\mathrm{kN/m^3})$

有效重度 $\gamma'=\gamma_{sat}-\gamma_w=18.87-9.8=9.07\ (\mathrm{kN/m^3})$

2.4 无黏性土的密实度

无黏性土一般是具有单粒结构的卵石、碎石、砂等，天然状态下的无黏性土具有不同的密实度，密实度不同，无黏性土表现出来的工程性质也不同。因此，工程上常用密实度评价无黏性土的地基承载力。评价无黏性土密实状态的指标有：

1) 孔隙比 e

我国在 1974 年曾规定以孔隙比 e 作为砂土密实度的划分标准。但是仅用一个指标 e 无法反映土的粒径级配的因素，也就说它不能真实的反映砂土的密实状态。

2) 相对密实度 D_r

相对密实度克服了指标 e 对级配不同的砂土难以准确判断的缺陷，用天然孔隙比 e 与同一种砂的最松散状态孔隙比 e_{max} 和最密实状态孔隙比 e_{min} 进行对比，看 e 靠近 e_{max} 还是靠近 e_{min}，以此来判断它的密实度。相对密实度计算公式如下：

$$D_r = \frac{e_{max} - e}{e_{max} - e_{min}} \tag{1-16}$$

理论上用相对密实度 D_r 划分砂土的密实度是比较合理的，但要准确测定砂土的最大孔隙比和最小孔隙比是比较困难的，试验结果常有误差。因此，在工程实际中通常多用于填方工程的质量控制。

3) 标准贯入试验

标准贯入试验，是在现场进行的一种原位测试，以锤击数 N 为标准进行评定。

试验方法：用器械将质量为 63.5kg 的钢锤，提升至 76cm 高度，让钢锤自由下落击在锤垫上，使贯入器贯入土中 30cm，记录所需的锤击数 N。N 值的大小，反映土的贯入阻力的大小，亦即密实度的大小，其判断标准见表 1-4。

按 N 值划分砂土的密实度　　　表 1-4

砂土密实度	松散	稍密	中密	密实
标准贯入试验锤击数 N	$N \leqslant 10$	$10 < N \leqslant 15$	$15 < N \leqslant 30$	$N > 30$

注：当用静力触探探头阻力判定砂土密实度时，可根据当地经验确定。

4) 野外鉴别法

对于漂石、块石以及粒径大于 200mm 的颗粒含量较多的碎石土，可根据《规范》要求，按野外鉴别方法划分为密实、中密、稍密、松散四种，见表 1-5。

碎石土密实度野外鉴别法　　　表 1-5

密实度	骨架颗粒含量和排列	可挖性	可钻性
密实	骨架颗粒含量大于总重的 70%，呈交错排列，连续接触	锹镐挖掘困难，用撬棍方能松动，井壁一般较稳定	钻进困难；冲击钻探时，钻杆、吊锤跳动剧烈；孔壁较稳定
中密	骨架颗粒含量等于总重的 60%～70%，呈交错排列，大部分接触	锹、镐可挖掘；井壁有掉块现象；从井壁取出大颗粒处，能保持颗粒凹面形状	钻进较困难；冲击钻探时，钻杆、吊锤跳动剧烈；孔壁有坍塌迹象
稍密	骨架颗粒含量等于总重的 55%～60%，排列混乱，大部分不接触	锹可以挖掘；井壁易坍塌；从井壁取出大颗粒后，填充物砂土立即塌落	钻进较容易；冲击钻探时，钻杆稍有跳动；孔壁易坍塌
松散	骨架颗粒含量小于总重的 55%，排列十分混乱，绝大部分不接触	锹易挖掘；井壁极易坍塌	钻进很容易；冲击钻探时，钻杆无跳动；孔壁极易坍塌

注：碎石土密实度的划分，应按表列各项要求综合确定。

2.5 黏性土的物理状态指标

黏性土颗粒细小，比表面积大，土粒表面与水相互作用的能力较强，受水的影响较大。当土中含水量较小时，土体比较坚硬，处于固体或半固体状态；随含水量逐渐增大，土体逐渐具有可塑性。黏土粒间存在黏聚力而使土具有黏性。

2.5.1 黏性土的界限含水量

黏性土由一种状态转入另一种状态时的分界含水量称为界限含水量。土由半固态转为固态的界限含水量称为缩限 w_s。土由可塑状态转为半固态的界限含水量称为塑限 w_p。土由流动状态转为可塑状态的界限含水量称为液限 w_L。见图 1-18。

图 1-18 土的物理状态与含水量的关系

土中含有大量自由水时呈流动状态，即土粒间为自由水所分开。土粒在外力作用下可相对滑动而不破坏土粒间的联系，土呈可塑状态。可塑状态的土可塑成各种形状而不发生裂缝，在外力除去后仍可保持原状。当弱结合水减少而主要含强结合水时，土呈半固态。当土中只含有强结合水时，土呈固体状态。随着含水量的增加，土可从固体状态经可塑状态而转为流塑状态，土的强度亦相应显著降低。

黏性土界限含水量的测定：塑限一般采用搓条法，液限常采用锥式液限仪；塑限、液限也可采用光电式联合测定仪。界限含水量的具体试验方法见本单元实训课题中的试验二。

2.5.2 塑性指数 I_p 与液性指数 I_L

（1）塑性指数 I_p

液限与塑限的差值，称为塑性指数，即

$$I_p = w_L - w_p \tag{1-17}$$

应注意 w_L 与 w_p 都是界限含水率，以百分数表示，而 I_p 只取其数值，去掉百分数符号。如 $w_L=28\%$、$w_p=16\%$，则 $I_p=12$。

液限与塑限的差值越大，即塑性指数愈高，土中土粒越细、黏粒含量越高、结合水含量越高。

塑性指数 I_p 可作为黏性土与粉土定名的标准，塑性指数 $I_p > 10$ 的土为黏性土，其中：

$10 < I_p \leqslant 17$　　为粉质黏土

$I_p > 17$　　为黏土

（2）液性指数 I_L

土的天然含水量与塑限的差值和液限与塑限差值之比，称为液性指数，即

$$I_L = \frac{w - w_p}{w_L - w_p} = \frac{w - w_p}{I_p} \tag{1-18}$$

从上式看出，当天然含水量 w 小于 w_p 时，I_L 小于 0，土体处于坚硬的固体状态；当天然含水量 w 大于 w_L 时，土体处于流动状态；当天然含水量 w 在 w_p 与 w_L 之间时，I_L 在 0～1 之间，土体处于可塑状态。因此，液性指数是判别黏性土的软硬程度的指标，可以反映出黏性土所处的天然状态。

工程上根据 I_L 值将黏性土划分为下列五种软硬状态：

$I_L \leqslant 0$	坚硬	$0.75 < I_L \leqslant 1$	软塑
$0 < I_L \leqslant 0.25$	硬塑	$I_L > 1$	流塑
$0.25 < I_L \leqslant 0.75$	可塑		

2.5.3 黏性土的灵敏度 s_t

灵敏度是黏性土天然结构破坏前后的抗压强度的比值。天然状态的黏性土一般都具有一定的结构性，当外界扰动时，其强度降低，压缩性增大。

根据灵敏度的数值大小，黏性土可分为下列三类土：

$s_t > 4$	高灵敏土	$s_t \leqslant 2$	低灵敏土
$2 < s_t \leqslant 4$	中灵敏土		

土的灵敏度越高，则土的结构性越强，扰动后土的强度降低越多。因此，在高灵敏度的地基上进行施工时，应特别注意保护基槽，尽量减少对土体的扰动。

2.6 粉土的特征

塑性指数 $I_p \leqslant 10$ 及粒径大于 0.075mm 的颗粒含量不超过全重 50% 的低塑性土，主要表现为粉粒土特征，故《建筑地基基础设计规范》将这类土从黏性土中划出成为独立的一类土，即粉土。粉土性质介于砂土与黏性土之间，主要的特性如下：

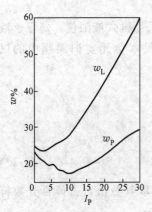

图 1-19 液塑限与塑性指数关系

(1) 在 $I_p < 10$ 的土中，80% 以上的粒组是粉粒与极细砂粒，其比表面积虽不大，但毛细现象活跃。

塑限试验搓条时，毛细压力使土粒聚合在一起，呈现"假塑性"，故塑限试验对这类土已不适用。液限试验时，圆锥沉入在 15 秒内不能稳定，故液限试验对这类土也不适用。上述说明液限与塑限试验存在一个适用界限。试验表明，液限与塑性指数、塑限与塑性指数关系图中在 $I_p = 10$ 附近出现转折，塑性指数减小而塑限反而增大，出现假塑性现象。如图 1-19 所示。

(2) 土的力学性能指标（如内摩擦角、黏聚力、压缩系数、平均压缩模量、比贯入阻力等）与塑性指数关系的散点图上在 $I_p = 10$ 附近有明显的转折。

(3) 从液化特性看，$I_p < 10$ 的土易被液化。

(4) 工程中反映，$I_p < 10$ 的土难以压实，也不宜用石灰加固，沉桩较困难；$I_p < 10$ 的土不宜采用压入法沉桩。

2.7 土的压实原理

人类在很早以前就用土作为工程材料修筑道路、堤坝和某些建筑物。通过实践人们认识到提高土的密实度可以显著的改善土的力学特性。公元前 200 多年，我国秦朝修建行车大道时就已懂得用铁锤夯土使之坚实的道理。以后的工程实践证明，无论对填土或软土进行地基处理，提高土的密实度常常是一种经济合理的改善土的工程性质的措施。

2.7.1 黏性土的击实特征

实践证明，对过湿的黏性土进行夯实或碾压会出现软弹现象（俗称橡皮土），此时土的密度不会增大；对很干的土进行夯实或碾压，也不会将土充分压实。所以，要使黏性土的压实效果最好，含水量一定要适宜。

根据黏性土的击实数据绘出的击实曲线如图 1-20 所示。由图可知，当含水量较低时，随着含水量的增加，土的干密度也逐渐增大，表明压实效果逐步提高；当含水量超过某一界限 w_{op} 时，干密度则随着含水量增大而减小，即压实效果下降。这说明土的压实效果随着含水量而变化，并在击实曲线上

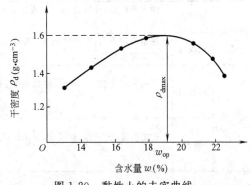

图 1-20 黏性土的击实曲线

出现一个峰值，相应于这个峰值的含水量就是最优含水量 w_{op}。因此，黏性土在最优含水量时，可压实达到最大干密度，即达到其最密实、承载力最高的状态。

通过大量实践，人们发现，黏性土的最优含水量 w_{op} 与土的塑限很接近，大约是 $w_{op}=w_p\pm 2$；而且当土体压实程度不足时，可以加大击实功，以达到所要求的干密度。

黏性土的最优含水量可以通过室内击实试验测定，测定方法见本单元实训课题中的实验三——击实试验。

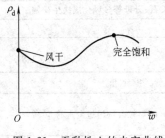

图 1-21 无黏性土的击实曲线

2.7.2 无黏性土的击实特征

无黏性土颗粒较粗大，颗粒之间没有黏聚力，压缩性低，抗剪强度较大。无黏性土中含水量的变化对它的性质影响不明显。

根据无黏性土的击实试验数据绘出的击实曲线如图 1-21 所示。由图中可以看出，在风干和饱和状态下，无黏性土的击实都能得到较好的效果。

工程实践证明，对于无黏性土的压实，应该有一定静荷载与动荷载联合使用，才能达到较好的压实效果。因此，振动碾是无黏性土最理想的压实工具。

2.8 地基岩土的工程分类

地基岩土的分类方法很多，作为建筑物地基的岩土，主要根据它们的工程性质和力学性能分为岩石、碎石土、砂土、粉土、黏性土和人工填土等。

2.8.1 岩石

（1）根据岩石的坚硬程度分为坚硬岩、较硬岩、较软岩、软岩和极软岩。见表 1-6。
（2）根据岩石的风化程度分为未风化岩、微风化岩、弱风化岩、强风化岩和全风化岩石。见表 1-7。
（3）岩石根据完整程度划分为完整、较完整、较破碎、破碎和极破碎。

2.8.2 碎石土

粒径大于 2mm 的颗粒含量超过全重 50% 的土，称为碎石土。根据粒组含量和颗粒形状划分为漂石、块石、卵石、碎石、圆砾、角砾。碎石土的分类见表 1-8。

岩石坚硬程度的划分 表1-6

名　称		特　征	代表性岩石
硬质岩	坚硬岩	锤击声清脆,有回弹,振手,难击碎;基本无吸水反应	花岗岩、闪长岩、辉绿岩、玄武岩、片麻岩、石英岩、石英砂岩、硅质石灰岩等
	较硬岩	锤击声较清脆,有轻微回弹,稍振手,较难击碎;有轻微吸水反应	1. 微风化的坚硬岩; 2. 未风化或微风化的大理岩、板岩等
软质岩	较软岩	锤击声不清脆,无回弹,较易击碎,指甲可划出印痕	1. 中风化的坚硬岩和较硬岩; 2. 未风化或微风化的凝灰岩、千枚岩、砂质泥岩等
	软岩	锤击声哑,无回弹,有凹痕,易击碎;浸水后,可捏成团	1. 强风化的坚硬岩和较硬岩; 2. 中风化的较软岩; 3. 未风化或微风化的泥质砂岩、泥岩等
极软岩		锤击声哑,无回弹,有较深凹痕,手可捏碎;浸水后,可捏成团	1. 风化的软岩; 2. 全风化的各种岩石; 3. 各种半成岩

岩石风化程度的划分 表1-7

名　称	特　征
未风化岩	结构构造未变,岩质新鲜
微风化岩	结构构造、矿物色泽基本未变,部分裂缝面有铁锰质渲染
弱风化岩	结构构造部分破坏,矿物色泽有较明显变化,裂隙面出现风化矿物或出现风化夹层
强风化岩	结构构造出现大部分破坏,矿物色泽有较明显变化,长石、云母等多风化成次生矿物
全风化岩	结构构造全部破坏

碎石土的分类 表1-8

名　称	颗粒形状	粒组含量
漂石	圆形及亚圆形为主	粒径大于200mm的颗粒含量超过全重的50%
块石	菱角形为主	
卵石	圆形及亚圆形为主	粒径大于20mm的颗粒含量超过全重的50%
碎石	菱角形为主	
圆砾	圆形及亚圆形为主	粒径大于2mm的颗粒含量超过全重的50%
角砾	菱角形为主	

注：分类时应根据粒组含量栏从上到下以最先符合者确定。

2.8.3　砂土

粒径大于2mm的颗粒含量不超过全重的50%,及粒径大于0.075mm的颗粒含量超过全重的50%的土为砂土。根据粒组含量分为砾砂、粗砂、中砂、细砂、粉砂。砂土的工程分类见表1-9。

砂土的分类 表1-9

名称	粒组含量	名称	粒组含量
砾砂	粒径大于2mm的颗粒占全重的25%～50%	细砂	粒径大于0.075mm的颗粒超过全重的85%
粗砂	粒径大于0.5mm的颗粒超过全重的50%	粉砂	粒径大于0.075mm的颗粒超过全重的50%
中砂	粒径大于0.25mm的颗粒超过全重的50%		

注：分类时应根据粒组含量栏从上到下以最先符合者确定。

2.8.4 粉土

塑性指数 $I_p \leqslant 10$ 及粒径大于 0.075mm 的颗粒含量不超过全重 50% 的土，称为粉土。

2.8.5 黏性土

塑性指数 $I_p > 10$ 的土称为黏性土。黏性土分布面积广，为最常见的一种土。塑性指数 $10 < I_p \leqslant 17$ 为粉质黏土；$I_p > 17$ 为黏土。根据液性指数，黏性土可分为坚硬、硬塑、可塑、软塑和流塑状态。

2.8.6 人工填土

人工填土是指由于人类活动而堆填的土。包括素填土和压实填土、冲填土、杂填土。

(1) 素填土

素填土的物质成分比较单一，多是山丘、高地挖方后在低洼处回填，由碎石土、砂土、粉土、黏性土等组成。回填时未作压实加密处理的土质疏松且不均匀，在水浸湿的情况下易发生湿陷性沉降。经人工分层压实的填土称为压实填土。

(2) 冲填土

冲填土的物质成分比较复杂，是水力冲填泥砂形成的填土，多以粉土、黏性土为主，属欠固结的软弱土，若为中砂以上的粗颗粒形成，则不属于软土。

(3) 杂填土

杂填土多是覆盖在城市区域地表的人工杂物，包括砖石瓦块等建筑垃圾、工业废料和生活垃圾等。这类土质物理成分复杂、均匀性差、堆积时间不同，故用作地基时应慎重对待。

课题3 工程地质勘察

3.1 工程地质勘察概述

工程地质勘察主要是查明建筑场地及其附近的工程地质和水文地质条件，为建筑场地选择、建筑平面布置、地基与基础的设计和施工提供必要的资料。

场地是指建筑工程所处范围和直接使用的土地，而地基则是指场地范围内直接承托建筑物基础的岩土体。由于涉及的范围不同，勘察工作的侧重点也不一样，一般又分为场地勘察和地基勘察。场地勘察应广泛研究整个工程建设和使用期间场地内是否发生岩土体失稳、自然地质及工程地质灾害等问题；而地基勘察则为研究地基岩土体在各种静、动荷载作用下所引起的变形和稳定性提供可靠的工程地质和水文地质资料。

工程地质勘察的内容、方法及工程量的确定取决于：工程的技术要求和规模、建筑场地地质条件的复杂程度和岩土性质的优劣。通常勘察工作都是由浅入深、由表及里，随着工程的进行逐步深化。在工业与民用建筑工程中，设计分为可行性研究、初步设计和施工图设计三个阶段。为了提供设计各阶段所需的工程地质资料，工程地质勘察工作可分为可行性研究勘察（或称选择场地勘察）、初步勘察和详细勘察三个阶段，以满足相应的工程建设阶段对地质资料的要求。对于地质条件复杂、有特殊要求的重大建筑物地基，还应进行施工勘察；反之，对地质条件简单、面积不大的场地，其勘察阶段可以适当简化。

3.2 工程地质勘察报告

在野外勘察工作和室内土样试验完成后，将工程地质勘察纲要、勘探孔平面布置图、钻孔记录表、原位测试记录表、土的物理力学试验成果、勘察任务委托书、建筑平面布置图及地形图等有关资料汇总，并进行整理、检查、分析、鉴定，经确定无误后编制成工程地质勘察成果报告。提供建设单位、设计单位和施工单位使用，是存档长期保存的技术资料。

3.2.1 工程地质勘察报告的基本内容

（1）文字部分

包括勘察目的、任务、要求和勘察工作概况；拟建工程概述；建筑场地描述（如场地位置、地形地貌、地质构造、不良地质现象的描述与评价）及地震基本烈度；建筑场地的地层分布、结构、岩土的颜色、密度、湿度、均匀性、层厚；地下水的埋藏深度、水质侵蚀性及当地冻结深度；各土层的物理力学性质、地基承载力和其他设计计算指标；建筑场地稳定性与适宜性的评价；建筑场地及地基的综合工程地质评价；结论与建议；根据拟建工程的特点，结合场地的岩土性质，提出的地基与基础方案设计建议；推荐持力层的最佳方案、建议采用何种地基加固处理方案；对工程施工和使用期间可能发生的岩土工程问题，提出预测、监控和预防措施的建议。

（2）图表部分

一般工程勘察报告书中所附图表有下列几种：勘探点平面布置图；工程地质剖面图；地质柱状图或综合地质柱状图；室内土工试验成果表；原位测试成果图表（如现场载荷试验、标准贯入试验等）；其他必要的专门土建和计算分析图表。

上述内容并不是每一份勘察报告都必须全部具备的，应视具体要求和实际情况有所侧重，以能充分说明问题为准。

3.2.2 工程地质勘察报告的阅读

工程地质勘察报告的表达形式各地不统一，但其内容一般包括工程概况、场地描述、勘探点平面布置图、工程地质剖面图、土层分布、土的物理力学性质指标及工程地质评价等内容。下面根据某单位拟建在某市的某花苑工程情况，介绍怎样阅读工程地质勘察报告。该项目的工程地质勘察报告摘录如下：

（1）工程概况

该花苑工程包括兴建两幢28层塔楼及4层裙楼。场地整平高程为30.00m。塔楼底面积73m×40m，设一层地下室，拟采用钢筋混凝土框剪结构，最大柱荷载为17000kN，采用桩基方案。裙楼底面积73m×60m，钢筋混凝土框架结构，采用天然地基浅基础或沉管灌注桩基础方案。

（2）勘察目的与要求

受某市城镇建设局委托，某勘测总队对拟建的某市西区某花苑进行岩土工程勘察工作，要求达到以下目的：

1）查明拟建场地的地层结构及其分布规律，提供各层土的物理力学性质指标、承载能力及变形指标。

2）提出建议基础方案并进行分析论证，提供相关的设计参数。

3）查明地下水类型、埋藏条件、有无腐蚀性等。

4）查明场地内及其附近有无影响工程稳定的不良地质情况，成因分布范围，并提出处理措施及建议。

5）查明埋藏的河道、沟浜、墓穴、防空洞、孤石等对工程不利的埋藏物。

6）划分场地土类型和场地类别，对场地土进行液化判别。

7）为基坑开挖的边坡设计和支护结构设计提供必要的参数，评价基坑开挖对周围环境的影响，建议合理的开挖方案，并对施工中应注意的问题提出建议。

8）对施工过程和使用过程中的监测方案提出建议。

(3) 勘探点平面布置图

按建筑物轮廓布置钻孔 25 个。如图 1-22 所示。

(4) 场地描述

拟建场地位于河流西岸一级阶地上，由于场地基岩受河水冲刷，松散覆盖层下为坚硬的微风化砾岩。阶地上冲积层呈"二元结构"：上层颗粒细，为黏土或粉土层；下层颗粒粗，为砂砾或卵石层。根据场地岩、土样剪切波速测量结果，地表下 15m 范围内剪切波速平均值 $v_{sm}=324.4\text{m/s}$，属中硬场地土类型。又据有关地震烈度区划图资料，场地一带基本地震烈度为 6 度。

(5) 地层分布

该工程取Ⅰ—Ⅰ′～Ⅷ—Ⅷ′八个地质剖面，其中Ⅶ—Ⅶ′剖面见图 1-23 所示。ZK1 钻孔柱状图见图 1-24 所示。

钻探显示，场地的地层自上而下分为六层，各土层描述如下：

1）人工填土：浅黄色，松散。以中、粗砂和粉质细粒土为主。有混凝土块、碎砖、瓦片，厚约 3m。

2）黏土：冲积，硬塑，压缩系数 $a_{1-2}=0.29\text{MPa}^{-1}$，具有中等压缩性。地基承载力特征值 $f_a=288.5\text{kPa}$，桩侧土极限侧阻力标准值 $q_{sik}=70\text{kPa}$，厚度 4～5m。

3）淤泥：灰黑色，冲积，流塑，具有高压缩性，底夹薄粉砂层。厚度 0～3.70m，场地西部较厚，东部缺失。

4）砾石：褐黄色，冲积，稍密，饱和，层中含卵石和粉粒，透水性强，厚度 3.70～8.20m。

5）粉质黏土：褐黄色，残积，硬塑至坚硬，为砾岩风化产物。压缩系数 $a_{1-2}=0.22\text{MPa}^{-1}$，具有中等偏低压缩性。桩侧土极限侧阻力标准值 $q_{sik}=90\text{kPa}$，桩端土极限端阻力标准值 $q_{pk}=5400\text{kPa}$，厚度 5～6m。

6）砾岩：褐红色，岩质坚硬，岩样单轴抗压强度标准值 $f_{rk}=58.5\text{kPa}$，场地东部的基岩埋藏浅，而西部较深，埋深一般为 24～26cm。

(6) 地下水情况

本区地下水为潜水，埋深约 2.10m。表层黏土层为隔水层，渗透系数 $k=1.28\times10^{-7}\text{cm/s}$；砾石层为强透水层，渗透系数 $k=2.07\times10^{-1}\text{cm/s}$，砾石层地下水量丰富。分析水质，地下水化学成分对混凝土无腐蚀性。场地一带的地下水与邻近的河水有水力联系。

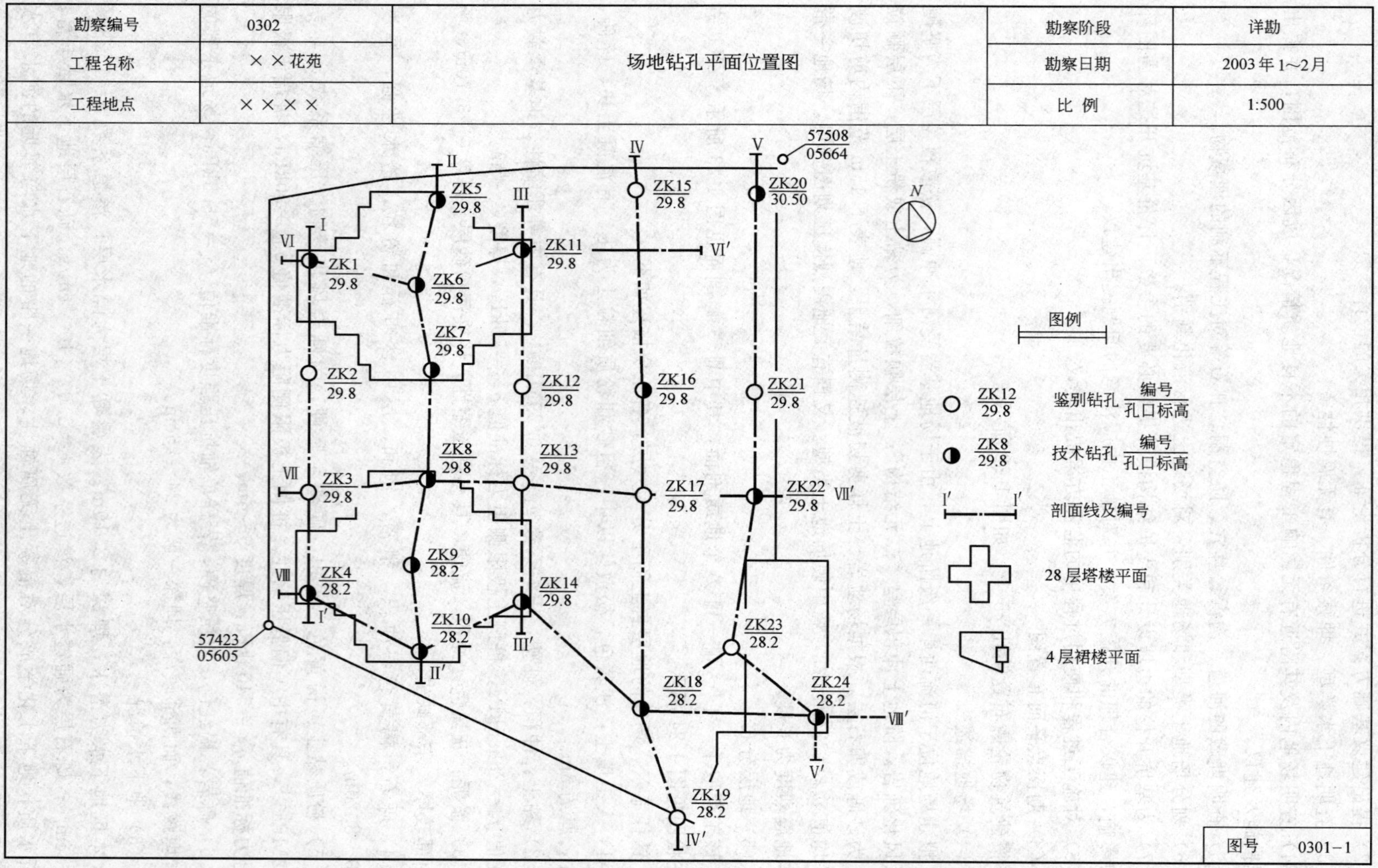

图 1-22 勘探点平面布置图

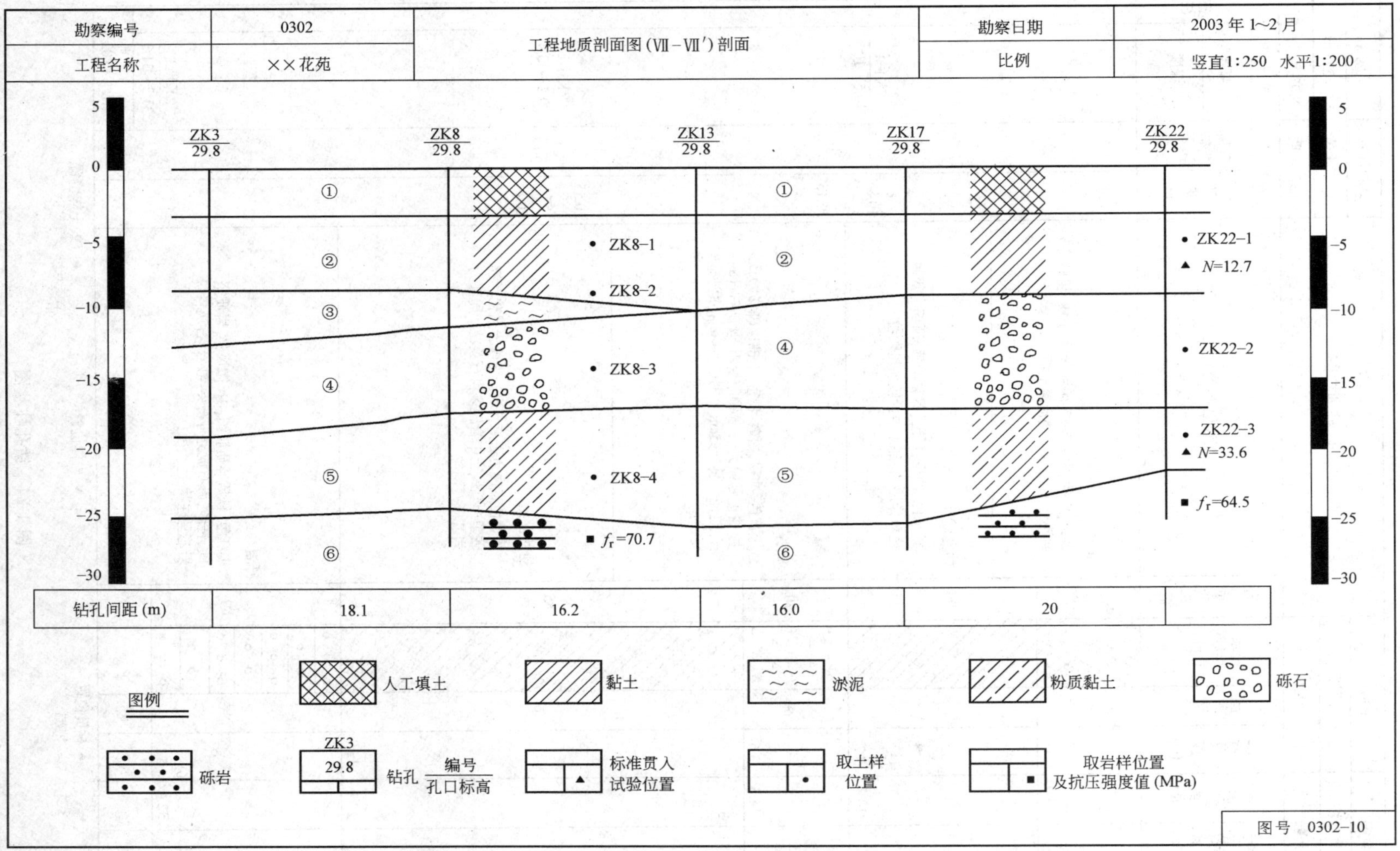

图 1-23 工程地质剖面图

勘察编号	0302	钻 孔 柱 状 图				孔口标高	29.8m
工程名称	××花苑					地下水位	27.6m
钻孔编号	ZK1					钻探日期	2003年2月7日

地质代号	层底标高(m)	层底深度(m)	分层厚度(m)	层序号	地质柱状图 1:200	岩心采取率(%)	工程地质简述	标贯N		岩土样		备注
								深度(m)	实际击数/校正击数	编号		
										深度(m)		
Q^{ml}	3.0	3.0		①		75	填土: 杂色、松散,内有碎砖、瓦片、混凝土块、粗砂及黏性土,钻进时常遇混凝土板					
Q^{al}	10.7	7.7		②		90	黏土: 黄褐色、冲积、可塑、具黏滑感,顶部为灰黑色耕作层,底部土中含较多粗颗粒	10.85~11.15	31/25.7	ZK1-1 10.5~10.7		
	14.3	3.6		④		70	砾石: 土黄色、冲积、松散-稍密,上部以砾、砂为主,含泥量较大,下部颗粒变粗,含砾石、卵石,粒径一般2~5cm,个别达7~9cm,磨圆度好					
Q^{el}	27.3	13.0		⑤		85	粉质黏土: 褐黄色带白色斑点,残积,为砾岩风化产物,硬塑-坚硬,土中含较多粗石英粒,局部为岩芯砾石颗粒	20.55~20.85	42/29.8	ZK1-2 20.2~20.4		
γ_5^3	32.4	5.1		⑥ ⑥		80	砾岩: 褐红色,铁质硅质胶结,中-微风化,岩质坚硬,性脆,砾石成分有石英、砂岩、石灰岩块,岩芯呈柱状			ZK1-3 31.2~31.3		图号 0302-7

▲ 标贯位置　　　　■ 岩样位置　　　　● 砂、土样位置

拟编:　　　　　　　　　　　　　　　审核:

图 1-24 钻孔柱状图

(7) 土的物理力学性质指标见表1-10。

某花苑岩土物理力学性质指标的标准值　　　　　　　　表1-10

	主要指标	天然含水量 w(%)	土的天然重度 γ (kN·m^{-3})	孔隙比 e	液限 w_L (%)	塑限 w_P (%)	塑性指数 I_p	液性指数 I_L
②	黏土	25.3	19.1	0.710	39.2	21.2	18.0	0.23
③	淤泥	77.4	15.3	2.107	47.3	26.0	21.3	2.55
⑤	粉质黏土	18.1	19.5	0.647	36.5	20.3	16.2	<0
⑥	砾岩							

	主要指标	压缩系数 a_{1-2} (MPa^{-1})	压缩模量 E_{a1-2} (MPa)	饱和单轴抗压强度 f_{rk}(MPa)	抗剪强度 黏聚力 (kPa)	抗剪强度 内摩擦角 φ(°)	地基承载力特征值 f_{ak}(kPa)
②	黏土	0.29	5.90		25.7	14.8	288.5
③	淤泥	1.16	2.18		6	6	35
⑤	粉质黏土	0.22	7.49		30.8	17.2	355
⑥	砾岩			58.5			

注：1. 黏土层、淤泥层、粉质黏土层、砾岩承载力参考《地基规范》确定；
　　2. 黏土层、淤泥层、粉质黏土层各取土样6～7件，除 c、φ、地基承载力、岩石抗压强度为标准值外，其余指标均为平均值。

(8) S波测试结果报告，其中ZK1孔测试结果见表1-11。

ZK1孔S波测试结果表　　　　　　　　表1-11

层序	层底深度(m)	岩性	层厚(m)	S波波速(m/s)	密度(g/cm³)	剪变模量(MPa)
1	3.0	填土	3.0	128	1.71	30.5
2	10.7	黏土	7.7	305	1.91	175.6
3	14.3	砾石	3.6	560	2.01	860.2
4	27.3	粉质黏土	13.0	224	1.95	105.2
5	32.4	砾岩	5.1	1018	2.2	2485.9

(9) 工程地质评价
1) 本场地地层建筑条件评价

A. 人工填土层物质成分复杂，含有分布不均的混凝土块和砖瓦等杂物，呈松散状，承载力低。

B. 黏土层呈硬塑状态，具有中等压缩性，场地内厚度变化不大，一般为4～5m。地基承载力特征值 $f_a=288.5$kPa，可直接作为5～6层建筑物的天然地基。

C. 淤泥层含水量高，孔隙比大，具有高压缩性，厚度变化大，不宜作为建筑物地基的持力层。

D. 砾石层，呈稍密状态，厚度变化颇大，土的承载能力不高。

E. 粉质黏土，呈硬塑至坚硬状态，桩侧土极限侧阻力标准值 $q_{sik}=90$kPa，桩端土极限端阻力标准值 $q_{pk}=5400$kPa，可作为沉管灌注桩的地基持力层。

F. 微风化砾岩，岩样的单轴抗压强度标准值 $f_{rk}=58.5$kPa，呈整体块状结构，是理想的高层建筑桩基持力层。

2）基型与地基持力层的选择

① 4层裙楼

对4层裙楼可采用天然地基上的浅基础方案，以硬塑黏土作为持力层。由于裙楼上部荷载较小，黏土层相对来说承载力较高，并有一定厚度，其下又没有软弱淤泥层。黏土层作为持力层具有下列有利因素：

A. 地基承载力完全可以满足设计要求（其地基承载力标准值达288.5kPa）；

B. 该层具有一定厚度，在本场地内的厚度为4～5m，分布稳定，且其下方不存在淤泥等软弱土层；

C. 黏土层呈硬塑状态，是场地内的隔水层，预计基坑开挖后的涌水量较少，基坑边坡易于维持稳定状态；

D. 上部结构荷载不大，若柱基的埋深和宽度加大，黏土层承载力还可提高。

② 28层塔楼

对28层塔楼来说，情况与裙楼完全不同：塔楼层数高，荷载大且集中，最大柱荷载为17000kN；黏土层虽有一定承载力和厚度，但该地段下方分布有厚薄不均的软弱淤泥土层，加之塔楼设置有一层地下室，部分黏土层被挖去后，将使基底更接近软弱淤泥层顶面，正常使用过程中发生不均匀沉降的可能性很大；场地内基岩强度高，埋藏深度又不大，故选择砾岩作为桩基持力层合理可靠。从地下室底面起算的桩长为20m左右，施工难度不大。

选择砾岩作为桩基持力层，由于砾石层地下水量丰富，透水性强，因而不宜采用人工挖孔桩，而应选用钻孔灌注桩，并以微风化砾岩作为桩端持力层。

实训课题

1. 测定土的基本物理性质指标

1.1 试验要求

（1）要求试验室提供一块原状土样或提供取土场地，并准备试验仪器。

（2）要求学生测该土样的含水量，质量密度（重度）和相对密度。

（3）要求学生试验前预习密度、相对密度、含水量、孔隙比、孔隙率、饱和度、干土密度和饱和密度的定义，并且考虑下列问题：

1）什么时候必须测定土的密度、相对密度、含水量？试验结果有什么用处？

2）影响各试验结果准确度的操作步骤？

3）相对密度测定中煮沸的目的何在？放入恒温水槽的目的何在？

1.2 试验内容

（1）环刀法测土的质量密度

1）仪器设备

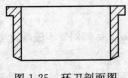

图1-25 环刀剖面图

A. 环刀：内径（61.8±0.15）mm或（79.8±0.15）mm，高20mm，体积为60cm³或100cm³，壁厚1.5～2.0mm。环刀剖面见图1-25。

B. 天平：称量500g以上，感量0.1g。

C. 其他：铁锹、削土刀、玻璃片、凡士林等。

2) 试验步骤

A. 取原状土或按需要制备的重塑土，用切土刀整平其上表面。

B. 用削土刀将土样削成略大于环刀直径的土柱，然后在环刀内壁均匀涂抹少量凡士林，刃口向下放在土样上。

C. 手按环刀边沿将环刀垂直均匀下压，边压边削，至土样露出环刀上口5mm左右为止，再削去环刀两端余土，并修平（修平时，不得在试样表面往返压抹）。

D. 擦净环刀外壁，称环刀加土的质量（m_1），精确至0.1g。

E. 记录m_1、环刀号数以及由试验室提供的环刀质量（m_2）和环刀体积（V）。

3) 操作中注意事项

A. 环刀切取土样时，应竖直下压且手不触压土体。

B. 修平试样时，一般不应填补。如确需填补时，填补部分不得超过环刀容积的10%。

C. 修平试样时，环刀试样应侧拿，不许放在掌心。

D. 取样、修平后，为防止试样中水分的变化，可用两块玻璃片盖住环刀上、下口。

E. 称量前，链条天平应调平；称量中，应注意称量准确。

4) 计算

$$\rho=\frac{m_1-m_2}{V} \tag{1-19}$$

式中 ρ——土的密度（g/cm³）；

m_1——环刀加土的质量（g）；

m_2——环刀的质量（g）；

V——环刀的体积（cm³）。

5) 结果评定

密度需进行两次平行试验测定，要求平行差不大于0.03g/cm³。若满足平行差要求，则取两次试验结果的算术平均值作为最后结果；若试验结果不符合平行差要求，则需寻找误差原因，重做试验。

6) 试验记录表（见表1-12）

密 度 试 验　　　　　　　　　　表1-12

| 工地：_____ | 组别：_____ | 第_____次试验 | | | | |

试验方法：_____　试验者：_____　试验日期：_____

土样编号	环刀编号	环刀＋土质量 m_1 (g)	环刀质量 m_2 (g)	环刀内土样质量 m_1-m_2 (g)	环刀体积 V (cm³)	质量密度 ρ (g/cm³)	平均密度 $\frac{\rho_1+\rho_2}{2}$ (g/cm³)	备注

(2) 含水量试验

含水量测定方法：烘干法和酒精燃烧法。

1) 烘干法（烘干法是规范要求的标准方法，试验结果精确）

A. 仪器设备

a. 烘箱：电热恒温烘箱。

b. 天平：感量 0.01g。

c. 铝盒：又称量盒。每个铝盒的质量都已称量，并记录备查。

d. 其他：干燥器，切土刀等。

B. 试验步骤

a. 取有代表性的试样，黏性土为 15～20g，砂土、有机质土或不均匀的土不少于 50g，放入铝盒内并立即盖紧盒盖。称铝盒与湿土的质量（m_1），精确至 0.01g。

b. 打开盒盖，将铝盒放入烘干箱中，在 100～105℃ 的恒温下烘至恒重（烘干时间对黏性土不得少于 8h，砂性土不得少于 6h）。

c. 取出铝盒，加盖后放进干燥器中，冷却至室温。

d. 从干燥器中取出铝盒，称铝盒加烘干土的质量（m_2），精确至 0.01g。

e. 将铝盒中干土倒出、擦净铝盒，称出铝盒质量。

注：有机质含量＞5%的土，烘干温度宜控制在 65～70℃，干燥 8h 以上。

C. 计算

$$w = \frac{m_1 - m_2}{m_2 - m_3} \times 100\% \tag{1-20}$$

式中　w——土的含水量，精确至 0.1%；

$m_1 - m_2$——试样中所含水分的质量（g）；

　m_3——铝盒的质量（g）；

$m_2 - m_3$——试样中土颗粒（干土）的质量（g）。

D. 结果评定

含水量需进行两次平行试验测定，两次测定的差值需满足：当含水量小于 40% 时，不得大于 1%；当含水量大于 40% 时，不得大于 2%。检验满足要求后，取两次试验值的算术平均值作为最后试验结果。

E. 试验记录表（见表 1-13）

含水量试验　　　　　　　　　　　　　　　　表 1-13

工地：　　　　　组别：　　　　　第　　　　次试验

试验方法：　　　　试验者：　　　　试验日期：

土样编号	铝盒编号	铝盒+湿土质量 m_1 g	铝盒+干土质量 m_2 g	铝盒质量 m_3 g	土样中水的质量 m_1-m_2 g	干土质量 m_2-m_3 g	含水量 w %	平均含水量 $\frac{w_1+w_2}{2}$ %	备注

2）酒精燃烧法

酒精燃烧法是现场快速测定法。若无烘箱设备或要求快速测定含水量时采用该方法，试验时只要方法正确、严格按规定方法操作，也可以保证试验精度。

A. 试验步骤

a. 取 5～10g 试样，装入称量盒内，称湿土加盒总质量 m_1。

b. 将无水酒精注入放试样的称量盒中，酒精注入量以出现自由液面为宜。

c. 点燃称量盒中酒精，烧至火焰熄灭，一般烧 3～4 次。

d. 冷却试样至室温，然后称干土加盒总质量 m_2。

e. 计算土样含水量（要求同烘干法）。

B. 试验注意事项

a. 取代表性土样装入铝盒后，立即盖上盒盖。

b. 加入酒精燃烧时，不应敲击铝盒或搅拌土样。

c. 燃烧后称量时，不要错盖铝盒盒盖。

d. 称空铝盒质量时，需擦净盒内燃烧后干土。

计算、结果评定及试验记录表均同烘干法。

(3) 相对密度试验（比重瓶法）

1）仪器设备

A. 比重瓶：容量 100mL（见图 1-26）。

B. 天平：称量 200g，感量 0.001g。

C. 恒温水槽：灵敏度 ±1℃。

D. 电热砂浴。

E. 其他：孔径 5mm 的筛、烘箱、研钵、漏斗、盛土器、纯水等。

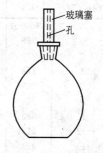

图 1-26 比重瓶

2）试验步骤

A. 试样制备：将风干或烘干的试样约 100g 放在研钵中研碎，使全部通过 3mm 的筛。将筛过的试样在 100～105℃下烘至恒重后放入干燥器内冷却至室温备用。

B. 将烘干土约 15g，用漏斗装入烘干的比重瓶内并称其质量 m_1，精确至 0.001g。

C. 向装有干土的比重瓶注入纯水至一半处。

D. 摇动比重瓶，使土粒初步分散，然后将其放在电热砂浴上煮沸（需将瓶塞取下）。煮沸时注意调节砂浴温度，避免瓶内悬液溅出。煮沸时间从开始沸腾时算起，砂土和粉土不少于 30min，粉质黏土和黏土不少于 1h（试验时煮沸时间由教师根据具体情况决定）。

E. 从砂浴上取下比重瓶，注入纯水至近满，然后将比重瓶放在恒温水槽中。待瓶内悬液温度稳定后（与水槽内的水温相同），测记水温（T），精确至 0.5℃（注：本试验槽内水温控制在 20℃）。

F. 轻轻插上瓶塞，使多余水分从瓶塞的毛细管上溢出（溢出的水是不含土粒的清水）。取出比重瓶，擦干瓶外壁水分，称瓶加水加土的总质量 m_4，精确至 0.001g。

注：煮沸时，严禁带土粒的悬液从瓶中溢出，必须随时守候观察，当发现有可能溢出时，可调节砂浴温度，必要时可用滴管滴入数滴低温纯水，使其降温。

3) 计算

$$d_s = \frac{m_1 - m_2}{m_1 + m_2 - m_3 - m_4} \cdot \frac{\rho_{wt}}{\rho_{w4℃}} \tag{1-21}$$

式中 d_s——土的相对密度;

m_1——瓶加土质量（g）;

m_2——瓶质量（根据瓶号查表）（g）;

m_3——瓶加水质量（g）;

m_4——瓶加水加土质量（g）;

ρ_{wt}——水在 T℃时的密度（查表1-14）（g/cm³）;

$\rho_{w4℃}$——水在4℃时的密度，为1g/cm³。

4) 结果评定

相对密度需进行两次平行试验测定，平行差不得大于0.02，满足要求后，取其算术平均值作为最终试验结果。

5) 试验记录表（见表1-15）

水 的 密 度 表   表1-14

温度(℃)	0.0	0.1	0.2	0.3	0.4	0.5	0.6	0.7	0.8	0.9
5	0.999992	990	988	986	784	982	980	977	974	971
6	968	965	962	958	954	951	947	943	938	934
7	930	925	920	915	910	905	899	894	888	882
8	876	870	864	857	851	844	837	831	823	816
9	809	801	794	786	778	770	762	753	745	736
10	728	719	710	701	692	682	672	663	653	645
11	633	623	612	602	591	580	569	559	547	536
12	525	513	502	490	478	466	454	442	429	417
13	404	391	378	366	352	339	326	312	299	285
14	271	257	243	229	215	200	186	171	156	142
15	127	111	096	081	065	050	034	018	002	986*
16	0.998970	954	837	921	904	888	871	854	837	820
17	802	785	767	750	732	714	696	678	660	642
18	623	605	586	567	549	530	511	491	472	453
19	633	414	394	374	354	334	314	294	273	253
20	232	212	191	170	149	128	107	086	064	043
21	021	999*	978*	956*	934*	911*	889*	867*	844*	822*
22	0.997799	777	754	131	708	685	661	638	615	591
23	567	544	520	496	472	448	444	399	375	350
24	326	301	276	251	226	201	176	151	125	100
25	074	048	023	997*	971*	945*	918*	892*	866*	839*
26	0.996813	786	759	733	706	679	652	624	597	570
27	542	515	487	459	431	403	375	347	319	291
28	262	234	205	177	148	119	090	061	032	003
29	0.995974	944	915	885	855	826	796	766	736	706
30	676	645	615	585	554	524	493	462	431	400
31	369	338	307	276	244	213	181	150	118	086
32	054	022	990*	958*	926*	894*	861*	829*	796*	764*
33	0.994731	698	665	632	599*	566	533	500	466	433
34	399	366	332	298	264	230	196	162	128	094
35	059	025	991*	956*	921*	887*	582*	817*	782*	747*

注：* 小数点后三位数值与下一行相同。

相对密度试验								表 1-15

工地：＿＿＿＿＿　　组别：＿＿＿＿＿　第＿＿＿＿次试验
试验方法：＿＿＿＿　试验者：＿＿＿＿　试验日期：＿＿＿＿

土样编号	比重瓶号	瓶＋土质量 m_1 g	比重瓶质量 m_2 g	土质量 m_1-m_2 g	瓶＋水质量 m_3 g	瓶＋水＋土质量 m_4 g	相对密度 d_s	平均含水量 $\dfrac{d_{s1}+d_{s2}}{2}$	备注

2. 测定黏性土的界限含水量（液限、塑限）

2.1 试验要求

(1) 实验室提供经过调拌浸润处理后的土样，并准备试验仪器。

(2) 要求学生测定该土的液限和塑限，掌握操作要点。

(3) 学生应熟悉塑限、液限的概念，清楚测定土的液限、塑限的作用。

(4) 试验后，学生应判定出该土的名称及天然稠度状态。

2.2 试验内容

土的液限、塑限试验方法有：碟式液限仪法测定液限；圆锥式液限仪测定液限；滚搓法测定塑限；光电式液塑限联合测定仪测定液、塑限。

(1) 现场简易设备测定液、塑限

1) 液限的测定

测定方法：圆锥式液限仪，即平衡锥法。

A. 仪器设备

a. 圆锥仪：见图 1-27。圆锥质量 76g，锥角 30°，高约 25mm，距锥尖 10mm 处有环状刻度。

b. 链条天平：称量 200g，感量 0.01g。

c. 烘箱。

d. 干燥器。

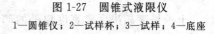

图 1-27　圆锥式液限仪
1—圆锥仪；2—试样杯；3—试样；4—底座

e. 其他：盛土器皿、调土板、调土刀、烘土盒、滴管、凡士林、秒表等。

B. 试验步骤

a. 土样制备：取有代表性、并保持天然含水量的土样进行测定，当试样中含有粒径大于 0.5mm 的土粒和杂物时，应风干研磨后过 0.5mm 的筛，再加蒸馏水调至均匀浓糊状，盖好静置一昼夜。

b. 装样放锥：将调好的土样分层压填入试样杯中，使内部均匀填实，刮平杯口，放在支座上。在锥尖均匀涂抹少量凡士林，两指提住手柄，将平衡锥放在试样表面中部至锥尖与试样表面接触，然后缓缓放开手指，使锥体在自重作用下沉入土样中。

c. 观察试锥：若锥体约经 15s 沉入土中深度大于或小于 10mm 时，则表示试样的含水量高于或低于液限。这时应先挖出粘有凡士林的土样不要，再将试杯内的试样全部放回调土板上,或铺开蒸发多余水分,或加入少量纯水,重新调拌均匀,重复2、3步骤,直至锥体经15s沉入土中深度恰好为10mm。

d. 测定液限:取出锥体,挖去粘有凡士林的土样,用刀尖在沉锥点附近取土样10克左右放入烘土盒中,测定其含水量即为液限。

C. 计算

$$w_L = \frac{m_1 - m_2}{m_2 - m_3} \times 100\%$$ (1-22)

式中　w_L——液限,精确至0.1%;

m_1——烘干盒加湿土质量(g);

m_2——烘干盒加干土质量(g);

m_3——烘干盒质量(g)。

D. 结果评定

液限需进行两次平行试验测定。平行差要求当w_L<40%时,差值不得大于1%;当w_L≥40%时,差值不得大于2%,满足上述要求时,取其算术平均值(以整数表示)作为液限值。

2)塑限的测定

测定方法:滚搓法,即搓条法。

A. 仪器设备

a. 毛玻璃板:尺寸值为200mm×300mm。

b. 链条天平:感量0.01g。

c. 其他:直径为3mm的钢丝或卡尺、烘箱、烘干盒、滴管、蒸馏水、吹风机等。

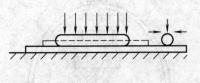
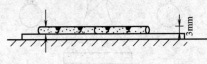

图1-28　搓条法

B. 操作步骤

a. 试样制备:将原状土或已过0.5mm筛的风干土,加少许蒸馏水调成不粘手的泥块,用湿布敷盖,静置24h(实验室工作人员完成)。

b. 将制备好的试样在手中揉捏至不粘手,捏扁即出现裂缝,则表示土样含水量接近塑限。

c. 取接近塑限含水量的试样8~10g,用手搓成椭圆形,放在毛玻璃板上用手掌均匀用力滚搓,土条长度超出手掌宽度以外的部分应切除。当土条搓成直径3mm时,产生裂纹、并开始断裂,此时试样的含水量达到塑限,如图1-28所示;若土条不产生裂缝或土条直径不到3mm时已经断裂,应重新取样调水试验。

d. 取合格土条3~5条装入烘干盒,测定其含水量,即为塑限。

C. 计算

$$w_P = \frac{m_1 - m_2}{m_2 - m_3} \times 100\%$$ (1-23)

式中　w_P——塑限,精确至0.1%;

其余符号同液限公式。

D. 结果评定同液限

3)液限、塑限试验记录表(见表1-16)

液限、塑限测定试验　　　　　　　　　　　　　　　表 1-16

| 工地：＿＿＿＿＿　组别：＿＿＿＿＿　第＿＿＿＿次试验 |
| 试验方法：＿＿＿＿　试验者：＿＿＿＿　试验日期：＿＿＿＿ |

试验项目			液限试验		塑限试验	
试 验 次 数			1	2	1	2
烘干盒号						
烘干盒＋湿土质量	m_1	g				
烘干盒＋干土质量	m_2	g				
烘干盒质量	m_3	g				
水的质量	m_1-m_2	g				
干土质量	m_2-m_3	g				
液限、塑限	w_L、w_P	%				
平均值	$\dfrac{w_{L1}+w_{L2}}{2}$ $\dfrac{w_{P1}+w_{P2}}{2}$					
备　　注	由上述试验结果可得到：该土液性指数 $I_L=$＿＿＿，塑性指数 $I_P=$＿＿＿，该土名称为＿＿＿＿、该土处于＿＿＿＿状态					

(2) 液塑限联合测定法

本试验用光电式液、塑限联合测定仪测得土在不同含水量时的圆锥入土深度，绘制其关系直线图，据入土深度在图上找出该试样的液限和塑限。

1) 仪器设备

A. 光电式液、塑限联合测定仪。如图 1-29 所示。

B. 链条天平：称量 200g，感量 0.01g。

C. 其他：调土刀、盛土器、直刀、凡士林、称量盒、烘箱、干燥器等。

2) 试验步骤

A. 取粒径＜0.5mm、有机质含量≤5% 的黏性风干土样约 200g，分成 3 份，分放入盛土器中，分别加入不同数量的水，制成不同稠度的试样（这三个盛土器内的试样含水量要求是：一种含水量接近液限，一种含水量接近塑限，一种含水量介于前二者之间）。然后盖上湿布，静置一昼夜。若采用天然试样，可不静置。

B. 将制备的试样充分调匀（或搅拌均匀），填入试样杯中，填满后用刮土刀刮平表面，然后将试样杯放在联合测定仪的升降座上。

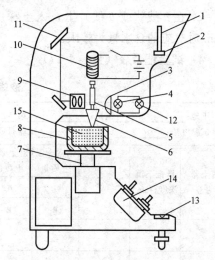

图 1-29　光电式液、塑限联合测定仪示意图
1—读数屏幕；2—零点调节螺丝；3—聚光镜；4—光源；5—微分尺；6—圆锥仪；7—升降座；8—试样杯；9—放大镜；10—电磁铁；11—反射镜；12—指示灯及开关；13—水准器；14—线路板；15—试样

C. 圆锥仪锥体上均匀涂抹少量凡士林，接通电源，使电磁铁吸住圆锥。

D. 调节零点，调整升降座，使锥尖刚好与试样面接触，关断电源使电磁铁失磁，圆锥仪在自重下沉入试样，经 15s 后测读圆锥下沉深度。取出试样杯，测定试样的含水量。

E. 重复步骤 B~D，测定另两个试样的圆锥下沉深度和含水量。

3）成果整理

A. 计算各试样的含水量

$$w = \frac{m_1 - m_2}{m_2 - m_3} \times 100\% \quad (1-24)$$

式中　w——土的含水量，精确至 0.1%；
　　　$m_1 - m_2$——试样中所含水分的质量（g）；
　　　m_3——铝盒的质量（g）；
　　　$m_2 - m_3$——试样土颗粒（干土）的质量（g）。

B. 绘制图形

在双对数坐标纸上，绘制以圆锥入土深度为纵坐标、以相应的含水量为横坐标的关系直线。见图 1-30。图中 a 线所示的三点是在一直线上的，否则应通过含水量高的一点与另外两点分别连成两条直线。如在入土深度 2mm 处查得的两个相应含水量的差值小于 2% 时，取其算术平均值的点与最高点连一直线，即 b 线。如含水量差值大于 2% 时，则应补点。

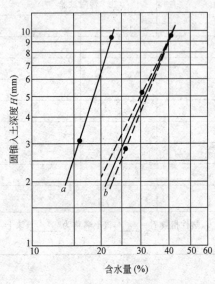

图 1-30　圆锥入土深度与含水量的关系直线图

C. 在 a 线（或 b 线）上，入土深度为 17mm 时对应的含水量为液限，入土深度为 2mm 时对应的含水量为塑限。

4）试验记录表（见表 1-17）

液塑限联合测定试验　　　　　　　　　　表 1-17

工地：_____　组别：_____　第_____次试验
试验方法：_____　试验者：_____　试验日期：_____

编土器编号	圆锥下沉深度(mm)	铝盒编号	铝盒+湿土质量 m_1 g	铝盒+干土质量 m_2 g	铝盒质量 m_3 g	水的质量 m_1-m_2 g	干土质量 m_2-m_3 g	含水量 w %	液限 w_L	塑限 w_P

注：由上述试验结果计算、判定该土液性指数 $I_L=$_____、塑性指数 $I_P=$_____，该土名称为_____、该土处于_____状态。

3. 击实试验

击实试验可测定土的最佳含水量 w_{op} 及工程回填土的压实系数 λ_C。压实系数是现场测定的干密度与室内测定的最大干密度之比。

室内密度试验根据不同填筑材料采用不同试验方法，对砂石可采用振密试验方法确定最大干密度，对素土、灰土采用击实试验确定其最大干密度和最佳含水量。室内和现场密度试验方法对照见表 1-18。

室内和现场密度试验方法对照表　　　　　表 1-18

填 筑 材 料	室内最大干密度试验方法	现场实测干密度试验方法
土、灰土	击实试验	环刀法
砂石	振密试验	灌砂法、灌水法

3.1　试验要求

（1）实验室提供土样，并准备试验仪器。

（2）要求学生测定该土的最佳含水量（w_{op}）和最大干密度（ρ_{dmax}），并掌握试验操作要点。

（3）学生应熟悉最佳含水量（w_{op}）、压实系数（λ_C）及最大干密度（ρ_{dmax}）的概念，清楚本试验的意义。

（4）试验后，学生应独自整理试验报告，准确计算所测土样的最佳含水量（w_{op}）及最大干密度（ρ_{dmax}）。

3.2　试验内容

击实试验分轻型击实试验和重型击实试验两种。轻型击实试验适用于粒径小于 5mm 的黏性土，重型击实试验适用于粒径不大于 20mm 的土。采用三层击实时，最大粒径不大于 40mm。

（1）试验仪器设备

本实验所用的主要仪器设备（如图 1-31、图 1-32 所示）应符合下列规定：

1) 击实仪：击实仪的击实筒和击锤尺寸应符合表 1-19 规定。

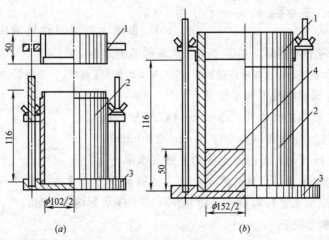

图 1-31　击实筒

（a）轻型击实筒；（b）重型击实筒

1—套筒；2—击实筒；3—底板；4—垫块

击实仪主要部件规格表　　　　　　　　　　表 1-19

试验方法	锤底直径(mm)	锤重量(kg)	落高(mm)	击实筒 内径(mm)	击实筒 筒高(mm)	击实筒 容积(cm³)	护筒高度(mm)
轻型	51	2.5	305	102	116	947.4	50
重型	51	4.5	457	152	116	2103.9	50

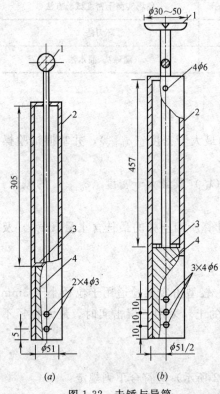

图 1-32　击锤与导筒
(a) 2.5kg 击锤；(b) 4.5kg 击锤
1—提手；2—导筒；3—硬橡皮垫；4—击锤

2) 导筒：击实仪的击锤应与导筒匹配，击锤与导筒间应留有足够的间隙使击锤能自由下落；电动操作的击锤必须有控制落距的跟踪装置和使锤击点按一定角度（轻型 53.5°，重型 45°）均匀分布的控制装置（重型击实仪中心点每圈要加一击）。

3) 天平：称量 200g，感量 0.01g。

4) 台秤：称量 10kg，感量 5g。

5) 标准筛：孔径为 20mm、40mm 和 5mm。

6) 试样推出器：宜用螺旋式千斤顶或液压式千斤顶，如无此类装置，亦可用刮刀和修土刀从击实筒中取出试样。

(2) 试样制备

试样制备分为干法和湿法两种。

1) 干法制备试样应按下列步骤进行

A. 用四分法取代表性土样 20kg（重型为 50kg）。

B. 风干碾碎，过 5mm（重型过 20mm 或 40mm）筛。

C. 将筛下土样拌匀，并测定土样的风干含水率。

D. 根据土的塑限预估最优含水率，制备 5 个不同含水率的若干组试样，相邻 2 个含水率的差值宜为 2%。

注：轻型击实试验 5 个含水率中应有 2 个大于塑限，2 个小于塑限，1 个接近塑限。

2) 湿法制备试样应按下列步骤进行

A. 取天然含水率的代表性土样 20kg（重型为 50kg）。

B. 碾碎土样过 5mm 筛（重型过 20mm 或 40mm）。

C. 将筛下土样拌匀，并测定土样的天然含水率。

D. 据土样的塑限预估最优含水率，如上选择至少 5 个含水率的土样，分别将天然含水率的土样风干或加水进行制备，应使制备好的土样水分均匀分布。

(3) 击实试验步骤：

1) 将击实仪平稳置于刚性基础或地面上，击实筒与底座连接好，安装护筒，在击实筒内壁均匀涂抹一层润滑油。

2) 称取一定量的试样，倒入击实筒内，分层击实。

轻型击实试样为 2~5kg，分 3 层，每层 25 击；重型击实试样为 4~10kg，分 5 层，每层 56 击，若分 3 层，每层 94 击。每层试样高度宜相等。

注：击实时，两层交界处的土面应刨毛。击实完成时，超出击实筒顶的试样高度应小于 6mm。

3）卸下护筒，用直刮刀修平击实筒顶部的试样，拆除底板，试样底部若超出筒外，也应修平。擦净筒外壁，称筒与试样的总质量，精确至 1g，并计算试样的湿密度（方法见试验一）。

4）用推土器将试样从击实筒中推出，取 2 个有代表性试样测定含水率（方法见试验一）。

5）对不同含水率的试样同上面步骤依次击实。

（4）结果整理

1）计算各含水量下的干密度

$$\rho_{di} = \frac{\rho_i}{1+w_i} \tag{1-25}$$

式中 ρ_{di}——某点试样的干密度（g/cm³）；
ρ_i——某点试样的密度（g/cm³）；
w_i——某点试样的含水率。

2）绘制干密度和含水率的关系曲线

干密度和含水率的关系曲线应在直角坐标纸上绘制（如图 1-33）。并应取曲线峰值点相应的纵坐标为击实试样的最大干密度，相应的横坐标为击实试样的最优含水率。当关系曲线不能绘出峰值点时，应进行补点，土样不宜重复使用。

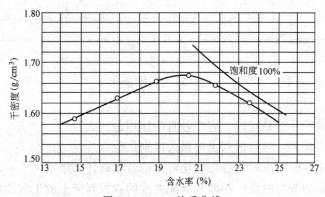

图 1-33 ρ_d-w 关系曲线

3）结果修正

轻型击实试验中，当试样中粒径大于 5mm 的土质量小于或等于试样总质量的 30% 时，应对最大干密度和最优含水率进行修正。

A. 最大干密度应按下式修正

$$\rho'_{max} = \frac{1}{\dfrac{1-P_5}{\rho_{dmax}} + \dfrac{P_5}{\rho_w g G_{S2}}} \tag{1-26}$$

式中 ρ'_{max}——修正后试样的最大干密度（g/cm³）；
P_5——粒径大于 5mm 土的质量百分数（%）；

G_{S2}——粒径大于 5mm 土粒的饱和面干相对密度。

注：饱和面干相对密度指当土粒呈饱和面干状态时的土粒总质量与相当于土粒总体积的 4℃纯水质量的比值。

B. 最优含水率应按下式修正

$$w'_{op} = w_{op}(1-P_5) + P_5 g w_{ab} \tag{1-27}$$

式中　w'_{op}——校正后试样的最优含水率，精确至 0.1%；

　　　w_{op}——击实试样的最优含水率；

　　　w_{ab}——粒径大于 5mm 土粒的含水率。

（5）试验记录表（见表 1-20）

击 实 试 验　　　　　　　　表 1-20

工地：_____　组别：_____　第_____次试验
估计最优含水量：_____　风干含水量：_____　每层击数：_____
试验方法：_____　试验者：_____　试验日期：_____

土样编号	筒+土重	筒重	土样密度	铝盒+土质量	铝盒+干土质量	铝盒质量	含水量	干密度	备注
	g	g	g/cm³	g	g	g	%	g/cm³	
1									
2									$\rho_{dmax}=$ ___
3									$\rho'_{dmax}=$ ___
4									$w_{op}=$ ___
5									$w'_{op}=$ ___

复习思考题

1. 什么是地基？什么是基础？它们各自的作用是什么？
2. 土是如何生成的，它与混凝土的最大区别是什么？
3. 土是由哪几部分组成的？各相变化对土的性质有什么影响？
4. 什么是土粒的级配曲线？如何从级配曲线的陡缓判断土的工程性质？
5. 土中水具有几种存在形式？各种形式的水有何特征？
6. 土为什么具有几种密度？试比较同一种土各种密度间的大小关系？
7. 什么是土的结构？什么是土的构造？不同的结构对土的性质有何影响？
8. 土的物理性质指标有几个？哪些是直接测定的？如何测定？
9. 土的物理状态指标中哪些指标对无黏性土影响较大？哪些指标对黏性土影响较大？
10. 什么是土的塑性指数？其大小与土粒组成有什么关系？它有什么作用？
11. 比较几种无黏性土，孔隙比越小者一定越密实吗？
12. 何谓液性指数？如何应用液性指数评价土的工程性质？
13. 什么是冻胀？在什么环境下容易产生冻胀？
14. 黏性土在压实过程中，含水量与干密度存在什么关系？

15. 地基土如何按其工程性质进行分类？各类土划分的依据是什么？
16. 工程地质勘察的目的是什么？有什么作用？
17. 工程地质勘察分为哪几个阶段？
18. 工程地质勘察报告有哪些内容？

习　　题

1. 某住宅工程地质勘察中取原状土作实验。用天平称 $50cm^3$ 湿土质量为 95.15g，烘干后质量为 75.05g，土粒相对密度为 2.67。计算此土样的天然密度、干密度、饱和密度、天然含水量、孔隙比、孔隙率、饱和度。

（答案：$1.90g/cm^3$，$1.50g/cm^3$，$1.94g/cm^3$，26.8%，0.78，43.8%，0.918）

2. 某工程土样的天然含水量 $w=27.2\%$，天然重度 $\gamma=18.82kN/m^3$，土粒相对密度 $d_s=2.72$，液限 $w_L=29.8\%$，塑限 $w_p=19\%$，试确定该工程土的名称及软硬状态。

（答案：软塑状态的粉质黏土）

3. 有一土样的天然含水量 $w=42.7\%$，天然重度 $\gamma=18.05kN/m^3$，土粒相对密度 $d_s=2.72$，液限 $w_L=39.5\%$，塑限 $w_p=22\%$，试确定土的名称。

（答案：流态的黏土）

4. 已知某土样天然含水量 $w=28\%$，天然重度 $\gamma=18.62kN/m^3$，土粒相对密度 $d_s=2.67$，$I_p=2.5$，筛析法结果如下，试确定土的名称。

孔径(mm)	10	5	2	1.0	0.5	0.25	0.1	0.075	底盘
留在筛上土重百分比(%)	0	3	4.2	10.5	15.6	20.4	16.2	20.8	9.3

（答案：中砂）

5. 有一砂土试样，经筛析后各颗粒粒组含量如下，试确定砂土的名称。

粒径(mm)	<0.075	0.075~0.1	0.1~0.25	0.25~0.5	0.5~1.0	>1.0
含量(%)	8.0	15.0	42.0	24.0	9.0	2.0

（答案：细砂）

6. 已知某试样的土粒相对密度 $d_s=2.72$，孔隙比 $e=0.95$，饱和度 $S_r=0.37$。将此土样的饱和度提高到 0.90 时，每 $1m^3$ 的土应加多少水？

（答案：258kg）

7. 今有一湿土试样，质量为 200g，含水量为 15.0%。若要制备含水量为 20.0% 的试样，需加多少水？

（答案：8.7g）

单元 2 土 方 工 程

知 识 点：土方的开挖与填筑；土的工程性质指标；土方施工机械；土方季节性施工以及施工降水。

教学目标：通过本单元的学习，了解土方施工的特点，掌握土的物理性质指标，熟悉土方施工机械的选用，熟悉不同区域土方季节性施工、降低地下水位的方法以及土方工程的质量检查验收标准。

课题 1 土方开挖与填筑

1.1 概　　述

1.1.1 土方工程的种类与特点

土方工程是建筑工程施工中的主要分部工程之一，它包括土方的开挖、运输、填筑、平整与压实等主要施工过程，以及场地清理、测量放线、施工排水、降水和土壁支护等准备工作与辅助工作。

土方工程按其施工内容和方法的不同，常可分为以下几类：

（1）场地平整

场地平整是将天然地面改造成设计要求的平面时，所进行的土方施工的全过程。它具有工程量大、劳动繁重和施工条件复杂、工期长等特点（如大型建设项目的场地平整，土方量可达数百万立方米以上，面积达数十平方公里）。土方工程施工受气候、水文、地质条件等影响大，难以确定的因素多，有时施工条件极为复杂。因此，在组织场地平整施工前，应详细分析、核对各项技术资料（如实测地形图、工程地质、水文地质勘察资料；原有地下管道、电缆和地下构筑物资料；土方施工图等），进行现场调查并根据现有施工条件，制定出经济合理的施工方案。

（2）基坑（槽）及管沟开挖

指开挖宽度在 3m 以内的基槽或开挖底面积在 20m^2 以内的土方工程。主要是浅基础、桩承台及管沟等施工而进行的土方开挖。

其特点是：要求开挖的标高、断面、轴线准确；土方量少；受气候影响较大（如冰冻、下雨等影响）。

因此，施工前必须做好各项准备工作，制定出合理的施工方案，以达到减少工程量、加快施工进度和节省工程费用的目的。

（3）土方填筑

土方填筑是指将低洼处用土石方分层填平。建筑工程上有大型土方填筑和小型场地、基坑、基槽、管沟的回填，前者一般与场地平整施工同时进行，交叉施工；后者除小型场地回填外,一般在地下工程施工完毕再进行。对填筑的土方,要求严格选择土质,分层回填压实。

1.1.2 土石的分类与现场鉴别

在建筑施工中,根据其开挖的难易程度,将土石分为松软土、普通土、坚土、砂砾坚土、软石、次坚石、坚石、特坚石等八类。前四类属一般土,后四类属岩石,土的工程分类与现场鉴别方法见表2-1。

土的工程分类与现场鉴别方法　　　　　表 2-1

土的分类	土 的 名 称	可松性系数		现场鉴别方法
		K_S	K_S'	
一类土 (松软土)	砂;亚砂土;冲积砂土层;种植土;泥炭(淤泥)	1.08~1.17	1.01~1.03	能用锹、锄头挖掘
二类土 (普通土)	亚黏土;潮湿的黄土;夹有碎石、卵石的砂;种植土;填筑土及亚砂土	1.14~1.28	1.02~1.05	用锹、锄头挖掘,少许用镐翻松
三类土 (坚土)	软及中等密实黏土;重亚黏土;粗砾石;干黄土及含碎石、卵石的黄土、亚黏土;压实的填筑土	1.24~1.30	1.05~1.07	主要用镐,少许用锹、锄头挖掘,部分用撬棍
四类土 (砂砾坚土)	重黏土及含碎石、卵石的黏土;粗卵石;密实的黄土;天然级配砂石;软泥灰岩及蛋白石	1.26~1.35	1.06~1.09	整个用镐、撬棍,然后用锹挖掘,部分用楔子及大锤
五类土 (软石)	硬石灰纪黏土;中等密实的页岩、泥灰岩、白垩土;胶结不紧的砾岩;软的石灰岩	1.30~1.40	1.10~1.15	用镐或撬棍、大锤挖掘,部分使用爆破方法
六类土 (次坚石)	泥岩;砂岩;砾岩;坚实的页岩;泥灰岩;密实的石灰岩;风化花岗岩;片麻岩	1.35~1.45	1.11~1.20	用爆破方法开挖,部分用风镐
七类土 (坚石)	大理岩;辉绿岩;玢岩;粗、中粒花岗岩;坚实的白云岩;砂岩;砾岩;片麻岩;石灰岩;风化痕迹的安山岩;玄武岩	1.40~1.45	1.15~1.20	用爆破方法
八类土 (特坚石)	安山岩;玄武岩;花岗片麻岩;坚实的细粒花岗岩;闪长岩;石英岩;辉长岩;辉绿岩;玢岩	1.45~1.50	1.20~1.30	用爆破方法

注:K_S——最初可松性系数;
　　K_S'——最终可松性系数。

1.1.3 土的工程性质指标

反映土工程性质的物理性能指标除单元1中提到的天然含水量、天然密度、土粒相对密度、饱和密度、有效密度、干密度、孔隙比、孔隙率、饱和度外,还包括以下三个物理指标:土的可松性、土的透水性和土的密实度。另外还有压缩系数、压缩模量、变形模量、抗剪强度等力学性能指标。

(1) 土的可松性

土的可松性是指自然状态的土经开挖后体积增加,以后虽经回填压实仍不能恢复原来体积的性质。由于土方工程量是以自然状态的体积来计算的,所以在土方调配、计算土方运输量、计算填方量和选择运土工具时应考虑土的可松性影响。土的可松性程度可用可松性系数表示,它分为最初可松性系数 K_S 和最终可松性系数 K_S'(各类土的可松性系数见表2-1),即

$$K_S = \frac{V_2}{V_1} \tag{2-1}$$

$$K_S' = \frac{V_3}{V_1} \tag{2-2}$$

式中 K_S——土的最初可松性系数；

K_S'——土的最终可松性系数；

V_1——土在天然状态下的体积；

V_2——土经开挖后的松散体积；

V_3——土经压（夯）实后的体积。

可松性系数对土方的调配、计算土方运输量、计算填方量和选择运土工具等都有影响。

（2）土的透水性

土的透水性是指水流通过土中孔隙的难易程度。地下水的补给（流入）与排泄（流出）以及土中水的渗流速度都与土的透水性有关，另外在考虑地基土的沉降速率和地下水的涌水量时，也涉及到土的透水性指标。

地下水在土中渗流速度一般可按达西定律计算，达西定律的表达式如下：

$$v = K \cdot i \tag{2-3}$$

式中 v——水在土中的渗流速度，单位为 mm/s（或 m/d）。它不是地下水在孔隙中流动的实际速度，而是在单位时间内流过土的单位面积的水量；

i——水头梯度，或称水力坡降，等于 $(H_1-H_2)/L$。在图 2-1 中，M_1 和 M_2 两点的水头分别为 H_1 和 H_2，M_1 和 M_2 两点的水头差与水流过的距离 L 之比就是水头梯度。当地下水面比较平缓时，水的流线与水平线的夹角较小，M_1 和 M_2 两点的距离 L 可按两点的水平距离考虑；

K——土的渗透系数，单位为 mm/s（或 m/d），是反映土透水性质的常数。

在式（2-3）中，当 $i=1$ 时，$K=v$，即土的渗透系数的数值等于水头梯度为 1 时的地下水渗流速度，K 值的大小反映了土透水性的强弱。土的渗透系数可以通过室内渗透试验或现场抽水试验来测定。各种土的渗透系数变化范围见表 2-2。

（3）土的压实系数

对软土地基进行机械压实时，用压实系数和最佳含水量来控制压实的质量，见表 2-3。不符合表中规定者，不得作为建筑物地基。

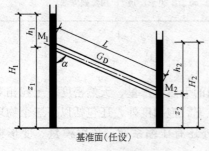

图 2-1 水的渗流

土的渗透系数　　表 2-2

土 的 种 类	K(m/d)	土 的 种 类	K(m/d)
黏土、亚黏土	<0.1	含黏土的中砂及纯细砂	20～25
亚砂土	0.1～0.5	含黏土的细砂及纯中砂	35～50
含黏土的粉砂	0.5～1.0	纯粗砂	50～75
纯粉砂	1.5～5.0	粗砂夹卵石	50～100
含黏土的细砂	10～15	卵石	100～200

填土压实系数要求　　　　　　　　　表2-3

结构类型	填土部位	压实系数 λ_c	控制含水量(%)
砌体结构和框架结构	在地基主要受力层范围内	≥0.97	
	在地基主要受力层范围以下	≥0.95	
简支结构和排架结构	在地基主要受力层范围内	≥0.96	$w_{op} \pm 2\%$
	在地基主要受力层范围以下	≥0.94	
一般工程	基础四周或两侧一般回填土	0.9	
	室内地坪、管道地沟回填土	0.9	
	一般堆放物品场地回填土	0.85	

压实系数的表达式如下：

$$\lambda_c = \frac{\rho_d}{\rho_{dmax}} \tag{2-4}$$

式中　λ_c——土的压实系数；

ρ_d——土的控制干密度；

ρ_{dmax}——土的最大干密度。

土的控制干密度可用"环刀法"测定。先用环刀取样，测出土的天然密度（ρ），烘干后测出含水量（w），用下式计算土的实际干密度：

$$\rho_d = \frac{\rho}{1+w} \tag{2-5}$$

土的最大干密度采用击实试验确定，试验方法见单元1实测课题3。通过对同一土质不同含水量的若干土样试验，可得到土的干密度和含水量的关系曲线，如图1-33所示。曲线峰值点的纵坐标为击实试样的最大干密度，相应点的横坐标为击实试样的最佳含水率。土的最佳含水量（w_{op}）是指在相同压实功条件下，使土达到最大密实度的含水量。一般情况下，最佳含水量可取（$w_p + 2\%$）（w_p为塑限）。

（4）压缩系数

土的压缩性通常用压缩系数表示，由原状土的压缩实验确定。其公式如下：

$$a = 1000 \times \frac{e_1 - e_2}{p_1 - p_2} \tag{2-6}$$

式中　1000——单位换算系数；

a——压缩系数（MPa^{-1}）；

p_1、p_2——固结压力（kPa）；

e_1、e_2——对应于p_1、p_2时的孔隙比。

评价地基土压缩性时，取$p_1 = 100kPa$，$p_2 = 200kPa$，计算出相应的压缩系数值a_{1-2}，据此将地基土压缩性划分为低、中、高三种，并按下列规定进行评价：

当$a_{1-2} < 0.1MPa^{-1}$时，为低压缩性土；

当$0.1MPa^{-1} \leq a_{1-2} < 0.5MPa^{-1}$时，为中压缩性土；

当$a_{1-2} \geq 0.5MPa^{-1}$时，为高压缩性土。

(5) 压缩模量

压缩模量是指土在室内完全侧限条件下,竖向附加应力与相应竖向应变的比值。可按下式计算:

$$E_s = \frac{1+e_0}{a} \tag{2-7}$$

式中　E_s——土的压缩模量(MPa);
　　　a——土的压缩系数(MPa^{-1});
　　　e_0——土的天然孔隙比。

可用压缩模量划分土的压缩性等级和评价土的压缩性。见表2-4。

地基土按 E_s 值划分压缩性等级的规定　　　　　　表2-4

室内压缩模量 E_s(MPa)	<2	2~4	4.1~7.5	7.6~11	11.1~15	>15
压缩等级	特高压缩性	高压缩性	中高压缩性	中压缩性	中低压缩性	低压缩性

(6) 变形模量

土的压缩性,除在室内进行压缩试验测定的压缩系数和压缩模量外,还可以通过现场载荷试验确定的变形模量(E_0)来判断,由于它是在现场原位进行测定,因此能比较准确地反映土在天然状态下的压缩性。

土的变形模量也是反映土的压缩性的指标,因此可用变形模量来反映地基压缩的变化。如符合下列条件之一时,可认为地基土的压缩变化是很小的。

1) 当 $E_{min} \geqslant 20$MPa 时;

2) 当 $20 > E_{min} \geqslant 15$MPa 和 $1.8 \leqslant \dfrac{E_{max}}{E_{min}} \leqslant 2.5$ 时;

3) 当 $15 > E_{min} \geqslant 7.5$MPa 和 $1.3 \leqslant \dfrac{E_{max}}{E_{min}} \leqslant 1.6$ 时。

注:E_{max} 和 E_{min} 分别为建筑场地范围内的最大变形模量和最小变形模量。

(7) 抗剪强度

土的抗剪强度是指土在外力作用下抵抗剪切滑动的极限强度。其测定方法有室内直剪、三轴剪切、原位直剪、十字板剪切等方法,它是评价地基承载力、边坡稳定性、计算土压力的重要指标。

1) 抗剪强度计算

土的抗剪强度一般按下式计算:

$$\tau_f = \sigma \cdot \mathrm{tg}\varphi + c \tag{2-8}$$

式中　τ_f——土的抗剪强度(kPa);
　　　σ——作用于剪切面上的法向正应力(kPa);
　　　φ——土的内摩擦角(°);
　　　c——土的黏聚力(kPa),砂类土 $c=0$。

砂土的内摩擦角一般随其颗粒变细而逐渐降低。砾砂、粗砂、中砂的 φ 值约为 $32\sim40°$;细砂、粉砂的 φ 值约为 $28\sim36°$。黏性土的抗剪强度指标变化范围较大,

黏性土内摩擦角 φ 的变化范围大致为 $0\sim30°$；黏聚力 c 一般为 $10\sim100$kPa，坚硬黏土则更高。

2) 土的抗剪强度指标确定

公式（2-8）称为抗剪强度的库仑定律，如图 2-2 所示，是一条直线。φ 为直线与水平线的夹角，c 为直线在纵坐标轴上的截距。在一定试验条件下得出的 φ、c 值，一般能反映土的抗剪强度大小，故 φ、c 称为土的抗剪强度指标。试验时，同一土样用环刀取不少于 4 个试样进行不同竖直压力作用下的剪切试验，然后按比例在坐标纸上绘制 τ_f、σ 的相关直线，直线交 τ 轴的截距即为土的黏聚力 c，砂土的 $c=0$，直线与水平线的夹角即为土的内摩擦角 φ。

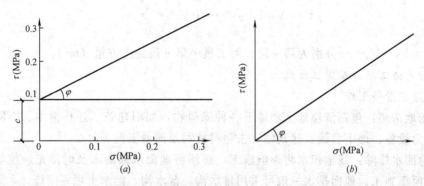

图 2-2 抗剪强度与法向应力的关系曲线
(a) 黏性土；(b) 砂土

1.2 基坑、基槽土方开挖

在土方工程施工之前，必须计算土方的工程量，但土方工程的外形有时很复杂，而且不规则。一般情况下，都将其假设或划分成为一定的几何形状，并采用具有一定精度而又近似实际情况的方法进行计算。

1.2.1 基坑、基槽土方量计算

基坑土方量可按立体几何中的拟柱体（由两个平行的平面做底的一种多面体）体积公式计算，如图 2-3 所示，即

$$V=\frac{H}{6}(A_1+4A_0+A_2) \tag{2-9}$$

式中 H——基坑深度（m）；
A_1、A_2——基坑上、下两底底面积（m²）；
A_0——基坑中截面面积（m²）。

基槽和路堤的土方量可以沿长度方向分段后，再用同样的方法计算，如图 2-4 所示。

$$V_i=\frac{L_i}{6}(A_1+4A_0+A_2) \tag{2-10}$$

式中 V_i——第 i 段的土方量（m³）；
L_i——第 i 段的长度（m）。

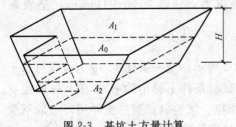

图 2-3 基坑土方量计算

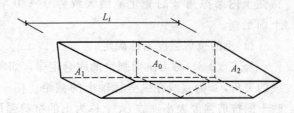

图 2-4 基槽土方量计算

将各段土方量相加,即得总土方量,即

$$V = V_1 + V_2 + \cdots + V_n = \sum_{i=1}^{n} V_i \qquad (2-11)$$

式中 V_1、$V_2 \cdots V_n$——分别为第一段、第二段…第 n 段的土方量（m³）。

1.2.2 施工准备及定位放线

(1) 施工准备工作

1) 场地清理：包括清理地上和地下各种障碍物，如旧建筑、迁移树木、拆除或改建通讯和电力设备、地下管线及建筑物，去除耕植物及河塘淤泥等。

2) 地面水排除：场地积水将影响施工，必须将地面水或雨水及时排走，使场地保持干燥，以便于施工。地面排水一般可采用排水沟、截水沟、挡水土坝等措施。

(2) 定位与放线

1) 建筑物定位：建筑物定位就是将建筑设计总平面图中建筑物的轴线交点测定到地面上，用木桩标定位置，桩顶钉上中心钉表示点位，称轴线桩，然后根据轴线桩进行细部测定。

为了进一步控制各轴线位置，应将主要轴线延长到安全地点并做标志，称为控制桩。为了便于开槽后施工各阶段中能控制轴线位置，应把轴线位置引测到龙门板上，用轴线钉标定。龙门板顶部标高一般为±0.000m，以便控制挖基槽和基础施工时的标高。如图 2-5 所示。

2) 放线：放线就是根据定位确定的轴线位置，用石灰划出基坑（槽）开挖的边线，基坑（槽）上口尺寸的确定应根据基础的设计尺寸和埋置深度、土壤类别及地下水情况确

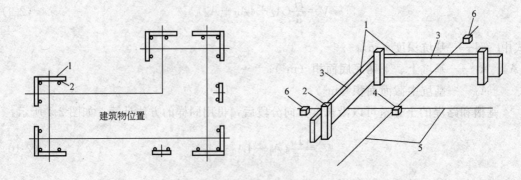

图 2-5 龙门板的设置

1—龙门板（标志板）；2—龙门桩；3—轴线钉；4—轴线桩（角桩）；5—轴线；6—控制桩（引桩、保险桩）

定是否留工作面或放坡。如图 2-6 所示。

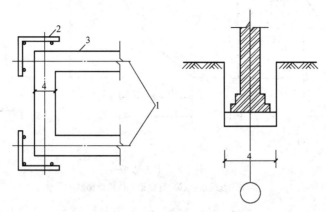

图 2-6 放线示意图
1—墙（柱）轴线；2—龙门板；3—白灰线（基础边线）；4—基础宽度图

工作面的留置要求为：砖基础不小于 150mm，混凝土及钢筋混凝土基础为 300mm。

1.2.3 土方开挖

(1) 场地开挖

1) 小面积场地开挖：多采用人工或人工配合小型机具开挖，由上而下、分层分段、从一端向另一端进行开挖。

2) 土方运输：采用手推车、机动翻斗车、自卸汽车等机具。大面积宜采用推土机、装卸机、铲运机或挖掘机等大型土方机械，土方开挖机械的选用参见表 2-7。

3) 边坡坡度：土方开挖应具有一定的边坡坡度，以防塌方和保证施工安全。确定挖方边坡坡度应根据土质、开挖深度、开挖方法、边坡留置时间的长短、边坡附近的各种荷载情况及排水等情况确定。临时性挖方边坡坡度见表 2-5。

临时性挖方边坡坡度 表 2-5

土 的 类 别		边坡坡度（高：宽）
砂土（不包括细砂、粉砂）		1:1.25～1:1.50
一般黏性土	坚硬	1:0.75～1:1.00
	硬塑	1:1.00～1:1.25
	软	1:1.50 或更缓
碎石类土	充填坚硬、硬塑黏性土	1:0.50～1:1.00
	充填砂土	1:1.00～1:1.50

注：1. 设计有要求时应符合设计标准；
2. 如果采用降水或其他加固措施，可以不受本表限制；
3. 开挖深度：对软土不应超过 4m，对硬土不应超过 8m。

(2) 边坡开挖

1) 边坡的基本要求：为保证土方工程施工时土体的稳定，防止塌方，保证施工安全，当挖土超过一定的深度时，应留置一定的坡度；土方边坡的坡度用其高度 H 与底宽度 B 之比来表示，边坡可做成直线形边坡、阶梯形边坡及折线形边坡。如图 2-7 所示。

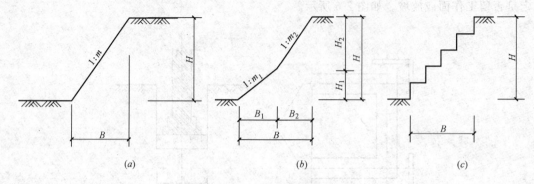

图 2-7 土方边坡
(a) 直线形；(b) 折线形；(c) 阶梯形

$$土方边坡坡度 = \frac{H}{B} = \frac{1}{B/H} = \frac{1}{m} \tag{2-12}$$

式中 $m = \frac{B}{H}$ 称为坡度系数。

场地边坡开挖应采用沿等高线自上而下分层、分段依次进行。在边坡上采用多台阶同时进行开挖，上台阶比下台阶开挖进深不小于 30m，以防塌方。

边坡台阶开挖，应做成一定坡势，以利排水。边坡下部设有护脚及排水沟时，在边坡修完之后，应立即处理台阶的反向排水坡，并进行护脚矮墙的砌筑和排水沟的疏通，以保证坡面不被冲刷和影响边坡稳定范围内积水，否则应采取临时性排水措施。

2) 造成边坡塌方的主要原因：

A. 未按规定放坡，使土体本身稳定性不够而塌方；

B. 基坑边沿堆载，使土体中产生的剪应力超过土体的抗剪强度而塌方；

C. 地下水及地面水渗入边坡土体，使土体的自重增大，抗剪能力降低，从而产生塌方。

3) 防止边坡塌方的主要措施：

A. 边坡的留置应符合规范的要求，其坡度大小，则应根据土的性质、水文地质条件、施工方法、开挖深度、工期的长短等因素而确定。施工时应随时观察土壁变化情况。

B. 边坡上有堆土或材料以及有施工机械行驶时，应保持与边坡边缘的距离。当土质良好时，堆土或材料应距挖方边缘不小于 0.8m，高度不应超过 1.5m。在软土地基开挖时，应随挖随运，以防由于地面加载引起的边坡塌方。

C. 作好排水工作，防止地表水、施工用水和生活废水浸入边坡土体，在雨期施工时，应更加注意检查边坡的稳定性，必要时加设支撑。

4) 边坡保护：当基坑开挖完工后，可采用塑料薄膜覆盖、水泥砂浆抹面、挂网抹面或喷浆等方法进行边坡坡面防护，可有效防止边坡失稳。

5) 边坡失稳处理：在土方开挖过程中，应随时观察边坡土体。当边坡出现裂缝、滑动等失稳迹象时，应暂停施工，必要时将施工人员和机械撤出至安全地点。同时，应设置观察点，对土体平面位移和沉降变化进行观测，并与设计单位联系，研究相应的处理措施。

(3) 基坑（槽）开挖

1) 地面排水：基坑（槽）和管沟开挖时上部应有排水措施，防止地面水流入坑内，以防冲刷边坡造成塌方和破坏基土。

2) 边坡的规定：当土质为天然湿度，构造均匀，水文地质条件良好（即不会发生塌滑、移动、松散或不均匀下沉）且无地下水时，开挖基坑亦可不必放坡，采取直立开挖不加支护，但挖方深度不宜超过下列规定：

密实、中密的砂土和碎石类土（填充物为砂土）　　　　1.0m；
硬塑、可塑的粉土及粉质黏土　　　　　　　　　　　　1.25m；
硬塑、可塑的黏土和碎石类土（填充物为黏性土）　　　1.5m；
坚硬的黏土　　　　　　　　　　　　　　　　　　　　2.0m。

如超过上述规定深度，应考虑放坡或加支撑。当地质条件良好，土质均匀且地下水位低于基坑（槽）或管沟底标高时，挖土深度在 5m 以内不加支撑的边坡最陡坡度应符合表 2-6 规定。放坡后基坑上口宽度由基础底面宽度及边坡坡度来决定，坑底宽度每边应比基础宽出 15～30cm，以便于施工操作。

深度在 5m 内的基坑（槽）、管沟边坡的最陡坡度（不加支撑）　　表 2-6

土 的 类 别	边坡坡度（高∶宽）		
	坡顶无荷载	坡顶有静载	坡顶有动载
中密的砂土	1∶1.00	1∶1.25	1∶1.50
中密的碎石类土（填充物为砂土）	1∶0.75	1∶1.00	1∶1.25
硬塑的粉土	1∶0.67	1∶0.75	1∶1.00
中密的碎石类土（填充物为黏性土）	1∶0.50	1∶0.67	1∶0.75
硬塑的粉质黏土、黏土	1∶0.33	1∶0.50	1∶0.67
老黄土	1∶0.10	1∶0.25	1∶0.33
软土（经井点降水后）	1∶1.00	—	—

注：1. 静载指堆土或材料等，动载指机械挖土或汽车运输作业等。静载或动载距挖方边缘的距离应保证边坡直立壁的稳定，堆土或材料应距挖方边缘 0.8m 以外，高度不超过 1.5m。
　　2. 当有成熟的施工经验时，可不受本表限制。

3) 边坡加固：当开挖基坑（槽）的土质含水量大而不稳定、基坑较深、受到周围场地限制而需用较陡的边坡或直立开挖而土质较差时，应采用临时性支撑加固。坑、槽开挖宽度应比基础宽每边加 10～15cm 支撑结构所需的尺寸。挖土时土壁要求竖直，挖好一层，支一层支撑。挡土板要紧贴土面，并用小木桩或横撑木顶住挡板。

开挖宽度较大的基坑，当在局部地段无法放坡，或下部土方受到基坑尺寸限制不能放较大坡度时，则应在下部坡脚采取加固措施，如采用短桩与横隔板支撑、砌砖、毛石或用编织袋、草袋装土堆砌临时矮挡土墙保护坡脚；当开挖深基坑时，则须采取半永久性、安全、可靠的支护措施。

4) 工艺顺序：基坑开挖应首先进行测量定位、抄平放线—切线分层开挖—排水、降水—修坡、整平—留足预留土层。

5）开挖施工要点：

A. 相邻基坑开挖时，应遵循先深后浅或同时进行的施工工序。挖土应自上而下水平分段分层进行，每层 0.3m 左右，边挖边检查坑底宽度。

B. 每 3m 左右修一次坡，至设计标高时再统一进行一次修坡清底，检查坑底宽度和标高，要求坑底凹凸不超过 1.5cm。

C. 在已有建筑物侧挖基坑（槽）应间隔分段进行，每段不超过 2m，相邻段开挖应待已挖好的槽段基础完成并回填夯实后进行。

D. 基坑开挖应尽量防止对地基土的扰动。当采用人工挖土，基坑挖好后不能立即进行下道工序时，应预留 15～30cm 一层土不挖，待下道工序开始再挖至设计标高。

E. 采用机械开挖基坑时，为避免破坏基底土壤，应在基底标高以上预留一定深度的土层人工清理。使用铲运机、推土机或多斗挖土机时，保留土层厚度为 20cm；使用正铲、反铲或拉铲挖土时为 30cm。

F. 在地下水位以下挖土，应在基坑（槽）四周或两侧挖好临时排水沟和集水井，将水位降至坑、槽底 500mm 以下，以利挖方进行。降水工作应持续到基础（包括地下水位下回填土）施工完成。

G. 在基坑（槽）边缘上侧堆土或堆放材料以及移动施工机械时，应与基坑边缘保持 1m 以上距离，以保证坑边直立壁或边坡的稳定。当土质良好时，堆土或材料应距挖方边缘 0.8m 以外，高度不宜超过 1.5m，并应避免在已完基础一侧过高堆土，使基础、墙、柱倾斜而酿成事故。

H. 如开挖的基坑（槽）深于相邻建筑基础时，如图 2-8 所示，开挖应与其保持一定的距离和坡度，以免影响邻近建筑基础的稳定，一般应满足下列要求：$h:l \leqslant 0.5 \sim 1.0$。如不能满足要求，应采取在坡脚设置挡墙或支撑进行加固处理。

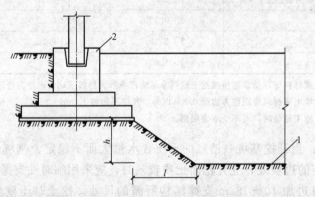

图 2-8 基坑（槽）与临近基础应保持的距离
1—开挖深基坑槽底部；2—临近基础

I. 基坑开挖完工后应进行验槽，作好记录，如发现地基土与工程地质勘察报告、设计要求不符时，应会同有关技术人员研究处理。

1.2.4 土壁支撑

当基础埋置较深，场地狭小不能放坡或由于土质原因放坡后土方量过大时，应加设挡土支撑，以防土壁坍塌发生事故。支撑的方法很多，这里仅介绍横撑式支撑和板式支撑。

横撑式支撑分水平挡土板和竖直挡土板。如图 2-9。水平挡土板的布置又分断续式和连续式两种，断续式水平挡土板支撑主要适用于湿度小的黏土及挖土深度小于 3m 的情况，连续式水平支撑主要适用于松散、湿度大及深度在 5m 以内的情况。对松散和湿度很高的土可用竖直挡土板式支撑，挖土深度可超过 5m。

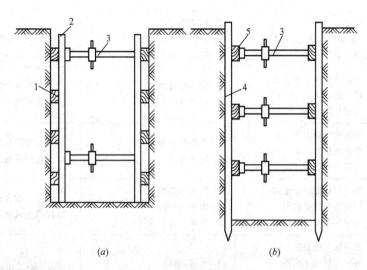

图 2-9 横撑式支撑
(a) 断续式水平挡土板支撑；(b) 竖直挡土板支撑
1—水平挡土板；2—竖楞木；3—工具式支撑；4—竖直挡土板；5—横楞木

1.2.5 土方工程施工机械

土方的开挖可借助于人工或机械挖掘。但人工挖掘的劳动强度高、效率低，只适用于工程量小、分散或缺乏挖掘机械的情况，因此土方的运输、填筑、压实等施工过程应尽量采用机械施工，以减轻繁重的体力劳动，加快施工进度。

土方工程施工机械的种类较多，有推土机、铲运机、装载机、单斗挖土机及多斗挖土机和各种辗压、夯实机械等。其适用范围见表 2-7。在房屋建筑工程施工中，尤以推土机、铲运机和单斗挖土机应用最广，也最具有代表性，现就这几种类型机械的性能、适用范围及施工方法作以下介绍。

（1）推土机

推土机是场地平整施工的主要机械之一，它实际上为一装有铲刀的拖拉机，可以独立地完成铲土、运土及卸土三种作业。按行走机构可分为履带式和轮胎式两种，履带式推土机附着牵引力大，接地压力小，但机动性不如轮胎式推土机。推土机的推土板一般用液压操纵，除可升降外，还可调整角度。按发动机功率大小可分为大型推土机（235kW 或 320 马力以上），中型推土机（73.5～235kW 或 100～320 马力）和小型推土机（73.5kW 或 100 马力以下）三种。目前我国生产的履带式推土机有红旗 100、上海 120、T-120、移山 160、T-180、TY-180、黄河 220、T-240、T-320 和 TY-320 等。图 2-10 为 T-180 型履带式推土机外形图。轮胎式推土机有 TL-160、厦门 T-180 等。表 2-8 为一些常用推土机的性能与规格。

常用土方开挖机械的适用范围 表 2-7

机械名称	作 业 特 点	适 用 范 围	辅 助 机 械
推土机	1. 推平 2. 运距 80m 以内的推土 3. 助铲 4. 牵引	1. 找平表面 2. 短距离挖运 3. 拖羊足碾	
铲运机	1. 找平 2. 800m 以内的挖运土 3. 填筑堤坝	1. 场地平整 2. 运距 100～800m 3. 运距最小 10m	开挖坚土时需要推土机作助铲
正铲挖掘机	1. 开挖停机面以上土方 2. 挖方高度 1.5m 以上 3. 装车外运	1. 大型管道基槽 2. 数千方以上的挖土	1. 外运应配自卸汽车 2. 工作面应有推土机配合
反铲挖掘机	1. 开挖停机面以下土方 2. 挖深随装置决定 3. 可装车和甩土两用	1. 沟管和基槽 2. 独立基坑	1. 外运应配自卸汽车 2. 工作面应有推土机配合
拉铲挖掘机	1. 开挖停机面以下土方 2. 开挖断面误差较大 3. 可装车和甩土两用	1. 沟管和基槽 2. 大量的外借土方 3. 排水不良也能开挖	1. 外运应配自卸汽车 2. 配推土机创造施工条件
抓铲挖掘机	1. 可直接开挖直井 2. 可装车和甩土两用 3. 钢绳牵拉, 工效不高 4. 液压式的深度有限	1. 基坑、基槽 2. 排水不良也能开挖	外运应配自卸汽车
装载机	1. 开挖停机面以上土方 2. 轮胎式只能装松散土方、履带式装普通土 3. 要装车外运	1. 外运多余土方 2. 履带式改换挖斗时可用于开挖	1. 按运距配自卸汽车 2. 作业面经常用推土机平整, 并推松土方
多斗挖沟机	1. 连续开挖沟管 2. 一次掘成不放坡 3. 可外运或堆在沟边	一定宽度和深度的沟管	1. 外运应配自卸汽车 2. 挖沟机行驶道路应平坦坚实

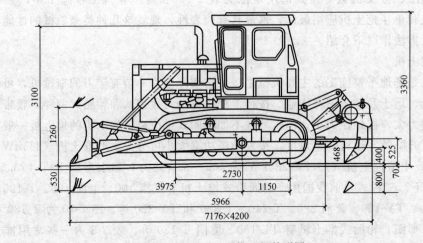

图 2-10 T-180 型推土机外形图

推土机的性能与规格 表 2-8

项目	机型							
	T_2-60	T_1-75	T_3-100	T-120	上海-120A	T-180	TL180	T-220
铲刀(宽×高)(mm) 最大提升高度(mm) 最大切土深度(mm)	2280×788 625 290	2280×780 600 150	3030×1100 900 180	3760×1100 1000 300	3760×1000 1000 330	4200×1100 1260 530	3190×990 900 400	3725×1315 1210 540
移动速度:前进(km/h) 后退(km/h)	3.25～8.09 3.14～5.0	3.59～7.9 2.44	2.36～10.13 2.79～7.63	2.27～10.44 2.73～8.99	2.23～10.23 2.68～8.82	2.43～10.12 3.16～9.78	7～49	2.5～9.9 3.0～9.4
额定牵引力(kN) 发动机额定功率(马力) 对地面单位压力(MPa)	36 60 0.053	— 75 —	90 100 0.065	120 135 0.059	130 120 0.064	188 180 —	85 180 —	240 220 0.091
外形尺寸 (长×宽×高)(m)	4.214× 2.28× 2.30	4.314× 2.28× 2.3	5.0× 3.03× 2.992	6.506× 3.76× 2.875	5.366× 3.76× 3.01	7.176× 4.2× 3.091	6.13× 3.19× 2.84	6.79× 3.725× 3.575
总重量(t)	5.9	6.3	13.43	14.7	16.2		12.8	27.89
生产厂			山东推土机总厂	四川建筑机械厂	上海彭浦机械厂	黄河工程机械厂	郑州工程机械厂	黄河工程机械厂

推土机操纵灵活，运转方便，所需工作面较小，行驶速度快，易于转移，能爬30°左右的缓坡，因此应用范围较广，多用于场地清理和平整、开挖深度1.5m以内的基坑，填平沟坑，以及配合铲运机、挖土机工作等。此外，在推土机后面可安装松土装置，破松硬土和冻土；也可拖挂羊足辗进行土方压实工作。推土机可以推挖一～三类土，经济运距是100m以内，40～60m效率最高。

1) 推土机作业方法：推土机作业常以切土和推运土为主，切土时应根据土质情况，尽量采用最大切土深度在最短距离（6～10m）内完成，以便缩短低速运行的时间，然后直接推送到预定地点。回填土和填沟渠时，铲刀不得超过土坡边沿。上下坡坡度不得超过35°，横坡不得超过10°。多台推土机同时作业时，前后距离应大于8m。

2) 提高推土机作业效率的措施：推土机的生产效率主要取决于推土刀推移土的体积及切土、推土、回程等工作循环时间。为了提高推土机的生产效率，缩短推土时间和减少土的失散，常用以下几种施工方法：

A. 下坡推土（如图2-11所示）：推土机顺地面坡度沿下坡方向切土与推土，借助机械本身的重力作用，增加推土能力和缩短推土时间。一般可提高生产效率30%～40%，

图 2-11 下坡推土法

但推土坡度应在15°以内,以防后退时爬坡困难。

B. 槽形推土(如图2-12所示):推土机重复多次在一条作业线上切土和推土,使地面逐渐形成一条浅槽,以减少土从铲刀两侧失散,可以增加推土量10%~30%。槽的深度以1m左右为宜,土埂宽约50cm。当推出多条槽后,再将土埂推入槽内,然后推出。

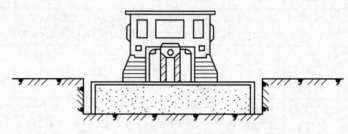

图2-12 槽行推土

C. 并列推土(如图2-13所示):平整场地的面积较大时,可用2~3台推土机并列作业,铲刀相距15~30cm。一般两机并列推土可增大推土量15%~30%,三机并列推土可增大推土量30%~40%,但平均运距不宜超过50~70m,亦不宜小于20m。

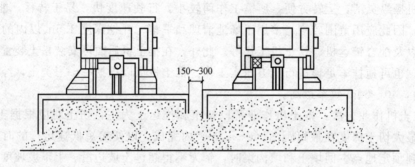

图2-13 并列推土法

D. 多刀送土:在硬质土中,切土深度不大,可先将土积聚在一个或多个中间点,然后再整批推送到卸土区,为有效地利用推土机的效率,缩短运土时间,土的堆积距离不宜大于30m,堆土高度以2m为宜。

3)影响作业效率的因素:上坡推土和填土的高、宽均能降低推土机的作业效率,具体数据见表2-9~表2-12。

上坡推土降低台班产量定额参考表　　表2-9

上坡坡度	台班产量定额折减系数
10%~15%	0.92
15%~25%	0.88
25%以上	0.80

上坡推土高度折合水平运距表　　表2-10

上坡坡度	每升高1m折合水平距离(m)
6%~10%	4
10%~20%	7
20%~25%	9

填土高度折合水平距离增加运距表　　表2-11

填土高度(m)	1	2	3	4
折合水平距离(m)	6	10	16	24

填土高、宽降低台班产量定额参考表　　表2-12

填土高度	台班产量定额折减系数
高度2m以上,宽度2~5m	0.9

（2）铲运机

铲运机是一种能独立完成铲土、运土、卸土、填筑、整平的土方机械。按行走方式分为自行式铲运机（如图2-14）和拖式铲运机（如图2-15）两种。按斗容量可分为小斗容量（3m³以下）、中斗容量（3～14m³）和大斗容量（14m³以上）三种；按铲斗的操纵系统可分为钢丝绳操纵和液压操纵两种。液压操纵铲运机可以强制切土，能切较硬土壤，液压强制关闭斗门减少漏土，操纵机构轻便灵活，已逐渐取代钢丝绳操纵的铲运机。我国目前常用国产铲运机有C3-6型机械操纵和C6-2.5型液压操纵的拖式铲运机以及CL7型自行式铲运机等。各种铲运机的技术性能见表2-13。

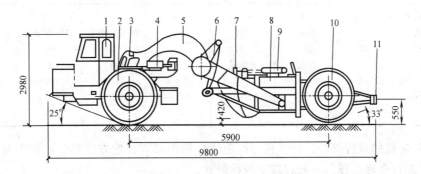

图 2-14　CL₇型自行式铲运机

1—驾驶室；2—前轮；3—中央框架；4—转向油压；5—辕架；
6—提升油缸；7—斗门；8—铲斗；9—斗门油缸；10—后轮；11—尾架

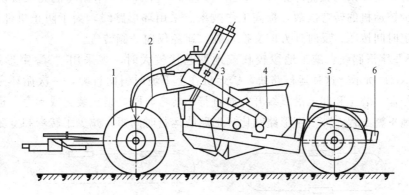

图 2-15　C₆₋₂.₅型拖式铲运机

1—前轮；2—辕架；3—斗门；4—铲斗；5—后轮；6—尾架

铲运机的工作装置是铲斗，铲斗前方有一个能开启的斗门，铲斗前设有切土刀片。切土时，铲斗门打开，铲斗下降，刀片切入土中；铲运机前进时，被切下的土挤入铲斗；铲斗装满土后，提起铲斗，放下斗门，将土运至卸土地点卸土。

铲运机对行驶的道路要求较低，操纵灵活，行驶速度快，生产效率高，运转费用低，在土方工程中常用于大面积场地平整，开挖大型基坑，填筑堤坝和路基等，最宜于开挖含水量不超过27％的一～三类土，硬土需用松土机预松后才能开挖。自行式铲运机适用于运距800～3500m的大型土方工程施工，运距在800～1500m范围内时生产效率最高。拖式铲运机适用于运距在80～800m的土方工程施工，运距在200～350m时效率最高。

铲运机的技术性能和规格　　　　表 2-13

项目	拖式铲运机			自行式铲运机		
	$C_{6-2.5}$	C_{5-6}	C_{3-6}	C_{3-6}	C_{4-7}	CL_7
铲斗：几何容量(m³)	2.5	6	6~8	6	7	7
堆尖容量(m³)	2.75	8	—	8	9	9
铲刀宽度(mm)	1000	2600	2600	2600	2700	2700
切土深度(mm)	150	300	300	300	300	—
铺土厚度(mm)	230	380	—	380	400	—
铲土角度(°)	35~63	30	30	30	—	—
最小回转半径(m)	2.7	3.75	—	—	6.7	—
操纵形式	液压	钢绳	—	液压及钢绳	液压及钢绳	液压
功率(马力)	60	100	—	120	160	—
卸土方式	自由	强制式	—	强制式	强制式	—
外形尺寸(长×宽×高)(m×m×m)	5.6×2.44×2.4	8.77×3.12×2.54	8.77×3.12×2.54	10.39×3.07×3.06	9.7×3.1×2.8	9.8×3.2×2.98
重量(t)	2.0	7.3	7.3	14	14	15

1) 铲运机的运行路线：铲运机运行路线应根据填方、挖方区的分布情况并结合当地具体条件进行合理选择。一般有以下两种形式：

A. 环形路线：当地形起伏不大，施工地段较短时，多采用环形路线，如图 2-16 (a)、(b) 所示，环形路线每一循环只完成一次铲土和卸土、挖土和填土交替；挖填之间距离较短时，则可采用大循环路线，如图 2-16 (c) 所示，一个循环能完成多次铲土和卸土，可减少铲运机的转弯次数，提高工作效率。采用环形路线，为了防止机件单侧磨损，应每隔一定时间按顺、反时针方向交换行驶，避免仅向一侧转弯。

B. "8"字形路线：施工地段较长或地形起伏较大时，多采用"8"字形运行路线，如图 2-16 (d) 所示。这种运行路线，铲运机在上下坡时斜向行驶，一次循环完成两次挖土和卸土作业，装土和卸土沿直线开行时进行，转弯时刚好把土装完或卸完，适用于填筑路基、场地平整工程。"8"字形路线比环形路线运行时间短，减少了转弯和空驶距离。

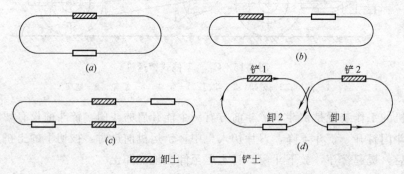

图 2-16　铲运机运行路线
(a),(b) 环形路线；(c) 大循环路线；(d) "8"字形路线

2) 提高铲运机生产率的措施：

A. 下坡铲土法：铲运机利用地形进行下坡铲土，借助铲运机的重力作用加深铲斗切土深度、加大铲土能力，缩短铲土时间。坡度一般为 3~9°，效率可提高 25% 左右，坡度

最大不超过20°，铲土厚度以20cm为宜。平坦地形可将取土地段的一端先铲低，然后保持一定的坡度向后延伸，人为地创造下坡铲土条件。一般保持铲满铲斗的工作距离为15～20m。在大坡度上用下坡铲土法时，下坡运土应注意放低铲斗以低速前进；铲斗装满后，先关闭斗门，慢慢提斗后前进。

B. 跨铲法：在坚硬的土内挖土时，铲运机间隔铲土，预留土埂，一般土埂高不大于300mm，宽度不大于拖拉机两履带间的净距，如图2-17所示。由于形成一个土槽，减少了向外的撒土量。铲土埂时，由于增加了两个自由面，铲土阻力减少，达到了"切土快、铲斗满"的效果，比一般的方法可提高效率10%。

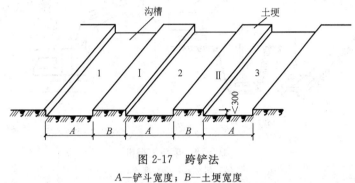

图2-17 跨铲法
A—铲斗宽度；B—土埂宽度

C. 助铲法：在地势平坦、土质较坚硬时，可用推土机在铲运机后面顶推助铲，以加大铲刀切土能力，缩短铲土时间，提高生产率，如图2-18所示。此法的关键是双机要紧密配合，否则达不到预期效果。一般一台推土机配合3～4台铲运机助铲。推土机在助铲的空隙可兼作松土或平整工作，为铲运机创造作业条件。

图2-18 助铲法

(3) 单斗挖土机施工

单斗挖土机在土方工程中应用较广，种类很多，可以根据工作的需要，更换其工作装置。按其工作装置的不同，可分为正铲、反铲、拉铲和抓铲等；按行走方式分履带式和轮胎式两种；按传动方式分为机械传动和液压传动两种。如图2-19所示。

1) 正铲挖掘机：正铲挖掘机的挖土特点是前进向上，强制切土，挖掘力大，生产效率高。一般用于开挖停机面以上含水量不大于27%的一～四类土和经爆破后的岩石和冻土，岩块和冻土块粒径不应大于土斗宽度的1/3。正铲挖掘机的工作面高度一般不应小于1.5m，过低则一次不宜装满铲斗，生产效率低。经济合理的正铲挖掘机开挖高度参考数值见表2-14。开挖高度超过挖掘机挖掘高度时，可分层开挖。正铲开挖应与运土自卸汽车配合完成整个挖运任务，汽车道路应设置在铲斗回转半径之内，可以在同一平面内，也

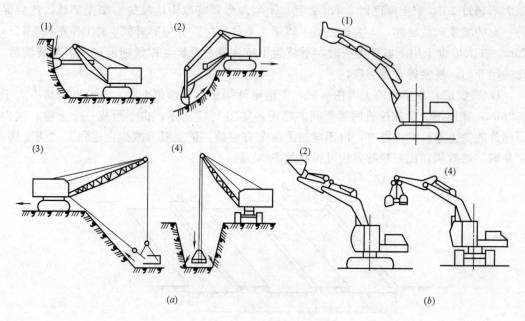

图 2-19 单斗挖掘机
(a) 机械式；(b) 液压式
(1) 正铲；(2) 反铲；(3) 拉铲；(4) 抓铲

可略高于停机面。当地下水位较高时，应取降低地下水位的措施，把基坑土疏干。

正铲挖掘机开挖高度参考数值（m） 表 2-14

土的类别	铲斗容量(m^3)			
	0.5	1.0	1.5	2.0
一～二	1.5	2.0	2.5	3.0
三	2.0	2.5	3.0	3.5
四	2.5	3.0	3.5	4.0

A. 正铲挖掘机的技术性能

一般常用的正铲机械式挖掘机技术性能与规格见表 2-15。

正铲机械式挖掘机技术性能与规格 表 2-15

项次	工作项目	符号	W_{1-50}		W_{1-100}		W_{1-200}	
1	动臂倾角	α	45°	60°	45°	60°	45°	60°
2	最大挖土高度(m)	H_1	6.5	7.9	8.0	9.0	9.0	10
3	最大挖土半径(m)	R	7.8	7.2	9.8	9.0	11.5	10.8
4	最大卸土高度(m)	H_2	4.5	5.6	5.5	6.8	6.0	7.0
5	最大卸土高度时卸土半径(m)	R_2	6.5	5.4	8.0	7.0	10.2	8.5
6	最大卸土半径(m)	R_3	7.1	6.5	8.7	8.0	10	9.6
7	最大卸土半径时卸土高度(m)	H_3	2.7	3.0	3.3	3.7	3.75	4.7
8	停机面处最大挖土半径(m)	R_1	4.7	4.35	6.4	5.7	7.4	6.25
9	停机面处最小挖土半径(m)	R_1'	2.5	2.8	3.3	3.6		

注：W_{1-50}——斗容量为 $0.5m^3$；W_{1-100}——斗容量为 $1m^3$；W_{1-200}——斗容量为 $2m^3$。

液压正（反）铲挖掘机的技术性能与规格见表2-16。

液压正（反）铲挖掘机的技术性能与规格　　　　　　　表 2-16

机型 项目	WY10	WY40	WLY40	WY60	WY60A	WLY60	WY80	WY100	WY100B	WY160	WY250
正铲:铲斗容量(m³)	—	—	0.4	0.6	0.6	0.6	0.8	1.0		1.6	2.5
最大挖掘半径(m)	—	—	7.95	7.78	6.71	6.7	6.71	8.0		8.05	9.0
最大挖掘高度(m)	—	—	6.12	6.34	6.60	5.8	6.60	7.0		8.1	9.5
最大卸载高度(m)	—	—	3.66	4.05	3.79	3.4	3.79	2.5		5.7	6.55
反铲:铲斗容量(m³)	0.1	0.4	0.4	0.6	0.6	0.6	0.8	0.7～1.2	1.0	1.6	
最大挖掘半径(m)	4.3	7.19	7.76	8.17	8.46	8.2	8.86	9.0	10.54	10.6	
最大挖掘高度(m)	2.5	5.10	5.39	7.93	7.49	7.93	7.84	7.6	9.02	8.1	
最大卸载高度(m)	1.84	3.76	3.81	6.36	5.60	6.36	5.57	5.4	7.34	5.83	
最大挖掘深度(m)	2.4	4.0	4.09	4.2	5.14	4.2	5.52	5.8	5.86	6.1	
发动机:功率(马力)	24	55	80	80	94	80	—	130	159	180	300
液压系统工作压力(MPa)	—	21	30	25	—	14		32	28.5	28	28
行走接地比压(MPa)	0.03	0.043		0.06	0.03		0.04	0.05	0.06	0.09	0.1
行走速度(km/h)	1.54	1.7	3.6	1.8	3.4	11～29	3.2	1.6～3.2	2.4	1.77	2.0
爬坡能力(%)	45	40	40	45	47	36	47	45	47	80	35
回转速度(r/min)	10	6.4	7.0	6.5	8.65	6	8.65	7.9	6.7	6.9	5.35
总重量(t)		11.6	9.89	14.2	17.5	13.6	19.0	25.0	29.4	38	60
制造厂	北京工程挖掘机厂	北京工程挖掘机厂	江苏建筑机械厂	贵阳矿山机械厂	合肥矿山机械厂	贵阳矿山机械厂	合肥矿山机械厂	上海建筑机械厂	抚顺挖掘机厂	长江挖掘机厂	杭州重型机械厂

B.挖土方法和卸土方式：根据挖掘机的开挖路线与运输工具的相对位置不同，可分为以下两种：

a.正向挖土，侧向卸土，如图2-20（a）所示。即挖土机沿前进方向挖土，运输工具停在侧面装土。此法挖掘机卸土时，动臂回转角度小，运输工具行驶方便，生产效率高，

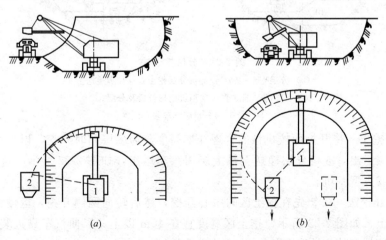

图 2-20　正铲挖掘机作业方式
(a) 侧向卸土；(b) 后方卸土
1—正铲挖掘机；2—自卸汽车

采用较广。

b. 正向挖土，后方卸土，如图 2-20 (b) 所示。即挖土机沿前进方向挖土，运输工具停在挖土机后方装土。此法所挖的工作面较大，但动臂回转角度较大，生产效率低，运输工具要倒车开入，一般只用来开挖施工区域的进口处以及工作面狭小且较深的基坑。

C. 影响生产效率的因素：生产效率参考表见表 2-17。

生产效率参考表　　　　　　　　　表 2-17

土的类别	回转角度		
	90°	130°	180°
一～四	100%	87%	77%

D. 提高生产效率的措施：挖掘机的生产率主要取决于每斗的装土量和每斗作业的循环延续时间。为了提高挖土机生产率，除了工作面高度必须满足装满土斗的要求外，还要考虑开挖方式和运土机械的配合问题，尽量减少回转角度，缩短每个循环的延续时间。

a. 分层挖土　将开挖面按机械的合理挖掘高度分为多层开挖，如图 2-21 (a) 所示。当开挖面高度不能成为一次挖掘深度的整数倍时，则可在挖方的边缘或中部先开一条浅槽作为第一次挖土运输路线，如图 2-21 (b)、(c) 所示，然后再逐次开挖直至基坑底部。这种方法多用于开挖大型基坑或沟渠。

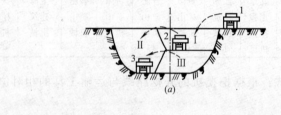

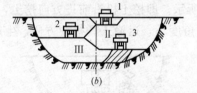 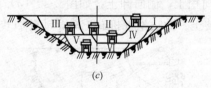

图 2-21　分层挖土法
(a) 分层挖土；(b) 设导坑分层挖土；(c) 多层挖土
Ⅰ、Ⅱ、Ⅲ、Ⅳ—挖掘机挖掘位置及分层；
1、2、3、4—相应汽车装土位置

b. 多层挖土　将开挖面按机械的合理开挖高度分为多层同时开挖，以加快开挖速度，土方可以分层运出，亦可分层递送至最上层用汽车运出，如图 2-22 所示。这种方法适用于开挖边坡或大型基坑。

c. 中心开挖法　正铲先在挖土区的中心开挖，然后转向两侧开挖，运输汽车按"八"字形停放装土，如图 2-23 所示。挖土区宽度宜在 40m 以上，以便汽车靠近装车。这种方法适用于开挖较宽的山坡和基坑。

d. 顺铲法　即铲斗从一侧向另一侧一斗一斗地顺序开挖，使挖土多一个自由面，以减小阻力，易于挖掘，装满铲斗。适用于开挖坚硬的土。

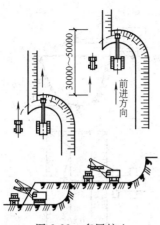
图 2-22 多层挖土

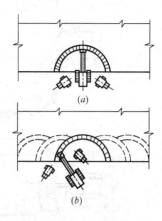
图 2-23 正铲中心开挖法

e. 间隔挖土　即在开挖面上第一铲与第二铲之间保留一定距离，使铲斗接触土的摩擦面减少，两侧受力均匀，铲土速度加快，容易装满铲斗，提高效率。

2）反铲挖掘机：反铲挖掘机的挖土特点是后退向下，强制切土。其挖掘力比正铲小，能开挖停机面以下的一～三类土，如开挖深度在 4～6m 的基坑、基槽、管沟等，亦可用于地下水位较高的土方开挖。反铲挖掘机可以与自卸汽车配合，装土运走，也可弃土于坑槽附近。

一些常用反铲挖掘机的技术性能与规格见表 2-18。

常用反铲挖掘机的技术性能与规格　　　　　表 2-18

项目	机型	
	W_{501}	W_{1001}
铲斗容量(m^3)	0.5	1.2
铲斗宽度(m)	1.06	—
动臂长度(m)	5.5	7.4
斗杆长度(m)	2.8	3.445
动臂倾角(°)	45	60
最大卸载半径(m)	8.1	7.0
最大卸载高度(m)	5.26	6.14
向运输工具中卸载的半径(m)	5.6	4.4
最大挖掘半径(m)	9.2	11.5
最大挖掘深度 $\beta=45°$(m)	5.56	9.9
最大挖掘深度		7.3
$\beta=30°$(m)	4.0	
对地面的平均压力(MPa)	0.062	0.0927
机重(t)	20.5	42.0

反铲挖掘机的作业方式有沟端开挖和沟侧开挖两种，如图 2-24 所示。

A. 沟端开挖：就是挖掘机停在沟端，后退挖土，汽车停在两旁装土。此法的优点是挖土方便，挖掘宽度不受机械最大挖掘半径限制，开挖的深度可达到最大挖土深度。当基坑宽度超过 1.7 倍的最大挖土半径时，就要分次开挖或按"之"字形路线开挖。

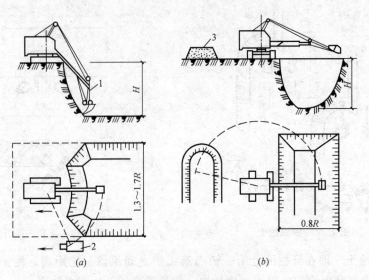

图 2-24 反铲挖掘机开挖方式
(a) 沟端开挖；(b) 沟侧开挖
1—反铲挖掘机；2—自卸汽车；3—弃土堆

B. 沟侧开挖：挖掘机停于沟侧，沿沟槽一侧直线移动，边走边挖，汽车停于挖掘机旁装土，或往沟一边卸土。此法挖土宽度和深度较小，边坡不易控制。由于机身停在沟边工作，边坡稳定性差，因此在无法采用沟端开挖方式或挖出的土不需运走时采用。

3) 拉铲挖掘机：拉铲挖掘机的土斗用钢丝绳悬挂在挖土机长臂上，挖土时土斗在自重作用下落到地面切入土中。其挖土特点是后退向下，自重切土，其挖土深度和挖土半径均较大，能开挖停机面以下的一～三类土。一般情况下，拉铲挖掘机直接将土卸在基坑（槽）附近或用自卸汽车运走，但其工效不高，不如反铲动作灵活准确，适用于开挖大型基坑及水下挖土、填筑路基、修筑堤坝等。其技术性能及规格见表 2-19。

A. 开挖方法：拉铲挖掘机的作业方式基本与反铲挖掘机相似，也可分为沟端开挖和沟侧开挖。

常用拉铲挖掘机的技术性能及规格　　　　表 2-19

项　目	机　型							
	W_{501}				W_{100}			
铲斗容量(m^3)	0.5				1.0			
铲臂长度(m)	10		13		13		16	
铲臂倾斜倾角(°)	30	45	30	45	30	45	30	45
最大卸土高度(m)	3.5	5.5	5.3	8	4.2	6.9	5.7	9.0
最大卸土半径(m)	10	8.3	12.5	10.4	12.8	10.8	15.4	12.9
最大挖掘半径(m)	11.1	10.2	14.3	13.2	14.4	13.2	17.5	16.2
侧面挖掘深度(m)	4.4	3.3	6.6	5.9	5.8	4.9	8.0	7.1
正面挖掘深度(m)	7.3	5.6	10	7.8	9.5	7.4	12.2	9.6
对地面的平均压力(MPa)	0.06		0.064		0.10		0.10	
机重(t)	19.1		20.7		44.7		45.0	

a. 沟端开挖　拉铲挖掘机停在沟端，倒退着沿沟纵向开挖，如图 2-25（a）所示。一次开挖宽度可以达到机械挖土半径的两倍，能两面出土，汽车停放在一侧或两侧，装车角度小，坡度较易控制，并能开挖较陡的坡，适用于就地取土填筑路基及修筑堤坝等。

b. 沟侧开挖　拉铲挖掘机停在沟侧沿沟横向开挖，如图 2-25（b）所示。沿沟边与沟平行移动，开挖宽度和深度均较小，一次开挖宽度约等于挖土半径。如沟槽较宽，可在沟槽的两侧开挖。本法开挖边坡不易控制，挖出的土不需运走以及填筑路堤等工程时采用。

B. 提高生产效率的措施：

a. 三角开挖法　拉铲挖掘机按"之"字形移位，与开挖沟槽的边缘成 45°角左右，如图 2-26 所示。本法拉铲挖掘机的回转角度小，生产率高，而且边坡开挖整齐，适用于开挖宽度为 8m 左右的沟槽。

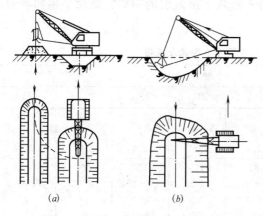

图 2-25　拉铲挖掘机沟端及沟侧开挖
(a) 沟端开挖；(b) 沟侧开挖

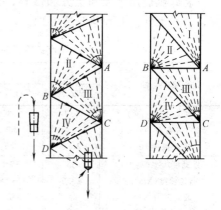

图 2-26　拉铲挖掘机三角沟侧开挖法
A、B、C、D—拉铲挖掘机停放位置；
Ⅰ、Ⅱ、Ⅲ、Ⅳ—开挖次序

b. 顺序挖土法　挖土时首先挖两边，保持两边低，中间高的地形，然后再顺序向中间挖。由于挖土时，只两面遇到阻力，比较省力，同时边坡可挖得比较整齐，铲斗不会发生翻滚现象。适用于开挖土质较硬的基坑。

c. 转圈挖土法　拉铲挖掘机在边线外顺圆周转圈拉土。挖土时形成四周低中间高，可防止铲斗翻滚，当挖到 5m 以下时，则需人工配合在坑内沿坑周围边坡往下挖一条宽 50cm，深 40~50cm 的槽，然后进行开挖，直至槽底平，接着再人工挖槽，再用拉铲挖掘机挖土，如此循环作业，到设计标高为止。适用于开挖圆形基坑。

4) 抓铲挖掘机：抓铲挖掘机是在挖掘机臂端用钢丝绳吊装一个抓斗。其挖土特点是直上直下，自重切土，其挖掘力较小，适宜开挖停机面以下一～二类土、挖窄而深的基坑、疏通原有渠道以及挖取水中淤泥等，或用于装卸碎石、矿渣等松散材料。在软土地基的地区，常用于开挖基坑、沉井等。其技术性能及规格见表 2-20。

(4) 装卸机

装卸机按行走方式分履带式和轮胎式两种，按工作方式有周期工作的单斗式装卸机和连续工作的链式与轮斗式装卸机。有的单斗装卸机尾端还带有反铲。土方工程主要使用单斗铰接式轮胎装卸机，它具有操作轻便、灵活、转运方便、快速等特点。

抓铲挖掘机的技术性能及规格 表 2-20

项 目	机 型							
	W_{501}				W_{100}			
抓斗容量(m^3)	0.5				1.0			
伸臂长度(m)	10				13		16	
回转半径(m)	4	6	8	9	12.5	4.5	14.5	5.0
最大卸载高度(m)	7.6	7.5	5.8	4.6	1.6	10.6	4.8	13.2
抓斗开度(m)	—				2.4			
对地面的平均压力(MPa)	0.062				0.093			
机重(t)	20.5				42.2			

装卸机适用于装卸土方和散料,也可用于松软土层表层的剥离、地面平整和场地清理,其技术性能及规格见表 2-21。

国产铰接式轮胎装卸机主要技术性能及规格 表 2-21

项 目	型 号						
	WZ_2A	ZL_{10}	ZL_{20}	ZL_{30}	ZL_{40}	ZL_{50}	$ZL_{50}K$
铲斗容量(m^3)	0.7	0.5	1.0	1.5	2.0	3.0	2.7
装载量(t)	1.5	1	2	3	4	5	5
卸料高度(m)	2.25	2.25	2.6	2.7	2.8	2.85	2.78
发动机功率(马力)	55	55	81	100	135	220	
行走速度(km/h)	18.5	10~28	0~30	0~32	0~35	10~35	7.8~55
最大牵引力(t)	—	3.2	6.4	7.5	10.5	16	
爬坡能力(°)	18	30	30	25	28~30	30	25
回转半径(m)	4.9	4.48	5.03	5.5	5.9	6.5	6.24
离地间隙(m)	—	0.29	0.393	0.4	0.45	0.305	
转向方式	铰接液压缸	铰接液压缸	铰接液压缸	铰接液压缸	铰接液压缸	铰接液压缸	铰接液压缸
外形尺寸(m)	7.88×2×3.23	4.4×1.8×2.7	5.7×2.2×2.8	6×2.4×2.8	6.4×2.5×3.2	6.7×2.8×2.7	7.61×2.94×3.22
总重(t)	6.4	4.5	7.6	9.2	11.5	16.8	17

注:WZ_2A 型带反铲,斗容量 $0.2m^3$,最大挖掘深度 4.0m,挖掘半径 5.25m,卸料高度 2.99m。

1.2.6 施工中常见质量通病及防治

施工中常见质量通病及防治见表 2-22。

1.2.7 土方开挖工程施工质量验收

土方开挖工程质量检验标准应符合表 2-23 的规定。

(1) 主控项目

1) 标高:柱基按总数抽查 10%,但不少于 5 个,每个不少于 2 点;基坑每 $20m^2$ 取 1 点,每坑不少于 2 点;基槽、管沟、排水沟、路面基层每 20m 取 1 点,但不少于 5 点;场地平整每 $100~400m^2$ 取 1 点,但不少于 10 点。用水准仪检查。

2) 长度、宽度(由设计中心线向两边量):矩形平面从相交的中心线向外量两个宽度和两个长度;圆形平面以圆心为中心取半径长度在圆弧上绕一圈;梯形平面用长边短边中心连线向外量,每边不能少于 1 点。用经纬仪和钢尺测量。

施工中常见质量通病及防治　　　　　　表 2-22

质量通病	产 生 原 因	防 治 措 施	治理方法
1. 挖方边坡塌方：在挖方过程中或挖方后，边坡土方局部或大面积塌陷或滑塌，使地基土受到扰动，承载力降低，严重的会影响建筑的安全和稳定	1. 基坑(槽)开挖较深，放坡不够，或通过不同土层时，没有根据土的特性分别放成不同坡度，致使边坡失去稳定而造成塌方； 2. 在有地表水、地下水作用的土层开挖基坑(槽)时，未采取有效的降、排水措施，土层受地表水或地下水的影响而湿化，内聚力降低，在重力作用下失去稳定而引起塌方； 3. 边坡顶部堆载过大，或受外力振动影响，使边坡土体内剪应力增大，土体失去稳定而塌方； 4. 土质松软，开挖次序、方法不当而造成塌方	1. 根据土的种类、物理力学性质确定适当的边坡坡度。对永久性挖方边坡，应按设计要求放坡，一般在 1:1.0～1:1.5 之间。对使用时间较长的临时性挖方边坡的坡度，可参考表 2-5。经过不同土层时，其边坡应做成折线形； 2. 当基坑深度较大，放坡开挖不经济或环境不允许放坡时，应采用直立边坡，并进行可靠的支护； 3. 做好地面排水和降低地下水位的工作； 4. 在基坑(槽)边坡上侧堆土或材料以及移动施工机械时，应与挖方边缘保持一定距离，以保证边坡和直立坑壁的稳定。当土质良好时，堆土或材料应距边坡边缘 0.8m 以外，高度不超过 1.5m	对坑(槽)塌方，可将坡脚塌方清除作临时性支护(如堆装土草袋、设支撑、砌护墙等)；对永久性边坡局部塌方，可将塌方清除，用块石填砌或回填 2:8、3:7 灰土嵌补，与土接触部位做成台阶搭接，防止滑动，或将坡顶线后移，或将坡度改缓
2. 基坑(槽)泡水：基坑(槽)开挖后，地基土被浸泡	在有地表水、地下水作用的土层开挖基坑(槽)时，未采取有效的降排水防护措施	1. 基坑(槽)周围应设置排水沟或挡水堤，以防地面水流入坑内，坡顶或坡脚至排水沟应保持一定距离，一般为 0.5～1.0m； 2. 在有地下水的土层中开挖基坑(槽)，应在开挖标高坡脚设置排水沟和集水井，并使开挖面、排水沟和集水井始终保持一定高差，使地下水位降低至开挖面以下不少于 0.5m。当基坑深度较大、地下水位较高以及多层土中有透水性较强的土，可采取分层明沟排水法，即在边坡上再设 1～2 层明沟； 3. 采用井点法降低基坑中的地下水位至基坑最低标高以下再开挖	已被淹泡的基坑(槽)，应立即检查排水(或降水)设施，疏通排水沟，并采取措施将水引走、排净；对已设置截水沟而仍有小股水冲刷边坡和坡脚时，可将边坡挖成阶梯形或用装土草袋护坡，将水排除，使坡脚保持稳定；已被水浸泡扰动的土，可根据具体情况，采取排水晾晒后夯实，或抛填碎石、小块石夯实；换土夯实或挖去淤泥加深基础等处理措施

土方开挖工程质量检验标准（mm）　　　　　　表 2-23

项	序	项　目	允许偏差或允许值					检验方法
			柱基基坑基槽	挖方场地平整		管沟	地(路)面基层	
				人工	机械			
主控项目	1	标高	−50	±30	±50	−50	−50	水准仪
	2	长度、宽度（由设计中心线向两边量）	+200 −50	+300 −100	+500 −150	+100	—	经纬仪，用钢尺量
	3	边坡	设计要求					观察或用坡度尺检查
一般项目	1	表面平整度	20	20	50	20	20	用 2m 靠尺和楔形塞尺检查
	2	基底土性	设计要求					观察或土样分析

注：地(路)面基层的偏差只适用于直接在挖、填方上做地(路)面的基层。

3）边坡：按设计规定坡度每20m测1点，每边不少于2点；设计无规定时按表2-24执行，要满足边坡稳定的要求。用坡度尺检查。

填土的边坡控制　　　　　　　　　　表 2-24

项次	土 的 种 类	填方高度(m)	边坡坡度
1	黏性土类、黄土类	6	1：1.50
2	粉质黏土、泥灰岩土	6～7	1：1.50
3	中砂和粗砂	10	1：1.50
4	砾石和碎石土	10～12	1：1.50
5	易风化的岩土	12	1：1.50
6	轻微风化、尺寸在25cm内的石料	6以内 6～12	1：1.33 1：1.50
7	轻微风化、尺寸大于25cm的石料，边坡用最大石块、分排整齐铺砌	12以内	1：1.50～1：0.75
8	轻微风化、尺寸大于40cm的石料，其边坡分排整齐	5以内 5～10 >10	1：0.50 1：0.65 1：1.00

注：1. 当填方高度超过本表规定限值时，其边坡可做成折线形，填方下部的边坡坡度应为1：1.75～1：2.00。
　　2. 凡永久性填方，土的种类未列入本表者，其边坡坡度不得大于$(\phi+45°)/2$，ϕ为土的自然倾斜角。

(2) 一般项目

1) 表面平整度：每30～50m² 取1点，用2m靠尺和楔形塞尺检查。

2) 基底土性：观察或土样分析，基底土质必须与勘察报告、设计要求相符，基底土严禁被水浸泡和扰动。

1.3　土方填筑与压实

1.3.1　填筑要求和填料选择

(1) 填筑要求

1) 填方前，应根据工程特点、填料种类、设计压实系数、施工条件等，合理选择压实机具，并确定填料含水量控制范围、铺土厚度和压实遍数等参数。对于重要的填方工程或采用新型压实机具时，上述参数应通过填土压实试验确定。

2) 土方填筑前，应清除基底的垃圾、树根等杂物，清除坑（槽）中的水、淤泥。

3) 建筑物和构筑物底面下的填方或厚度小于0.5m的填方，应清除基底上的草皮、垃圾和软弱土层。

4) 在土质较好，地面坡度不陡于1/10的较平坦场地的填方，可不清除基底上的草皮，但应割除长草。

5) 在稳定山坡上填方，当山坡坡度为1/15～1/10时，应清除基底上的草皮。坡度陡于1/5时，应将基底挖成阶梯形，阶宽不小于1m。

6) 当填方基底为耕植土或松土时，应将基底碾压密实。

7) 对水田、沟渠或池塘的填方，应根据实际情况采用排水疏干、挖除淤泥或抛填块石、砂砾、矿渣等方法处理后再进行填土。填方区如遇有地下水时，必须设置排水措施，以保证施工顺利进行。

8) 填土施工应接近水平状态，并分层填土、压实和测定压实后土的干密度，当压实系数和压实范围符合设计要求后才能填筑上层土。

9) 填土应尽量采用同类土质填筑。如采用不同填料分层填筑时，上层宜填筑透水性较小的填料，下层宜填筑透水性较大的填料，填方基土表面应作适当的排水坡度，边坡不得用透水性较小的填料封闭。因施工条件限制，上层必须填筑透水性较大的填料时，应将下层透水性较小的土层表面做出适当的排水坡度或设置盲沟。

10) 分段填筑时，每层接缝处应做成斜坡形，碾迹重叠0.5~1.0m。上、下层错缝距离不应小于1m。

11) 回填基坑和管沟时，应从四周或两侧均匀地分层进行，以防基础和管道在土压力作用下产生偏移或变形。

(2) 填料要求

为保证填方工程能够满足强度、变形和稳定性方面的要求，必须正确选择填土的种类、填筑和压实方法。填方土料应符合设计要求，如设计无要求时，应符合下列规定：

1) 碎石类土、砂土（使用细、粉砂时应取得设计单位同意）和爆破石碴，可用作表层以下的填料，含水量符合压实要求的黏性土，可用作各层填料；

2) 含水量较大的黏土不宜作为填土用。含有大量有机质的土、含水溶性硫酸盐大于5%的土以及淤泥、冻土、膨胀土等均不应作为填土；

3) 对碎石类土或爆破石碴用作填料时，其最大粒径不得超过每层铺填厚度的2/3，当使用振动碾时，不得超过每层铺填厚度的3/4。铺填时，大块料不应集中，且不得填在分段接头处或填方与山坡连接处。

1.3.2 填土的压实方法

填土压实方法有碾压法、夯实法和振动压实法三种，如图2-28所示。

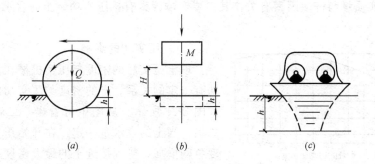

图 2-28 填土压实方法
(a) 碾压；(b) 夯实；(c) 振动

(1) 碾压法

碾压法是利用机械滚轮的压力压实土壤，使之达到所需的密实度。碾压机械有平碾、羊足碾等。

碾压法主要用于大面积的填土，如场地平整、大型车间的室内填土等工程。平碾适用于碾压黏性和砂类土；羊足碾只能用于压实黏性土。

按碾轮重量，平滚碾又分为轻型（30~50kN）、中型（60~90kN）和重型（100~140kN）三种。轻型平碾压实土层的厚度不大，但土层上部可变得较密实，当用轻型平滚碾初碾后，再用重型平滚碾碾压，就会取得较好的效果。如直接用重型平滚碾碾压松土，则形成强烈的起伏现象，其碾压效果较差。

用碾压法压实填土时，铺土应均匀一致，碾压遍数要一样，碾压方向以从填土区的两边逐渐压向中心，每次碾压应有150～200mm的重叠。碾压机械行驶速度不宜过快，否则影响压实效果，一般平碾不应超过2km/h，羊足碾不应超过3km/h。

(2) 夯实法

夯实法是利用夯锤自由下落的冲击力来夯实土壤，主要用于小面积的回填土。夯实法分人工夯实和机械夯实两种。人工夯实机具有木夯、石夯等；常用的夯实机械有蛙式打夯机、夯锤和内燃夯土机等。其中蛙式打夯机轻巧灵活，构造简单，在小型土方工程中应用最广。

夯实法的优点是可以夯实较厚的土层。采用重型夯土机（1t以上的重锤）时，其夯实厚度可达1～1.5m。但对木夯、石夯或蛙式打夯机等夯土工具，其夯实厚度则较小，一般均在200mm以内。

(3) 振动压实法

振动压实法是将重锤放在土层的表面或内部，借助于振动设备使重锤振动，土壤颗粒即发生相对位移达到紧密状态。此法用于振实非黏性土效果较好。

近年来，又将碾压和振动结合设计和制造了振动平碾、振动凸块碾等新型压实机械。振动平碾适用于填料为爆破碎石碴、碎石类土、杂填土或粉土的大型填方；振动凸块碾则适用于粉质黏土或黏土的大型填方。当压实爆破碎石碴或碎石类土时，可选用8t～15t重的振动平碾，铺土厚度为0.6～1.5m，先静压、后振压，碾压遍数应由现场试验确定，一般为6～8遍。

1.3.3 影响填土压实质量的因素

填土压实质量与许多因素有关，其主要影响因素有：压实功、土的含水量以及每层铺土厚度。

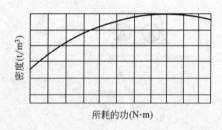

图2-28 土的密度与压实功的关系示意图

(1) 压实功的影响

填土压实后的密度与压实机械在其上所施加的功有一定的关系。土的密度与压实功的关系示意图如图2-28所示。从图中可看出，二者并不成正比关系，当土的含水量一定，在开始压实时，土的密度急剧增加，待到接近土的最大密度时，压实功虽然增加许多，而土的密度则变化甚小。因此在压实机械和铺土厚度一定的条件下，碾压一定的遍数即可，过多增加压实遍数对提高土的密度不大。实际施工中，对于砂土只需碾压或夯击2～3遍，对亚砂土只需3～4遍，对亚黏土或黏土只需5～6遍。

(2) 含水量的影响

在同一压实功的作用下，填土的含水量对压实质量有直接影响。较为干燥的土，由于土颗粒之间的摩阻力较大，因而不容易压实。当土具有最佳含水量时，水起到润滑作用，土颗粒之间的摩阻力减小，在使用同样的压实功进行压实时，可得到最大的密实效果（密度），土的干密度与含水量的关系如图2-29所示。各种土的最优含水量和最大干密度参考值可见表 2-25。

土的最优含水量和最大干密度参考值　　表 2-25

土的种类	变动范围		土的种类	变动范围	
	最优含水量(%)	最大干密度(t/m³)		最优含水量(%)	最大干密度(t/m³)
砂土	8～12	1.80～1.88	粉质黏土	12～15	1.85～1.95
黏土	19～23	1.58～1.70	粉土	16～22	1.61～1.80

注：1. 表中土的最大干密度应根据现场实测达到的数字为准；
　　2. 一般性的回填土可不作此项测定。

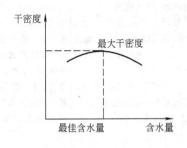

图 2-29　土的干密度与含水量的关系　　图 2-30　压实作用沿深度的变化

为了保证填土在压实过程中处于最佳含水量状态，当土过湿时，应翻松晾干，也可掺入同类干土或吸水性材料；当土过干时，应预先洒水润湿。

(3) 铺土厚度的影响

土在压实功的作用下，其应力随深度的增加而减小，如图 2-30 所示。其影响深度与压实机械、土的性质和含水量有关。铺土过厚，要多遍压实才能达到规定的密实度。铺土过薄，也要增加机械的总压实遍数。最佳的铺土厚度应能使用最少的机械功将土方压实。每层铺土厚度可参考表 2-26。

填方的每层铺土厚度和压实遍数　　表 2-26

压实机具	每层铺土厚度(mm)	每层压实遍数(遍)	压实机具	每层铺土厚度(mm)	每层压实遍数(遍)
平碾	200～300	6～8	推土机	200～300	6～8
羊足碾	200～350	8～16	拖拉机	200～300	8～16
蛙式打夯机	200～250	3～4	人工打夯	≤200	3～4

注：人工打夯时，土块粒径不应大于 50mm。

1.3.4　施工中常见质量通病及防治

施工中常见质量通病及防治见表 2-27。

1.3.5　土方回填与压实工程施工质量验收

(1) 基本规定

1) 土方回填前应清除基底的垃圾、树根等杂物，清除坑（槽）积水、淤泥，验收基底标高。如在耕植土或松土上填方，应在基底压实后再进行。

2) 对填方土料应按设计要求验收后方可填入。

3) 填方施工过程中应检查排水措施、每层填筑厚度、含水量控制和压实程度。填筑厚度及压实遍数应根据土质、压实系数及所用机具确定。如无试验依据，应符合表 2-28 的规定。

施工常遇质量通病与防治　　　　　　　　　　　表 2-27

质量通病	产生原因	防治措施	治理方法
1. 基坑（槽）回填土沉陷：基坑（槽）填土局部或大片出现沉陷，造成室外散水空鼓下沉，基础侧面积水，甚至引起建筑结构的不均匀下沉，出现裂缝	1. 基坑（槽）中的积水、淤泥杂物未清除就回填，或基础两侧用松土回填，未经分层夯实；或槽边松土流入基坑（槽），夯填之前未认真处理，该回填受到水的浸泡产生沉陷。 2. 基坑（槽）宽度较窄，采用手夯回填，未达到要求的密实度。 3. 回填土料中干土块较多，受水浸泡产生沉陷，或采用含水量大的黏性土、淤泥质土、碎块草皮作土料，回填质量不合要求。 4. 回填土采用水泡法沉实，密实度未达到要求	1. 基坑（槽）回填前，将槽中积水排净，淤泥、松土、杂物清理干净，如有地下水或滞水，应有排水、降水措施。 2. 回填土采取严格分层回填、夯实。土料及其含水量，每层铺土厚度、压实遍数应符合规定。回填土密实度要按规定抽样检查，使之符合要求。 3. 填土土料中不得含有大于 50mm 直径的土块，不应有较多的干土块。 4. 严禁用水沉法回填土方	基槽回填土沉陷造成墙脚散水空鼓，如混凝土面层尚未破坏，可填入碎石，用灰浆泵压入水泥砂浆填灌密实；若面层已开裂破坏，则应视面积大小或损坏情况，采取局部或全部返工，将空鼓部位打掉，填灰土或黏土与碎石混合物夯实，再作面层
2. 基础墙体被回填土挤动变形：造成基础墙体裂缝、破坏、轴线偏移，严重的影响结构受力性能	1. 回填土时只填墙体一侧的土，或用机械单侧推土压实，使墙体一侧承受较大的侧压力。 2. 墙体两侧回填土设计标高相差悬殊。 3. 在墙体一侧临时堆土、堆料、停放设备或行驶重型机械	1. 基础两侧用细土同时分层回填夯实，两侧填土高差不超过 30cm。 2. 如遇暖气沟或室内外回填标高相差较大，回填土时可在另一侧临时加木支撑顶牢。 3. 基础墙体施工完毕，达到一定强度后再进行回填土施工。 4. 避免单侧堆放大量土方、材料、设备或行驶重型机械	已造成基础墙体变形、开裂、轴线偏移等质量事故，要会同设计部门，根据具体损坏情况，采取加固措施进行处理，或将基础墙体局部或大部分拆除重砌
3. 基槽室外回填土渗漏水引起地基下沉：地基因基槽室外填土渗漏水而导致下沉，引起结构变形、开裂	1. 建筑场地表层土透水性强，外墙基槽回填如仍用这种土料，地表水很容易浸湿地基，使地基下沉。 2. 基槽及其附近局部存在透水性较大的土层，未经处理，形成水囊浸湿地基土，引起下沉	1. 外槽回填土应用黏土、亚黏土等透水性较弱的填料回填，或用 2:8、3:7 灰土回填。 2. 基槽及附近局部存在透水性较大的土，采取挖除或用透水性小的土料封闭，使与地基隔离	1. 将透水性大的回填土挖除，重新用黏土、亚黏土或灰土回填夯实。 2. 如造成结构破坏，应会同设计部门研究加固或其他补救措施
4. 房心回填沉陷：房心回填土局部或大片下沉，造成地坪面层空鼓、开裂甚至塌陷破坏	1. 填土土料含有大量有机杂质和大土块，有机质腐朽造成填土沉陷。 2. 填土未按规定厚度分层回填夯实，或底部松填，仅表面夯实，密实度不够。 3. 房心局部有软弱土层，或有地坑、坟坑、积水坑等地下坑穴，施工时未经处理或未发现，使用后荷载增加，造成局部塌陷	1. 房心土回填前，应对原自然软弱土、坑穴等进行处理，将有机杂质清理干净。 2. 选用合格的回填土料，并严格地按要求分层回填夯实，抽样检验密实度使符合质量要求。 3. 房心回填土深度较大时，在建筑物外墙基外回填土时采取防渗措施，防止室外水渗入房心浸湿回填土。 4. 对面积大而使用要求较高的房心填土，采用先用机械将原来的自然土碾压密实，再进行回填	参见 1 基坑（槽）回填土沉陷的治理方法

续表

质量通病	产生原因	防治措施	治理方法
5. 回填土密实度达不到要求：回填土经碾压或夯实后，达不到设计要求的密实度，将使填土场地、地基在荷载下变形增大，强度和稳定性降低	1. 土的含水率过大或过小，因而达不到最优含水率下的密实度要求。 2. 填方土料不符合要求。 3. 填土厚度过大或压(夯)实遍数不够，或机械碾压行驶速度太快。 4. 碾压或夯实机具能量不够，达不到影响深度要求，使土的密实度降低	1. 选择符合填土要求的土料回填。 2. 填土压实后要达到一定的密实度要求，填土的密实度应根据工程性质来确定	土的密实度用压实系数λ_c表示；压实系数一般由设计人员根据工程结构性质、使用要求以及土的性质确定，如未作规定，可参考表2-3

填土施工分层厚度及压实遍数　　　　　　　　　　表 2-28

压实机具	分层厚度(mm)	每层压实遍数	压实机具	分层厚度(mm)	每层压实遍数
平碾	250~300	6~8	柴油打夯机	200~250	3~4
振动压实机	250~350	3~4	人工打夯	<200	3~4

（2）质量验收标准

填方施工结束后，应检查标高、边坡坡度、压实程度等，填土工程质量检验标准见表2-29。

填土工程质量检验标准（mm）　　　　　　　　　　表 2-29

项	序	检查项目	允许偏差或允许值					检查方法
			柱基基坑基槽	场地平整		管沟	地(路)面基础层	
				人工	机械			
主控项目	1	标高	−50	±30	±50	−50	−50	水准仪
	2	分层压实系数	设计要求					按规定方法
一般项目	1	回填土料	设计要求					取样检查或直观鉴别
	2	分层厚度及含水量	设计要求					水准仪及抽样检查
	3	表面平整度	20	20	30	20	20	用靠尺或水准仪

1）主控项目

A. 标高：是指回填后的表面标高，用水准仪测量。检查测量记录。

B. 分层压实系数（密实度）：基坑和室内填土，每层每 100~500m² 取样一组；场地平整填方，每层每 400~900m² 取样一组；基坑和管沟回填每 20~50m² 取样一组，且每层均不得少于一组，取样部位应在每层的下半部分。压实系数 λ_c 的检查方法按设计规定方法进行。当设计没有规定时，分层压实系数 λ_c 可根据环刀取样测定土的干密度计算得到（$\lambda_c = \rho_d / \rho_{dmax}$，$\rho_d$ 为土的控制干密度，ρ_{dmax} 为土的最大干密度）；或用小型轻便触探仪直接通过锤击数来检验密实系数；也可用钢筋贯入深度法检查填土地基质量，但必须以击实试验测得的钢筋贯入深度为依据。环刀取样、小型轻便触探仪锤击数、钢筋贯入深度法测得的压实系数均应符合设计要求的压实系数。当设计无详细规定时，可参见填方的压实系数（密实度）要求，见表 2-3。

2）一般项目

A. 回填土料：在基底处理完成前对回填材料进行一次性取样检查或鉴别，当回填材料有变更时应再检查或鉴别，符合设计要求时才准予回填施工。

B. 分层厚度及含水量：分层铺土厚度检查每 10～20mm 或 100～200m² 设置一处；回填料实测含水量与最佳含水量之差，黏性土应控制在−4%～+2%范围内，每层填料均应抽样检查一次，由于气候因素使含水量发生较大变化时应再抽样检查。检查方法：回填基层上插小皮数杆或用铁针插入检查分层厚度；含水量检查黏性土工地检验一般以手握成团，落地即散为适宜，砂性土可在工地用烘干法测定。

C. 表面平整度：抽验数量同挖土分项。检查方法：用 2m 靠尺和楔形塞尺检查，每 30～50m² 检查一点。

1.4 土方工程季节性施工

1.4.1 土方工程雨期施工

雨季施工时施工现场重点应解决好截水和排水问题。截水是在施工现场的上游设截水沟，阻止场外水流入施工现场。排水是在施工现场内合理规划排水系统，并修建排水沟，使雨水按要求排至场外。水沟的横断面和纵向坡度应按照施工期最大流量确定。一般水沟的横断面不小于 0.5m×0.5m，纵向坡度一般不小于 3‰，平坦地区不小于 2‰。

大量的土方开挖和回填工程应在雨期来临前完成。如必须在雨期施工的土方开挖工程，其工作面不宜过大，应逐级逐片的分期完成。开挖场地应设一定的排水坡度，场地内不能积水。

基坑（槽）或管沟开挖时，应注意边坡稳定。必要时可适当放缓边坡坡度或设置支撑。施工时要加强对边坡和支撑的检查。对可能被雨水冲塌的边坡，可在边坡上挂钢丝网片，外抹 50mm 厚的细石混凝土。为了防止雨水对基坑浸泡，开挖时要在坑内设排水沟和集水井，当挖至基础标高后，应及时组织验收并浇筑混凝土垫层。

填方工程施工时，取土、运土、铺填、压实等各道工序应连续进行，雨前应及时压完已填土层，将表面压光并做成一定的排水坡度。

对处于地下的水池或地下室工程，要防止水对建筑的浮力大于建筑物自重时造成地下室或水池上浮。基础施工完毕，应及时完成基坑四周的回填工作。停止人工降水时，应验算箱形基础抗浮稳定性和地下水对基础的浮力。抗浮稳定系数不宜小于 1.2，以防止出现基础上浮或者倾斜的重大事故。如抗浮稳定系数不能满足要求时，应继续抽水，直到能满足抗浮稳定系数要求为止。当遇上大雨，水泵不能及时有效的降低积水高度时，应迅速将积水灌回箱形基础之内，以增加基础的抗浮能力。

1.4.2 土方工程冬期施工

土在冻结时机械强度大大提高，使土方工程冬期施工造价增高，工效降低，寒冷地区土方工程施工一般宜在入冬前完成。若必须在冬期施工时，其施工方法应根据本地区气候、土质和冻结情况并结合施工条件进行技术经济比较后确定。施工前应周密计划，做好准备，做到连续施工。

（1）冻土的定义、特性及分类

当温度低于0℃，含有水分而冻结的各类土称为冻土。冬季土层冻结的厚度叫冻结深度。土在冻结后，体积比冻前增大的现象称为冻胀。通常用冻胀量和冻胀率来表示冻胀的大小。土的冻胀量反映了土冻结后平均体积的增量，用下式进行计算：

$$\Delta V = V_i - V_0 \tag{2-13}$$

式中　ΔV——冻胀量（cm^3）；
　　　V_i——冻后土的体积（cm^3）；
　　　V_0——冻前土的体积（cm^3）。

土的冻胀率反映了土体冻胀后体积增大的百分率，用K_a表示：

$$K_a = \frac{V_i - V_0}{V_0} \times 100\% = \frac{\Delta V}{V_0} \times 100\% \tag{2-14}$$

式中　K_a——冻胀率。

按季节性冻土地基冻胀量的大小及其对建筑物的危害程度，将地基土的冻胀性分为四类。

Ⅰ类：不冻胀。冻胀率$K_a \leqslant 1\%$，对敏感的浅基础无危害。

Ⅱ类：弱冻胀。冻胀率$K_a = 1\% \sim 3.5\%$，对浅埋基础的建筑物无危害，在最不利条件下，可能产生细小的裂缝，但不影响建筑物的正常使用。

Ⅲ类：冻胀。$K_a = 3.5\% \sim 6\%$，浅埋基础的建筑物将产生裂缝。

Ⅳ类：强冻胀。$K_a > 6\%$，浅埋基础将产生严重破坏。

(2) 地基土的保温防冻

地基土的保温防冻是在冬期来临时土层未冻结之前，采取一定的措施使地基土层免遭冻结或减少冻结的一种方法。在土方冬期开挖中，土的保温防冻法是最经济的方法之一。常用方法有松土防冻法、覆雪防冻、保温材料防冻和暖棚保温法等。

1) 松土防冻法

松土防冻法是在土壤冻结之前，将预先确定的冬期土方作业地段上的表土翻松耙平，利用松土中的许多充满空气的孔隙来降低土壤的导热性，达到防冻的目的。翻耕的深度一般为25~30cm。

松土防冻法处理的土层，经t天的冻结，土的冻结深度H（cm）可按下式计算：

$$H = \alpha(4p - p^2) \tag{2-15}$$

式中　α——土的防冻计算系数，可按表2-30查得；
　　　p——冻结指数$\left(p = \frac{\sum tT}{1000}\right)$；
　　　t——土壤冻结时间（d）；
　　　T——土壤冻结期间的室外平均气温（℃）。

如计算结果不能满足施工要求时，可采用其他综合防冻方法。

2) 覆雪防冻法：在积雪量大的地方，可以利用雪的覆盖作保温层来防止土的冻结。覆雪防冻的方法可视土方作业的特点而定。对大面积的土方工程可在地面上设篱笆，或筑雪堤，其高度为0.5~1.0m，其间距为高度的10~15倍，设置时应使其长边垂直于主导风向，如图2-31所示。

土的防冻计算系数 α 值表　　　　　　　　表 2-30

土壤保温方法	p 值										
	0.1	0.2	0.3	0.4	0.5	0.6	0.7	0.8	0.9	1.0	1.5	2.0
耕松耙平（25～30cm）	15	16	17	18	20	22	24	26	28	30	30	30

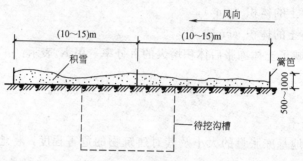

图 2-31　覆雪防冻法

对面积较小的基坑（槽）。土方开挖，可在土冻结前初次降雪后在地面上挖积雪沟，沟深 30～50cm，宽与坑（槽）相同，在挖好的沟内，应很快用雪填满，以防止未挖土层的冻结，如图 2-32 所示。

覆雪层对冻结深度 H（cm）的影响，可用下式估算：

$$H = \frac{60(4p - p^2)}{\beta} - \lambda h_{sH} \quad (2-16)$$

式中　λ——雪的影响系数。对松雪取 3，堆雪取 2，初融雪取 1.5；
　　　β——各种材料对土壤冻结影响系数，见表 2-31；
　　　h_{sH}——雪的覆盖平均厚度（cm）；其他同前。

图 2-32　挖沟填雪防冻法

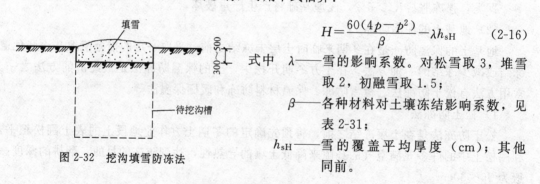

各种材料对土壤冻结影响系数 β　　　　　　　　表 2-31

土壤种类 \ 保温材料	树叶	刨花	锯末	干炉渣	茅草	膨胀珍珠岩	炉渣	芦苇	草帘	泥碳土	松散土	密实土
砂土	3.3	3.2	2.8	2.0	2.5	3.8	1.6	2.1	2.5	2.8	1.4	1.12
粉土	3.1	3.1	2.7	1.9	2.4	3.6	1.6	2.04	2.4	2.9	1.3	1.08
砂质黏土	2.7	2.6	2.3	1.6	2.0	3.5	1.3	1.7	2.0	2.31	1.2	1.06
黏土	2.1	2.1	1.9	1.3	1.6	3.5	1.1	1.4	1.6	1.9	1.2	1.00

注：1. 表中数值适用于地下水位低于 1m 以下；
　　2. 当地下水位较高饱和土时，其值可取 1。

3）保温材料覆盖法：面积较小的基坑（槽）的防冻，可直接用保温材料覆盖。常用保温材料有炉渣、锯末、膨胀珍珠岩、草袋、树叶，上面加盖一层塑料布。在已开挖的基坑（槽）中，靠近基坑（槽）壁处覆盖的保温材料需加厚，以使土壤不致受冻或冻结轻微，如图 2-33 所示。对未开挖的基坑，保温材料铺设宽度为两倍的土层冻结深度与基坑

（槽）底宽度之和，如图 2-34 所示。

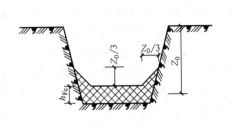

图 2-33 已挖基坑保温法

h_{Fc}—覆盖材料厚度；Z_0—最大冻结深度

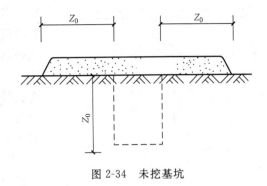

图 2-34 未挖基坑

用保温材料覆盖土壤保温防冻时，所需的保温层厚度，按下式估算：

$$h = \frac{H}{\beta} \tag{2-17}$$

式中 h——土壤的保温防冻所需的保温层厚度（cm）；

H——不保温时的土壤冻结深度（cm）；

β——各种材料对土壤冻结影响系数，可按表 2-31 取值。

4）暖棚保温法：较小的基坑（槽）的保温与防冻可采用暖棚保温法。在已挖好的基坑（槽）上搭好骨架铺上基层，覆盖保温材料。也可搭塑料大棚，在棚内采取供暖措施。

（3）冻土的融化与开挖

冻土的融化方法应视其工程量的大小、冻结深度和现场施工条件等因素确定，可选择烟火烘烤、蒸汽融化、电热等方法，并应确定施工顺序。

冻土的挖掘根据冻土层厚度可采用人工、机械和爆破方法。

1）冻土的融化：为了有利于冻土挖掘，可利用热源将冻土融化。融化冻土的方法有烟火烘烤法、蒸汽融化法和电热法三种，后两种方法因耗用大量能源，施工费用高，使用较少，只用在面积不大的工程施工中。

融化冻土的施工方法应根据工程量大小、冻结深度和现场条件综合选用。融化时应按开挖顺序分段进行，每段大小应适应当天挖土的工程量，冻土融化后，挖土工作应昼夜连续进行，以免因间歇而使地基土重新冻结。

开挖基坑（槽）或管沟时，必须防止基础下的地基土冻结。如基坑（槽）开挖完毕至地基与基础施工或埋设管道之间有间歇时间，应在基坑底标高以上预留适当厚度的松土或用其他保温材料覆盖，厚度可通过计算求得。冬期开挖土方时，如可能引起邻近建筑物的地基或其他地下设施产生冻结破坏时，应采取防冻措施。

A. 烟火烘烤法：烟火烘烤法适用于面积较小、冻土不深，且燃料便宜的地区。常用锯末、谷壳和刨花等作燃料。在冻土上铺上杂草、木柴等引火材料，燃烧后撒上锯末，上面压数厘米的土，让它不起火苗地燃烧，250mm 厚锯末产生的热量经一夜可融化冻土 300mm 左右，开挖时分层分段进行。烘烤时应做到有火就有人，以防引起火灾。

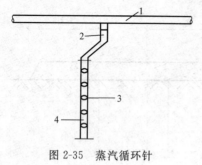

图 2-35 蒸汽循环针
1—主管；2—连接胶管；3—蒸汽孔；4—支管

B. 蒸汽融化法：当热源充足，工程量较小时，可采用蒸汽融化法（蒸汽循环针）。应把带有喷气孔的钢管插入预先钻好的冻土孔中，通蒸汽融化。冻土孔径应大于喷气管直径1cm，其间距不宜大于1m，深度应超过基底30cm。当喷气管直径为2.0～2.5cm时，应在钢管上钻成梅花状喷气孔，下端封死，融化后就及时挖掘并防止基底受冻，如图2-35所示。

C. 电热法：当电力资源比较充足的地区，工程量又不大，可用电热法融化冻土。电极宜采用$\phi6\sim\phi25$下端带尖的钢筋。电极打入冻土中的深度不宜小于冻结深度，并宜露出地面10～25cm。电极间距按表2-32采用，电热时间根据冻结深度、电压高低等条件确定。

电极间距（cm） 表 2-32

电压(V)	冻结深度(cm)			
	50	100	150	200
380	60	60	50	50
220	50	50	40	40

当通电加热时可在地表铺锯末，其厚度宜为10～25cm，并宜采用1‰～2‰浓度的盐溶液浸湿。采用电热法融化冻土时，应采取安全防护措施。

2) 冻土的开挖：冻土开挖有人工法、机械法和爆破法三种方法。

A. 人工法开挖：人工开挖冻土适用于开挖面积较小和场地狭窄，不具备用其他方法进行土方破碎、开挖的情况。开挖时一般用大铁锤和铁楔子劈冻土，如图2-36所示。施工中一人掌楔，2～3人轮流打大锤，一个组常用几个铁楔，当一个铁楔打入土中而冻土尚未脱离时，再把第二个铁楔在旁边的裂缝上加进去，直至冻土剥离为止。为防止震手或误伤，铁楔宜用粗钢丝作把手。施工时掌铁楔的人与掌锤

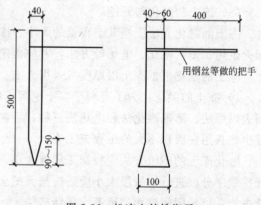

图 2-36 松冻土的铁楔子

的不能脸对着脸，必须互成90°。同时要随时注意去掉楔头打出的飞刺，以免飞出伤人。

B. 机械法开挖：当冻土层厚度为0.25m以内时，可用推土机或中等动力的普通挖掘机施工开挖；当冻土层厚度为0.3m以内时，可用拖拉机牵引的专用松土机破碎冻土层；当冻土层厚度为0.4m以内时，可用大马力的挖掘机（斗容量≥1m³）开挖土体；当冻土层厚度为0.4～1m时，可用松碎冻土的打桩机进行破碎，如图2-37所示。

最简单的施工方法是用风镐将冻土破碎，然后用人工和机械挖掘运输。

C. 爆破法开挖：爆破法适用于冻土层较厚，面积较大的土方工程，这种方法是将炸

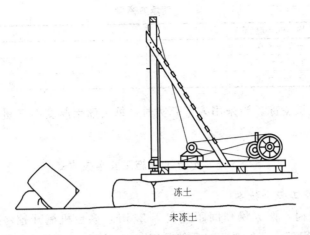

图 2-37 松动土的打夯机

药放入直立爆破孔中或水平爆破孔中进行爆破，冻土破碎后用挖土机挖出，或借爆破的力量向四周崩出，做成需要的沟槽。

爆破孔断面的形状一般是圆形，直径宜为 50～70mm，排列成梅花式，爆破孔的深度约为冻土厚度的 0.6～0.85 倍，与地面呈 60～90°夹角。爆破孔的间距等于 1.2 倍最小抵抗线长度，排距等于 1.5 倍最小抵抗线长度（炸药包中心至地面最短距离）。爆破孔可用电钻、风钻、钢钎钻打而成。

爆破冻土所用炸药有黑色炸药、硝铵炸药及 TNT 炸药等，工地上通常所用的硝铵炸药呈淡黄色，燃点在 270℃以上，比较安全。

冻土爆破必须在专业技术人员指导下进行，严格遵守雷管、炸药的管理规定和爆破操作规程。距爆破点 50m 以内应无建筑物，200m 以内应无高压线。当爆破现场附近有居民或精密仪表等设备怕振动时，应提前做好疏散及保护工作。冬期施工严禁使用任何甘油类炸药，因其在低温凝固时稍受震动即会爆炸，十分危险。

(4) 冬期回填土施工

由于土冻结后即成为坚硬的土块，在回填过程中不易压实，土解冻后就会造成大量的下沉。冻胀土壤的沉降量更大，为了确保冬期冻土回填的施工质量，必须按施工及验收规范中对采用冻土回填的规定组织施工。

冬期回填土应尽量选用未受冻的、不冻胀的土壤进行回填施工。填土前，应清除基础上的冰雪和保温材料；填方边坡表层 1m 以内，不得用冻土填筑；填方上层应用未冻的、不冻胀的或透水性好的土料填筑。冬期填方每层铺土厚度应比常温施工时减少 20%～25%，预留沉降量应比常温施工时适当增加。用含有冻土块的土料作回填土时，冻土块粒径不得大于 150mm；铺填时，冻土块应均匀分布、逐层压实。

冬期施工室外平均气温在 $-5℃$ 以上时，填方高度不受限制；平均气温在 $-5℃$ 以下时填方高度不宜超过表 2-33 的规定。用石块和不含冰块的砂土（不包括粉砂）、碎石类土填筑时，填方高度不受限制。

室外的基坑（槽）或管沟可用含有冻土块的土回填，但冻土块体积不得超过填土总体积的 15%，而且冻土块的粒径应小于 150mm；室内地面垫层下回填的土方填料中不得含有冻土块；管沟底至管顶 0.5m 范围内不得用含有冻土块的土回填；回填工作应连续进行，

冬期填方高度　　　　　　　　　　　　　　　　　　　　　表 2-33

平 均 气 温(℃)	填 方 高 度(m)
-5～-10	4.5
-11～-15	3.5
-16～-20	2.5

防止基土或已填土层受冻。当采用人工夯实时，每层铺土厚度不得超过200mm，夯实厚度宜为100～150mm。

1.5 土方工程施工安全技术

1.5.1 常规施工安全技术

（1）基坑开挖时，两人操作间距应大于2.5m，多台机械开挖，挖土机间距应大于10m。挖土应自上而下，逐层进行，严禁采用挖空底脚（挖神仙土）的施工方法。

（2）基坑开挖应严格按规定放坡。施工时应随时注意土壁变化情况，如发现有裂纹或部分坍塌现象，应及时进行支撑或放坡，并注意基坑的稳固和土壁变化。

（3）基坑（槽）挖土深度超过3m以上使用吊装设备吊土时，起吊后坑内操作人员应立即离开吊点的正下方，起吊设备距坑边一般不得少于1.5m，坑内人员应戴安全帽。

（4）用手推车运土时，应先铺好道路。卸土回填，不得放手让车自动翻转。用自卸汽车运土，运输道路的坡度、转弯半径应符合有关安全规定。

（5）深基坑上下应先挖好阶梯或设置靠梯，或开斜坡道，采取防滑措施，禁止踩踏支撑上下。坑四周应设置安全栏杆或悬挂危险标志。

（6）基坑（槽）设置的支撑应经常检查是否有松动变形等不安全隐患，特别是雨后更应加强检查。

（7）坑（槽）沟边1m以内不得堆土、堆料和停放机具，1m以外堆土，其高度不宜超过1.5m。坑（槽）、沟与附近建筑物的距离不得小于1.5m，危险时必须加固。

1.5.2 季节性施工安全技术

冬期的风雪冰冻，雨期的风雨潮汛，给建筑施工带来了一定的困难，影响和阻碍了正常的施工活动。为此必须采取切实可行的防范措施，以确保施工安全。

（1）冬期施工的安全技术

冬期施工主要应做好防火、防寒、防毒、防滑、防爆等工作。

1）冬期施工前各类脚手架要加固，要加设防滑设施，及时清除积雪。

2）易燃材料必须经常注意清理，必须保证消防水源的供应，保证消防道路的畅通。

3）严寒时节，施工现场应根据实际需要和规定配设挡风设备。

4）要防止一氧化碳中毒，防止锅炉爆炸。

（2）雨期施工的安全技术

雨期施工主要应做好防雨、防风、防雷、防电、防汛等工作。

1）基础工程应开设排水沟、基槽、坑沟等，雨后积水应设置防护栏或警告标志，超过1m的基槽、井坑应设支撑。

2）一切机械设备应设置在地势较高、防潮避雨的地方，要搭设防雨棚。机械设备的电源线路绝缘要良好,要有完善的保护接零装置。

3)脚手架要经常检查,发现问题要及时处理或更换加固。

4)雨期为防止雷电袭击造成事故,在施工现场高出建筑物的塔吊、人货电梯、钢脚手架等必须装设防雷装置。

施工现场的防雷装置一般是由避雷针、接地线和接地体三个部分组成。

A. 避雷针应安装在高出建筑的塔吊、人货电梯、钢脚手架的最高顶端上。

B. 接地线可用截面积不小于 $16mm^2$ 的铝导线,或用截面不小于 $12mm^2$ 的铜导线,也可用直径不小于 8mm 的圆钢。

C. 接地体有棒形和带形两种。棒形接地体一般采用长度 1.5m、壁厚不小于 2.5mm 的钢管或 5mm×50mm 的角钢。将其一端打尖并竖直打入地下,其顶端离地平面不小于 50cm。带形接地体可采用截面积不小于 $50mm^2$,长度不小于 3m 的扁钢,平卧于地下 500mm 处。

防雷装置的避雷针、接地线和接地体必须焊接(双面焊),焊缝长度应为圆钢直径的 6 倍或扁钢厚度的 2 倍以上,电阻不宜超过 10Ω。

课题 2　土方工程施工排水与降水

2.1　基坑排水

在开挖基坑、地槽或其他土方工程施工时,土的含水层常被切断,地下水将会不断地渗入坑内。为保证基坑能在干燥条件下施工,防止边坡失稳、基底隆起、流砂、管涌和地基承载力下降现象的出现,必须做好基坑排水工作。基坑排水的方法有:集水井降水法、井点降水法、隔渗法等。

2.1.1　集水井降水法

这种方法是在基坑或沟槽开挖时,在坑底设置集水井,并沿坑底的周围或中央开挖排水沟,使水由排水沟流入集水井区,然后用水泵抽出坑外,如图 2-38 所示。

基坑四周的排水沟及集水井应设置在基础边线 0.4m 以外,地下水流的上游。根据地下水量、基坑平面形状及水泵能力,集水井每隔 20～40m 设置一个。集水井的直径或宽度一般为 0.7～8m。井壁可用竹、木等简易加固。排水沟底宽一般不小于 300mm,沟底纵向坡度一般不小于 3‰,排水沟至少比基坑底低 0.3～0.4m,集水井底应比排水沟底低 0.5m 以上。随着基坑开挖逐步加深,沟底和井底均保持这一高度差。

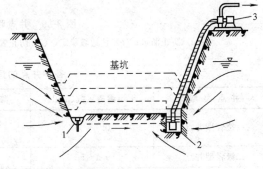

图 2-38　集水井降水
1—排水沟;2—集水沟;3—水泵

当基坑挖至设计标高后,井底应低于坑底 1～2m,并铺设 0.3m 碎石滤水层,以免在抽水时将泥砂抽出,并防止井底的土被搅动。

2.1.2 井点降水法

井点降水法就是在基坑开挖前,预先在基坑四周埋设一定数量的滤水管(井),利用真空原理,通过抽水泵不断抽出地下水,使地下水位降低到坑底以下,从根本上解决地下水涌入坑内的问题,如图2-39(a)所示。井点降水尚可防止边坡由于受地下水流的冲刷而引起的塌方,如图2-39(b)所示;可使坑底的土层消除地下水位差引起的压力,防止坑底土的上冒,如图2-39(c)所示;由于没有了水压,可减少支护结构的水平荷载,如图2-39(d)所示;由于没有地下水的渗流,也可消除流砂现象,如图2-39(e)所示;降低地下水位后,由于土体固结,还能使土层密实,增加地基土的承载能力。

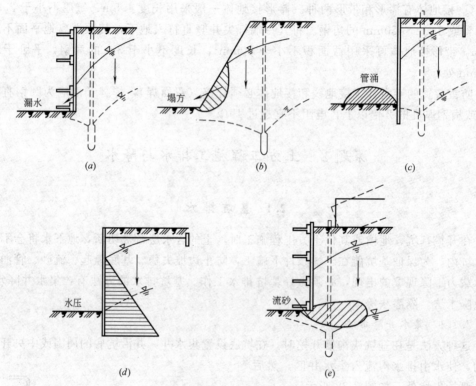

图 2-39 井点降水的作用
(a)防止涌水;(b)使边坡稳定;(c)防止管涌;(d)减少横向荷载;(e)防止流砂

各种井点的适用范围 表 2-34

井点类型	土层渗透系数(m/d)	降低水位深度(m)	适用土质
一级轻型井点	0.1~50	3~6	黏质粉土,砂质粉土,粉砂,含薄层粉砂的粉质黏土
二级轻型井点	0.1~50	6~12	同上
喷射井点	0.1~5	8~20	同上
电渗井点	<0.1	根据选用的井点确定	黏土、粉质黏土
管井井点	20~200	3~5	砂质粉土、粉砂、含薄层粉砂的黏质粉土,各类砂土、砾砂
深井井点	10~250	>15	同上

井点降水的方法有两类：一类为轻型井点（包括电渗井点与喷射井点）；另一类为管井井点（包括深井井点）。各种井点降水方法一般根据基坑规模、土的渗透性、降水深度、设备条件及经济性选用，可参照表 2-34。其中轻型井点应用最广。

（1）一般轻型井点

1）一般轻型井点设备：轻型井点设备由管路系统和抽水设备组成。如图 2-40 所示。

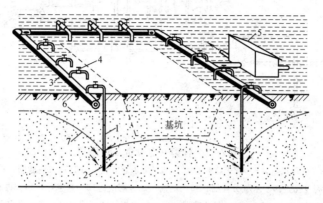

图 2-40　轻型井点降低地下水位全貌图
1—井点管；2—滤管；3—总管；4—弯联管；5—水泵房；
6—原有地下水位线；7—降低后地下水位线

管路系统包括：滤管、井点管、弯联管及总管等。

滤管构造见图 2-41 所示。常采用长 1.0～1.5m，直径 ϕ38mm 或 ϕ55mm 的无缝钢管，管壁钻有直径为 12～18mm 的呈梅花形排列的滤孔，滤孔面积为滤管表面积的 20%～25%。管壁外面包扎两层孔径不同滤网，内层为细滤网，采用 30～50 孔/cm² 黄铜丝布或生丝布，外层为粗滤网，采用 8～10 孔/cm² 的钢丝丝布或尼龙布。为使水流畅通，在管壁与滤网之间用铁丝或塑料管隔开，滤网外面再绕一层 8 号粗钢丝保护网，滤管下端为一锥形铸塞头，滤管上端与井点管连接。

井点管为 ϕ38～ϕ51mm，长 5～7m 的钢管。井点管的上端用弯联管与总管连接。集水总管每段长 4m，其上装有间距 0.8m 或 1.2m 的短接头，并用皮管或塑料管与井点管连接。

抽水设备是由真空泵、离心泵和集水箱等组成，其工作原理如图 2-42 所示。工作时先开动真空泵，集水箱内部形成一定的真空度，使地下水及空气受真空吸力的作用沿总管进入集水箱。当集水箱内的水达到一定高度时，开动离心水泵将集水箱内水排除。

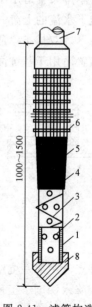

图 2-41　滤管构造
1—钢管；2—管壁上的小孔；3—缠绕的塑料管；4—细滤网；5—粗滤网；6—粗钢丝保护网；7—井点管；8—铸铁头

2）轻型井点的布置：井点系统的布置，应根据基坑大小与深度、土质、地下水位高低与流向、降水深度与要求、设备条件等综合确定。

A. 平面布置　包括确定井点布置形式、总管长度、井点管数量、水泵数量及位置

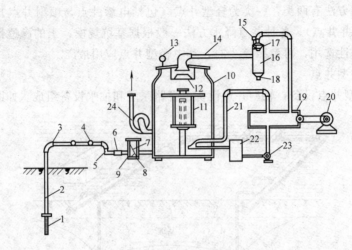

图 2-42 轻型井点设备工作原理

1—滤管;2—井点管;3—弯管;4—阀门;5—集水总管;6—闸门;7—滤管;8—过滤箱;
9—淘沙孔;10—水气分离器;11—浮筒;12—阀门;13—真空计;14—进水管;
15—真空计;16—耐水气分离器;17—挡水板;18—放水口;19—真空泵;
20—电动机;21—冷却水管;22—冷却水箱;23—循环水泵;24—离心泵

等。根据基坑(槽)形状,轻型井点可采用单排布置、双排布置及环状布置,如图 2-43 所示。单排布置适用于基坑(槽)宽度小于 6m,且降水深度不超过 5m 的情况。井点布置在地下水流的上游一侧,其两端的延伸长度一般不宜小于坑(槽)的宽度,如图 2-43 (a) 所示。双排布置适用于基坑(槽)大于 6m 或土质不良的情况,如图 2-43 (b) 所示。环状布置适用于基坑面积较大的情况,如图 2-43 (c) 所示。

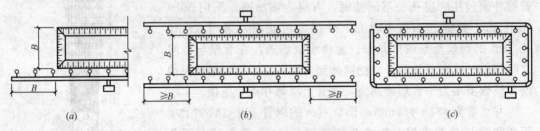

图 2-43 轻型井点平面布置
(a) 单排布置;(b) 双排布置;(c) 环状布置

井点管距离基坑壁一般不小于 0.7~1.0m,以防局部发生漏气。井点管的间距应根据土质、降水深度、工程性质等确定,通常为 0.8m、1.2m、1.6m 或 2.0m。

一套抽水设备的负荷长度(即集水总管长度)一般为 100~120m,泵的位置应在总管长度的中间。若采用多套抽水设备时,井点系统要分段,每段长度应大致相等,分段的位置应选在基坑拐弯处,以减少总管弯头数量,提高水泵抽吸能力。

B. 高程布置 确定井点管的埋设深度,即滤管上口至总管埋设面的距离可按下式进行计算,如图 2-44 所示。

$$H \geqslant H_1 + h + iL \tag{2-18}$$

式中　H——井点管埋深（m）；

　　　H_1——井点管埋设面至基坑底的距离（m）；

　　　h——基底至降低后的地下水位线的距离，一般为 0.5～1m；

　　　i——水力坡度，环状井点为 1/10，单排井点为 1/5～1/4，双排井点为 1/7；

　　　L——井点管至水井中心的水平距离，当井点管为单排布置时，L 为井点管至边坡坡角的水平距离（m）。

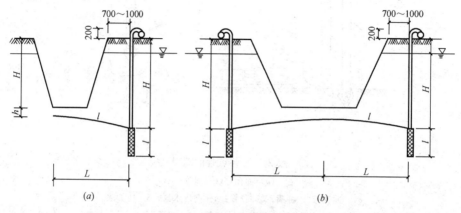

图 2-44　高程布置示意图
(a) 单排井点；(b) 双排井点

一般轻型井点的降水深度在管壁处达 6～7m。当按上式计算出的 H 值，如大于 6～7m 时，则应降低井点管抽水设备的埋置面，以适应降水深度的要求。

当一级轻型井点达不到降水深度要求时，可采用二级井点，即先挖去一级井点所疏干的土，然后再在其下安装第二级井点，如图 2-45 所示。

3) 轻型井点降水法施工：包括井点系统的埋设、安装、运行及拆除等。井点管的埋设，一般用水冲法，并分为冲孔与埋管两个过程。冲孔时，利用起重设备将冲管吊起并插在井点的位置上，如图 2-46 所示。开动高压水泵将土冲松，冲管则边冲边沉。孔洞要竖直，直径一般为 300mm，以保证井管四壁有一定厚度的砂滤层，冲孔深度宜比滤管底深 0.5m 左右，以防冲管拔出时，部分土颗粒沉于底部而触及滤管底部。

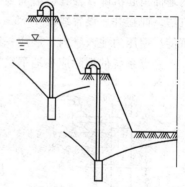

图 2-45　二级轻型井点示意图

井孔冲成后，随即拔出冲管，插入井点管。井点管与孔壁之间应立即用粗砂灌实至距地面 1.0～1.5m 深处，然后用黏土填塞密实，防止漏气。在井点管与孔壁之间填砂时，如管内的水面上升，则认为该管埋设合格。

轻型井点设备的安装程序为：先排放总管，再埋设井点管，然后用弯联管将井点管与总管连通，最后安装抽水设备。安装完毕后，先进行试抽，以检查有无漏气现象。轻型井点使用时，应连续抽水。若时抽时停，滤管易堵塞，也容易抽出土粒，使水浑浊，并易引

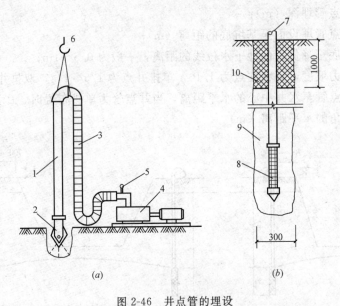

图 2-46 井点管的埋设
(a) 冲孔；(b) 埋管
1—冲管；2—冲嘴；3—胶管；4—高压水泵；5—压力表；
6—起重机吊钩；7—井点管；8—滤管；9—粗砂；10—黏土封口

起附近建筑物由于土粒流失而沉降开裂。正常的排水是细水长流，出水澄清。轻型井点降水时，抽水影响范围较大，土层因水分排出后，土会产生固结，使得在抽水影响半径范围内地面引起沉降，往往会给周围的建筑物带来一定危害，要消除地面沉降可采用回灌井点方法。即在井点设置线外 4～5m 处，以间距 3～5m 插入注水管，将井点中抽出的水经过沉淀后用压力注入管内，形成一道水墙，以防止土体过量脱水，而基坑内仍可保持干燥。

井点系统的拆除应在地下结构工程竣工后，并将基坑回填土后进行。拔出井点管可借助于倒链、起重机等。所留孔洞应用砂或土填塞，对地基有防渗要求时，地面下 2m 范围内用黏土填塞压实。

(2) 其他类型井点降水施工简介

1) 管井井点：宜用于渗透系数大，地下水丰富的土层，轻型井点不易解决时，可用管井井点方法。

A. 管井井点的布置：沿基坑外围每隔一定距离设置一个管井，每个管井埋设滤水井管，单独用一台水泵，尽可能设在最小吸程处，不断抽水来降低地下水位。滤水井管的埋设可采用泥浆护壁套管的钻孔法，钻孔直径比滤水井管外径大 150～250mm。井管下沉前应进行清孔，并保持滤网畅通，井管与土壁间用 3～15mm 砾石填充作为过滤层。

B. 滤水井管的过滤部分，可用钢筋焊接骨架外包孔眼为 1～2mm 的滤网，长 2～3m，如图 2-47 所示。井管部分宜用直径 150～250mm 的钢管或其他竹、木、棕麻

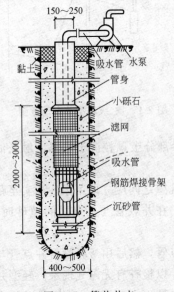

图 2-47 管井井点

袋、混凝土等材料制成。吸水管宜用直径为 50～100mm 的胶皮管或钢管，其底端应沉入管井最低水位以下抽吸。

C. 管井的间距为 10～50m，降水深度达 5m，当抽水机排水量大于单孔滤水井管涌水量数值时，则可另设集水总管，把相邻的相应数量的吸水管连接起来，共用一台抽水机。

D. 排水操作时，应经常对电动机、传动机械、电流、电压等进行检查，并对管井内水位下降和流量进行观测和记录。

2) 深井泵井点：深井泵井点的主要设备由深井泵或深井潜水泵和井管滤网等组成。

A. 深井钻孔可用钻孔机或水冲法，孔径宜大于井管直径 200mm，钻孔深度应根据抽水期内沉淀物可能沉积的高度适当加深。井管安放力求竖直。井管滤网放置在含水层适当范围内，井管内径一般宜大于水泵外径 50mm，井管与土壁间填充料粒径应大于滤网的孔径。

B. 深井泵的电动机座应安设平稳，转向严禁逆转（宜有阻逆装置），潜水泵的电缆应有可靠绝缘性能，安设水泵或调换新水泵前应先清洗滤井，冲除沉渣。

3) 电渗井点：适用于细粒土包括黏性土、淤泥质土及部分粉土。由于细粒土透水性低，普通井点抽水量很小，降水效率不高，如果要在细粒土中降水，可采用电渗井点。由于在直流电作用下，土中水向阴极流动，故以轻型井点或喷射井点作为阴极，并在土中埋设 $\phi 20\sim\phi 32$ 钢筋或 $\phi 50\sim\phi 75$ 钢管作为阳极。阴极和阳极成对布置在边坡或围护结构的外侧，阳极在里，阴极在外，当用轻型井点时，两者间距宜为 0.8～1.2m；当采用喷射井点时宜为 1.2～2.0m，前后左右可布置成正方形。阳极深度宜大于井点深度 0.5～1.0m。直流电源常采用直流电机或硅整流电机，工作电压不宜大于 60V，在土中通电时的电流密度宜为 $0.5\sim 1.0 A/m^2$。通电前两极间地面宜处理干燥，以避免电流从土面通过。作为阳极的钢筋或钢管在打入土中前，宜在不需要通电的部位（例如与砂层及地下水位以上土层对应的部位）涂一层沥青，以减少耗电。通电过程，由于类似电解的作用，在阳极附近常有气体积聚，使电阻增大，耗电量增加，故通电 24h 后，宜停电 2～5h，间歇后再通电。

作为阳极的钢筋或钢管，通电过程中电蚀十分强烈，特别是下端接近阳极滤管部位，因此这一部位宜用粗钢筋焊接于上段较细钢筋上。

电渗不仅能降水，而且在阳极周围，由于离子交换等电化学作用，使土体硬化，强度提高。电渗水流自阳极向阴极排向坑外，与坑外地下水渗流方向相反，使不利于坑壁稳定的渗流方向变成有利于稳定的方向，故对防流砂与滑坡十分有效，也可以用于基坑边坡以取消围护结构或增大边坡坡度以减少边坡占地。在粉土及黏性土中采用电渗降水，在阴极外侧的影响半径较小，在离井点 3～4m 外，水位降低已很小。同时由于电渗作用，使坑壁向坑内位移减小，故邻近地面沉降亦较小。目前，电渗降水在国内的应用尚不多，有的在喷射井点中，增加电渗井点。

4) 喷射井点：利用井管下部的喷射装置，将高压水（喷水井点）或高压气（喷气井点）从喷射器喷嘴喷出，管内形成负压，使周围含水层中的水流向管中排出。

喷射井点类似于轻型井点（滤水管直径小、长度短、非完整井、单井出水量小等），但总降水能力强于轻型井点，故适用范围较广。喷射井点成井工艺要求高，但工作效率低，最高理论效率仅 30%，运转过程要求管理严格。

2.2 动水压力与流砂现象

2.2.1 动水压力与流砂现象

流动中的地下水对土颗粒产生的压力称为动水压力。有关动水压力的性质,可通过水在土中流动的力学现象来说明。如图 2-48 所示。水由左端高水位(水头为 h_1),经过长度为 l、截面积为 F 的土体,流向右端低水位(水头为 h_2)。

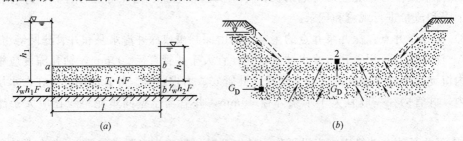

图 2-48 动水压力原理图
(a) 水在土中渗流时的力学现象;(b) 动水压力对地基土的影响
1、2—土粒

水在土中渗流时,作用在土体上的力有

$\gamma_w \cdot h_1 \cdot F$——作用在土体左端 a—a 截面处的总压力,其方向与水流方向一致(γ_w 为水的重度);

$\gamma_w \cdot h_2 \cdot F$——作用在土体右端 b—b 截面处的总压力,其方向与水流方向相反;

$T \cdot l \cdot F$——水渗流时受到土颗粒的总阻力(T 为单位土体阻力)。

由静力平衡条件(设向右的力为正)得:

$$\gamma_w \cdot h_1 \cdot F - \gamma_w \cdot h_2 \cdot F + T \cdot l \cdot F = 0 \tag{2-19}$$

整理得 $\qquad T = -\dfrac{h_1 - h_2}{l} \cdot \gamma_w$(表示方向向左)

式中 $\dfrac{h_1 - h_2}{l}$ 为水头梯度,或称水力坡降,用 i 表示,则上式可写成

$$T = -i \cdot \gamma_w \tag{2-20}$$

设水在土中渗流时对单位土体的压力为 G_D,由作用力与反作用力定律可知:

$$G_D = -T = i \cdot \gamma_w \tag{2-21}$$

G_D 称为动水压力,其单位为 N/cm^3 或 kN/m^3。由上式可知,动水压力 G_D 的大小与水头梯度成正比,即水位差($h_1 - h_2$)愈大,则 G_D 愈大;而渗透路程 l 愈长,则 G_D 愈小;动水压力的作用方向与水流方向相同。当水流在水位差的作用下对土颗粒产生向上压力时,动水压力不但使土粒受到了水的浮力,而且还使土粒受到向上推动的压力。如果动水压力等于或大于土的浮重度(有效重度)γ',即:

$$G_D \geqslant \gamma' \tag{2-22}$$

此时土粒处于悬浮状态,土的抗剪强度等于零,土粒能随着渗流的水一起流动,这种

现象称为"流砂现象",如图 2-48（b）所示。

根据理论分析及某些地区多年来土工试验与实践经验可知,具备下列性质的土容易发生流砂现象:

1) 土的颗粒组成中,黏粒含量小于10%,粉粒（颗粒粒径为0.005~0.05mm）含量大于75%;

2) 颗粒级配中,土的不均匀系数小于5;

3) 土的天然孔隙比大于0.75;

4) 土的天然含水量大于30%。

因此,流砂现象经常在细砂、粉砂及亚砂土中发生。但是否出现流砂现象,还与动水压力的大小有关,当地下水位较高,坑内外水位差较大时,动水压力也就越大,越容易发生流砂现象。实践经验表明,在可能发生流砂的土质处,基坑开挖深度超过地下水位线以下 0.5m 左右时,就会发生流砂现象。

此外,当基坑坑底位于不透水层内,而不透水层下面为承压蓄水层,坑底不透水层的重量小于承压水向上的压力时,基坑底部便可能发生管涌冒砂现象。如图 2-49 所示。

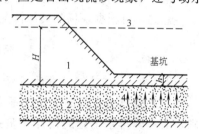

图 2-49 管涌冒砂
1—不透水层;2—透水层;
3—压力水位线;4—承压水的顶托力

即：
$$H \cdot \gamma_w > h \cdot \gamma \tag{2-23}$$

式中 H——压力水头（m）;

γ_w——水的容重（10kN/m³）;

h——坑底不透水层厚度（m）;

γ——土的重度（kN/m³）。

此时,管涌冒砂会随即发生。为了防止管涌冒砂,可采取人工降低地下水位办法来降低承压层的压力水位。

2.2.2 流砂的防治

由于流砂的发生与动水压力和方向有关,因此在基坑开挖中防治流砂的途径有三:一是减小或平衡动水压力;二是设法使动水压力方向向下;三是截断地下水流。其具体措施有：

(1) 枯水期施工

因为地下水位低,坑内外水位差小,动水压力不大,也就不易产生流砂。

(2) 抛大石块法

即往基坑内抛大石块,增加土的压重,以平衡动水压力。采用此法时,应组织分段抢挖,使挖土速度超过冒砂速度,挖至标高后立即铺设芦席并抛大石块把流砂压住。此法用于解决局部的或轻微的流砂现象是有效的。如果坑底冒砂较快,土已失去承载力,则抛入坑内的石块就会沉入土中,无法阻止流砂现象。

(3) 打钢板桩法

就是将钢板桩打入坑底下面一定深度,增加地下水从坑外流入坑内的渗流路线,减少水力坡度,从而减小动水压力,防止流砂发生。但此法需要大量钢材。

(4) 水下挖土法

就是不排水施工,使坑内水压与坑外地下水压相平衡,阻止流砂现象产生。此法在沉井挖土下沉过程中常采用。

(5) 人工降低地下水位法

如采用轻型井点、喷射井点及管井井点等,由于地下水的渗流向下,使动水压力的方向也朝下,增大土粒间的压力,从而有效地制止流砂现象。工程中此法采用较广并较可靠。

(6) 修筑地下连续墙法

沿基坑四周筑起一道连续的钢筋混凝土墙,截止地下水流入基坑内。

总之,可根据现场的具体情况和条件,采取不同的措施。

2.3 降排水工程施工质量控制与验收

2.3.1 施工中应注意的问题

(1) 降排水工程是岩土工程的内容之一。因此,降排水工程必须按岩土工程的要求,具有降排水工程的设计,坚持没有设计不施工降排水工程的原则。降排水设计是建立在水文地质参数正确选择基础上的,由于水文地质参数是随机变量,差异性大,且不同的试验方法会得到不同的测试值,故在降排水施工中,不仅应理解设计意图和方案,而且也须认识到设计与实际之间的差异,并随时与设计人员沟通,及时在施工中补充和修改设计。

(2) 降排水工程的成败关键在于单个井点的成井质量。井点施工系隐蔽工程,必须加强施工过程中的质量监督,严格控制成井口径、孔深、井管配制、砾料填筑、洗井试抽五道工序。要求做好现场施工记录,坚持现场试抽验收的质量否决制。

(3) 降排水工程由于宏观上的变异性,在施工材料选择、施工机械、操作方法及人员技术水平等方面,具有较大的人为性,具有经验性很强的特点,因此,对各道工序要求必须严格细致,稍有疏忽就会造成井点的失败,通常即使熟练工人操作,仍会有一定数量(10%左右)的不合格井点产生,在施工中应充分注意这一问题。

(4) 施工前注意收集已有地下管网位置的资料,避免对其产生破坏。

(5) 注意施工现场的水、电、路等与其他工种间的协调。

2.3.2 降水工程常见故障与处理

(1) 基坑降水常见异常与处理(见表 2-35)
(2) 钻探成井常见故障与处理(见表 2-36)。

2.3.3 降排水工程施工质量验收

(1) 基本规定

1) 降水与排水是配合基坑开挖的安全措施,施工前应有降水与排水设计。当在基坑外降水时,应有降水范围的估算,对重要建筑物或公共设施在降水过程中应监测。

2) 对不同的土质应用不同的降水形式,参见表 2-34。

3) 降水系统施工完毕后,应试运转,如发现井管失效,应采取措施使其恢复正常,如不能恢复则应报废,另行设置新的井管。

4) 降水系统运转过程中应随时检查观测孔中的水位。

基坑降水常见异常与处理 表 2-35

现　象	原因分析	处理措施
基坑内水位下降至一定深度后不再下降	降水井点少 抽水设备类型不当 有新的水源补给	增加降水井点 调整或更换抽水设备
基坑内水位下降缓慢	井点较少 井点布置不合理	增加井点 延长抽水时间 增加坑内明排
基坑内水位持续下降，并超过设计降深	井点过多 水源不足	间断关停井点
基坑内水位下降不均匀	含水层渗透性差别 井点出水能力差别 井点布设不合理	调整井点布设 调整更换抽水设备
基坑内出现流砂	基坑开挖速度超过水位下降速度	放慢开挖进度 增大降水能力
基坑外侧地表变形大	水位下降过快过大	在降水井点外侧布设回灌水系统

钻探成井常见故障与处理 表 2-36

现　象	原因分析	处理措施
回转遇阻	局部塌孔	立即上下活动钻具，保持冲洗液循环
提钻受阻	缩径掉块	转动钻具，转入冲洗液，严禁猛拉硬提
钻具卡在套管底端	套管与钻具不同心	转动钻具，使钻具进入套管
回转受阻，提不起来	孔壁坍塌，钻具被埋	保持冲洗液循环，上下活动钻具，边回转边上升；振动上拔；千斤顶顶升，保护孔壁，用反丝工具将钻杆逐根反出
井管内淤粉细砂	滤料颗粒粗，滤网孔隙大	捞砂；继续洗井，减缓洗井强度
井管内淤塞含水层中较粗颗粒	滤网破裂，反滤部分设计不合理	局部修补；重新成井
长时间出水混浊	滤网、滤料设计不合理，止水不好	延长洗井时间，洗井强度应由小逐渐增大，减少停开次数
井点出水量小	泥浆堵塞；滤网密度大；抽水机械安装不合理	加大洗井强度，改变洗井方法，调整抽水机械安装
井点出水量逐渐减小或不出水	过滤器被堵；水位下降；水源不足	重新洗井；调整抽水机械安装

5）基坑内明排水应设置排水沟及集水井，排水沟纵坡宜控制在 1‰～2‰。
（2）质量检验标准
降水与排水施工质量检验标准应符合表 2-37 的规定。

降水与排水施工质量检验标准　　　　表 2-37

序	检查项目	允许值或允许偏差		检查方法
		单位	数值	
1	排水沟坡度	‰	1～2	目测:坑内不积水,沟内排水畅通
2	井管(点)竖直度	%	1	插管时目测
3	井管(点)间距(与设计相比)	%	≤150	用钢尺量
4	井管(点)插入深度(与设计相比)	mm	≤200	水准仪
5	过滤砂砾料填灌(与计算值相比)	mm	≤5	检查回填料用量
6	井点真空度:轻型井点 　　　　　　喷射井点	kPa kPa	>60 >93	真空度表 真空度表
7	电渗井点阴阳极距离:轻型井点 　　　　　　　　　　喷射井点	mm mm	80～100 120～150	用钢尺量 用钢尺量

实 训 课 题

直接剪切试验是测定土抗剪强度指标 c、φ 的一种常用方法。黏性土的抗剪强度指标与试验方法有关。试验方法根据试样在法向压力作用下的排水固结情况不同,分为慢剪、固结快剪和快剪三种。

本试验所用的主要仪器设备,应符合下列规定:

(1) 应变控制式直剪仪:由剪切盒、竖直加压设备、剪切传动装置、测力计、位移量测系统组成,如图 2-50 所示。

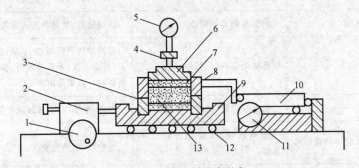

图 2-50　应变控制式直剪仪

1—剪切传动机构;2—推动器;3—下盒;4—竖直加压框架;
5—竖直位移计;6—传压板;7—透水板;8—上盒;9—储
水盒;10—测力计;11—水平位移计;12—滚珠;13—试样

(2) 环刀:内径 61.8mm,高度 20mm。

(3) 位移量测设备:量程为 10mm,分度值为 0.01mm 的百分表;或准确度为全量程 0.2% 的传感器。

1. 慢剪试验

本试验方法适用于细粒土。慢剪试验,应按下列步骤进行:

(1) 试样制备

1) 原状土试样制备应按下列步骤进行：

A. 将土样筒按标明的上下方向放置，剥去蜡封和胶带，开启土样筒取出土样。检查土样结构，当确定土样已受扰动或取土质量不符合规定时，不应制备力学性质试验的土样。

B. 根据试验要求用环刀取试样时，应在环刀内壁均匀涂抹凡士林，刃口向下放在土样上，将环刀竖直下压，并用切土刀沿环刀外侧切削土样，边压边削至土样高出环刀，根据试样的软硬采用钢丝锯或切土刀整平环刀两端土样，擦净环刀外壁，称环刀和土的总质量。

C. 从余土中取代表性试样测定含水率。对均质和含有机质的土样，宜采用天然含水率状态下代表性土样，供颗粒分析、界限含水率试验。对非均质土应根据试验项目取足够数量的土样，置于通风处晾干至可碾散为止。对砂土和进行相对密度试验的土样宜在105～110℃温度下烘干，对有机质含量超过5%的土、含石膏和硫酸盐的土，应在65～70℃温度下烘干。

D. 切削试样时，应对土样的层次、气味、颜色、夹杂物、裂缝和均匀性进行描述，对低塑性和高灵敏度的软土，制样时不得扰动。

2) 扰动土试样的备样应按下列步骤进行：

A. 将土样从土样筒或包装袋中取出，对土样的颜色、气味、夹杂物和土类及均匀程度进行描述，并将土样切成碎块，拌和均匀，取代表性土样测定含水率。

B. 对均质和含有机质的土样，宜采用天然含水率状态下代表性土样，供颗粒分析、界限含水率试验。对非均质土应根据试验项目取足够数量的土样，置于通风处晾干至可碾散为止。对砂土和进行相对密度试验的土样宜在105～110℃温度下烘干，对有机质含量超过5%的土、含石膏和硫酸盐的土，应在65～70℃温度下烘干。

C. 将风干或烘干的土样放在橡皮板上用木碾碾散，对不含砂和砾的土样，可用碎土器碾散（碎土器不得将土粒破碎）。

D. 对分散后的粗粒土和细粒土，应按表2-38的要求过筛。对含细粒土的砾质土，应先用水浸泡并充分搅拌，使粗细颗粒分离后按不同试验项目的要求进行过筛。

试样取样数量和过土筛标准见表2-38。

3) 扰动土的制样（每组试样不得少于4个）应按下列步骤进行：

A. 试样的数量视试验项目而定，应有备用试样1～2个。

B. 将碾散的风干土样通过孔径2mm或5mm的筛，取筛下足够试验用的土样，充分拌匀，测定风干含水率，装入保湿缸或塑料袋内备用。

C. 根据试验所需的土量与含水率，制备试样所需的加水量应按下式计算：

$$m_w = \frac{m_0}{1+0.01w_0} \times 0.01(w_1 - w_0) \tag{2-24}$$

式中 m_w——制备试样所需要的加水量（g）；

m_0——湿土（或风干土）质量（g）；

w_0——湿土（或风干土）含水率（%）；

w_1——制样要求的含水率（%）。

试样取样数量和过土筛标准　　　　　　　表 2-38

试验项目 \ 土样数量 \ 土类	黏土 原状土(筒) ϕ10cm×20cm	黏土 扰动土 (g)	砂土 原状土(筒) ϕ10cm×20cm	砂土 扰动土 (g)	过筛标准 (mm)
含水率		800		500	
相对密度		800		500	
颗粒分析		800		500	
界限含水量		500			0.5
密度	1		1		
固结	1	2000			2.0
黄土湿陷	1				
三轴压缩	2	5000		5000	2.0
膨胀、收缩	2	2000		8000	2.0
直接剪切	1	200			2.0
击实 承载比		轻型>15000 重型>30000			5.0
无侧限抗压强度	1				
反复直剪	1	2000			2.0
相对密度				2000	
渗透	1	1000		2000	2.0
化学分析		300			2.0
离心含水当量		300			0.5

D. 称取过筛的风干土样平铺于搪瓷盘内，将水均匀喷洒于土样上，充分拌匀后装入盛土容器内盖紧，润湿一昼夜，砂土的润湿时间可酌减。

E. 测定润湿土样不同位置处的含水率，不应少于两点，一组试样的含水率差与要求的含水率之差不得大于±1%。

F. 根据环刀容积及所需的干密度，制样所需的湿土量应按下式计算：

$$m_0 = (1 + 0.01w_0)\rho_d V \tag{2-25}$$

式中　ρ_d——试样的干密度（g/cm³）；

　　　V——试样体积（环刀容积）（cm³）。

G. 扰动土制样可采用击样法和压样法

a. 击样法：将根据环刀容积和要求干密度所需质量的湿土倒入装有环刀的击样器内，击实到所需密度。

b. 压样法：将根据环刀容积和要求干密度所需质量的湿土倒入装有环刀的压样器内，以静压力通过活塞将土样压紧到所需密度。

H. 取出带有试样的环刀，称环刀和试样总质量，对不需要饱和且不立即进行试验的试样，应存放在保湿器内备用。

4) 当试样需要饱和时，应采用抽气饱和法，按下列步骤进行：

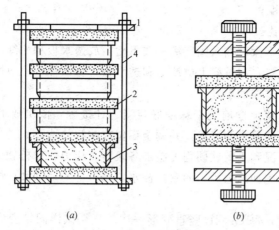

图 2-51 饱和器
(a) 叠式；(b) 框式
1—夹板；2—透水板；3—环刀；4—拉杆

A. 选用叠式或框式饱和器和真空饱和装置，如图 2-51、图 2-52 所示。在叠式饱和器下夹板的正中，依次放置透水板、滤纸、带试样的环刀、滤纸、透水板，如此顺序重复，由下向上重叠到拉杆高度，将饱和器上夹板盖好后，拧紧拉杆上端的螺母，将各个环刀在上、下夹板间夹紧。

B. 将装有试样的饱和器放入真空缸内，真空缸和盖之间均匀涂抹凡士林，盖紧。将真空缸与抽气机接通，启动抽气机，当真空压力表读数接近当地一个大气压力值时（抽气时间不少于 1h），微开管夹，使清水徐徐注入真空缸，在注水过程中，真空压力表读数应保持不变。

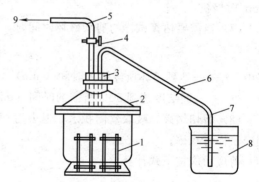

图 2-52 真空饱和装置
1—饱和器；2—真空缸；3—橡皮塞；4—二通阀；5—排气管；6—管夹；7—引水管；8—盛水器；9—接抽气机

C. 待水淹没饱和器后停止抽气。开管夹使空气进入真空缸，静止一段时间，细粒土宜为 10h，使试样充分饱和。

D. 打开真空缸，从饱和器内取出带环刀的试样，称环刀和试样总质量，并计算饱和度。当饱和度低于 95% 时，应继续抽气饱和。

$$S_r = \frac{(\rho_{sr}-\rho_d)G_s}{\rho_d \cdot e} \tag{2-26}$$

或

$$S_r = \frac{w_{sr}G_s}{e} \tag{2-27}$$

式中 S_r ——试样的饱和度（%）；

w_{sr}——试样饱和后的含水率（%）；

ρ_{sr}——试样饱和后的密度（g/cm³）；

G_s——土粒相对密度；

e——试样的孔隙比。

（2）对准剪切容器上下盒，插入固定销，在下盒内放透水板和滤纸，将带有试样的环刀刃口向上，对准剪切盒口，在试样上放滤纸和透水板，将试样小心地推入剪切盒内。透水板和滤纸的湿度应接近试样的湿度。

（3）移动传动装置，使上盒前端钢珠刚好与测力计接触，依次放上传压板、加压框架，安装竖直位移和水平位移量测装置，并调至零位或测记初读数。

（4）根据工程实际情况和土的软硬程度施加各级竖直压力，对松软试样竖直压力应分级施加，以防土样挤出。施加压力后，向盒内注水，当试样为非饱和试样时，应在加压板周围包以湿棉纱。

（5）施加竖直压力后，每1h测读竖直变形一次。直至试样固结变形稳定。变形稳定标准为每小时不大于0.005mm。

（6）拔去固定销，以小于0.02mm/min的剪切速度进行剪切，试样每产生剪切位移0.2~0.4mm测记测力计和位移读数，直至测力计读数出现峰值，应继续剪切至剪切位移为4mm时停机，记下破坏值；当剪切过程中测力计读数无峰值时，应剪切至剪切位移为6mm时停机。

（7）当需要估算试样的剪切破坏时间时，可按下式计算：

$$t_1 = 50 t_{50} \tag{2-28}$$

式中　t_1——达到破坏所经历的时间（min）；

t_{50}——固结度达到50%所需的时间（min）。

（8）剪切结束，吸取盒内积水，退去剪切力和竖直压力，移动加压框架，取出试样，测定试样含水率。

剪应力应按下式计算：

$$\tau = \frac{C \cdot R}{A_0} \times 10 \tag{2-29}$$

式中　τ——试样所受的剪应力（kPa）；

R——测力计量表读数（0.01mm）。

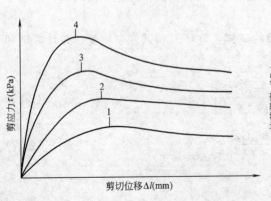

图 2-53　剪应力与剪切位移关系曲线

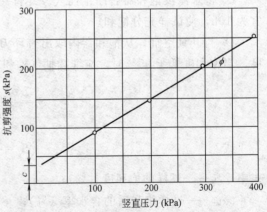

图 2-54　抗剪强度与竖直压力关系曲线

以剪应力为纵坐标，剪切位移为横坐标，绘制剪应力与剪切位移关系曲线，取曲线上剪应力的峰值为抗剪强度，无峰值时，取剪切位移 4mm 所对应的剪应力为抗剪强度。如图 2-53 所示。

以抗剪强度为纵坐标，竖直压力为横坐标，绘制抗剪强度与竖直压力关系曲线，直线的倾角为摩擦角，直线在纵坐标上的截距为黏聚力。如图 2-54 所示。

慢剪试验的记录格式见表 2-39。

直剪试验记录表　　　　　　　　　　　　　　表 2-39

工程编号_____　　试验者_____
试样编号_____　　计算者_____
试验方法_____　　校核者_____
试验日期_____　　测力计系数____（kPa/0.01mm）

仪器编号	(1)	(2)	(3)	(4)	剪切位移 (0.01mm)	量力环读数 (0.01mm)	剪应力 (kPa)	垂直位移 (0.01mm)
盒号								
湿土质量(g)					(1)	(2)	$(3)=\dfrac{C \cdot (2)}{A_0}$	(4)
干土质量(g)								
含水率(%)								
试样质量(g)								
试样密度(g/cm³)								
竖直压力(kPa)								
固结沉降量(mm)								

2. 固结快剪试验

本试验方法适用于渗透系数小于 10～6cm/s 的细粒土。固结快剪试验，应按下列步骤进行：

（1）试样制备、安装和固结，应按慢剪试验 2 中（1）～（5）款步骤进行。

（2）固结快剪试验的剪切速度为 0.8mm/min，使试样在 3～5min 内剪损，其剪切步骤应按慢剪试验的 2 中（6）和（8）款的步骤进行。

固结快剪试验的剪应力计算同慢剪试验。固结快剪试验的绘图应按慢剪试验的（4）、（5）款的规定进行。固结快剪试验的记录格式与慢剪试验相同。

3. 快剪试验

本试验方法适用于渗透系数小于 6～10cm/s 的细粒土。快剪试验，应按下列步骤进行：

（1）试样制备、安装应按慢剪试验 2 中（1）～（4）款步骤进行。安装时应以硬塑料薄膜代替滤纸，不需安装竖直位移量测装置。

（2）施加竖直压力，拔去固定销，立即以 0.8mm/min 的剪切速度按慢剪试验 2 中（6）和（8）款的步骤进行剪切至试验结束。使试样在 3～5min 内剪损。

快剪试验的剪应力计算同慢剪试验。快剪试验的绘图应按慢剪试验的（4）、（5）款的规定进行。快剪试验的记录格式与慢剪试验相同。

4. **砂类土的直剪试验**

本试验方法适用于砂类土。砂类土的直剪试验，应按下列步骤进行：

(1) 取过 2mm 筛的风干砂样 1200g，按直剪试验 2 中（2）款的步骤制备砂样。

(2) 根据要求的试样干密度和试样体积称取每个试样所需的风干砂样质量，精确至 0.1g。

(3) 对准剪切容器上下盒，插入固定销，放干透水板和干滤纸。将砂样倒入剪切容器内，拂平表面，放上硬木块轻轻敲打，使试样达到预定的干密度，取出硬木块，拂平砂面。依次放上干滤纸、干透水板和传压板。

(4) 安装竖直加压框架，施加竖直压力，试样剪切应按固结快剪试验 2 中（2）款的步骤进行。

砂类土直剪试验的剪应力计算同慢剪试验。砂类土直剪试验的绘图应按慢剪试验的(4)、(5) 款的规定进行。砂类土直剪试验的记录格式与慢剪试验相同。

复习思考题

1. 土方工程分为哪几类？各有何特点？
2. 土按工程性质分为哪几类？
3. 什么是土的可松性？它对土方施工有何影响？
4. 什么是土的压缩系数？如何评价地基土的压缩性高低？
5. 什么是土的抗剪强度？黏性土和砂土的抗剪强度有何区别？
6. 某坚土独立基础巨型基坑底面积为 $4m \times 4.8m$，深 4m，边坡系数为 1.0，试计算其挖方量为多少 m^3？若基础所占体积为 $48m^3$，需用回填土多少 m^3？外运余土多少 m^3？
7. 土方边坡用什么表示？什么是边坡系数？造成边坡塌方的原因有哪些？如何预防？
8. 了解土方施工机械的种类及选用。
9. 土方开挖、填筑有哪些质量通病？如何防治？
10. 熟悉土方开挖、回填工程的质量验收程序和方法。
11. 土方回填压实时，对填料有何要求？回填压实的方法有哪些？影响填土压实的因素有哪些？
12. 试述地基土保温防冻的方法？
13. 地基土的冻胀性是如何分类的？
14. 土方施工安全应注意哪些方面？
15. 基坑排水的方法有哪几种？试述其适用范围。
16. 什么是流砂现象？如何预防？

单元3 地基工程处理技术

知识点：地基加固处理技术；特殊土地基。
教学目标：通过本单元的学习使学生了解地基加固处理方法：换填法、挤密法、振冲法、强夯法、预压固结法、化学加固法等施工技术。

地基是承受上部结构荷载的土层，若建筑物直接建造在地基土层上，该土层不经过人工处理能直接承受建筑物荷载作用，称为天然地基。若建筑物所在场地地基为软土、软弱土、人工填土等土层，这些土层不能承受建筑物荷载作用，必须经过人工处理后才能使用，这种经人工处理后的地基称为人工地基。

地基处理方法很多常用的有：换填法、挤密与振冲法、碾压与夯实法、预压法、胶结加固法和加筋处理法等。选择哪种地基处理方法，应根据地基条件、目的要求、工程费用、施工技术条件、材料来源、可能达到的预期效果以及环境的影响等因素综合考虑，并通过试验和比较来确定。本单元介绍几种常用的地基处理方法。

课题1 换填法施工

换填法是将基础底面下处理范围内的天然软土全部挖除或部分挖除，用砂、石、灰土、素土或其他性能稳定、无侵蚀性、强度较高的材料分层回填，并夯（压、振）实至设计要求的密实度，作为地基的持力层使用。

1.1 换填法的基本要求和适用范围

1.1.1 适用范围

换填法地基常用于荷载不大的建筑、地坪、堆料场地和道路工程的地基处理，适用于淤泥、淤泥质土、湿陷性黄土、膨胀土、素填土、季节性冻土地基及暗沟、暗塘等浅层处理。

应根据建筑物的体形、结构特点、荷载情况和地质条件，并综合施工机械设备及当地材料来源综合分析，选择换填材料和施工方法。

1.1.2 基本要求

（1）垫层厚度要求

垫层厚度应根据下卧层的承载力确定，并符合下式要求：

$$p_z + p_{cz} \leqslant f_z \tag{3-1}$$

式中 p_z——垫层底面处的附加应力设计值（kPa）；

条形基础：
$$p_z = \frac{b(p - p_c)}{b + 2z\tan\theta} \tag{3-2}$$

矩形基础：
$$p_z = \frac{bl(p - p_c)}{(b + 2z\tan\theta)(l + 2z\tan\theta)} \tag{3-3}$$

p_{cz}——垫层底面处的自重应力标准值（kPa）；

f_z——垫层底面处下卧层的地基承载力设计值（kPa）。

b——条形或矩形基础底面的宽度（m）；

l——矩形基础底面的长度（m）；

p——基础底面压力设计值（kPa）；

p_c——基础底面处土的自重应力标准值（kPa）；

z——基础底面下垫层的厚度（m）；

θ——垫层的压力扩散角，按表 3-1 取用。

压力扩散角 θ（°）　　　　　　　　　　表 3-1

Z/b	换填垫层的材料		
	碎石土、砾砂、粗中砂、卵石、碎石、石屑	粉质黏土和粉土（$8<I_p<14$）	灰土
0.25	20°	6°	30°
≥0.50	30°	23°	30°

注：1. 当 $Z/b<0.25$ 时，除灰土取 $\theta=30°$ 外，其余材料均取 $\theta=0$。
2. 当 $0.25\leqslant Z/b<0.50$ 时，θ 取内插值。

（2）确定厚度的方法

确定其厚度时，先假设垫层厚度为 0.5～2.5m。若厚度太小垫层的作用不大，若厚度太大则对施工不便，费工费料，也不经济，特别在地下水位较高时不便，因此垫层的厚度不宜大于 3.0m。

采用素土垫层换填湿陷性黄土地基时，垫层厚度应根据地质勘察试验报告的结果确定。对于非自重湿陷性黄土地基，当矩形基础高度为 0.8～1.0 倍基础宽度时，条形基础为 1.0～1.5 倍基础宽度时，能消除部分地基湿陷性。如果分别取 1.0～1.5 倍（矩形）和 1.5～2.0 倍（条形）则基本可消除地基的湿陷性。对于自重湿陷性黄土地基，则应全部换填湿陷性黄土层，以保证地基浸水后不出现湿陷变形。

（3）垫层的宽度要求

垫层的宽度应满足下式要求：

$$b'\geqslant b+2z\tan\theta \quad (3-4)$$

式中 b'——垫层底面的宽度；

θ——垫层的压力扩散角，可按表 3-1 取用，当 $Z/b<0.25$ 时，仍按表中 $Z/b=0.25$ 取值。

垫层宽度也可用经验方法确定：如素土垫层厚度小于 2m，每边加宽不小于垫层厚度的 1/3，且不小于 300mm；当素土垫层厚度大于 2m 时，适当加宽且不小于 700mm。

（4）垫层的材料要求

1）砂石垫层材料：砂石垫层的材料必须具有良好的振实加密性能，具有良好的级配，不含植物残体、垃圾等杂质。宜采用砾砂、粗砂或中砂，当采用粉细砂时，应掺入25%～30%的碎石或卵石且最大粒径不宜大于 50mm。砂石材料的含泥量不应超过 5%。对湿陷性黄土地基，不得选用砂石等渗透性材料。

2）素土垫层材料：素土土料中有机质含量不得超过 5%，不得含有冻土或膨胀土。当含有碎石时，其粒径不得大于 50mm。用于湿陷性黄土地基的素土垫层，土中不得夹有砖、瓦和石块。

3）灰土垫层材料：灰土体积配合比宜为2∶8或3∶7。土料宜采用不含松软杂质的粉质黏性土及塑性指数大于4的粉土，若采用黏土回填时应掺入不少于30%的砂土并搅拌均匀方可使用，对土料应过筛，其粒径不得大于15mm，土中的有机质含量不得大于5%。灰土用的熟石灰应在使用前将生石灰浇水消解，熟石灰中不得含有未熟化的生石灰块和过多的水分，生石灰消解3～4d后筛除生石灰块后使用。过筛粒径不得大于5mm。

4）碎石垫层材料：碎石材料应质地坚硬、性能稳定、密实、未风化，粒径一般为5～40mm，吸水率不大于5%，含泥量不大于5%，砂应采用中砂或粗砂，含泥量不大于5%。

1.2 换填垫层施工

换填垫层的施工方法一般有：机械碾压法、重锤夯实法、平板振动法、水撼法等方法，施工的关键是将砂石等填料振实到设计要求的密实度。施工方法可根据砂石填料、地质条件、施工设备条件等参照表3-2选用。

砂和砂石地基最大虚铺厚度及最优含水量 表3-2

项次	夯实方法	每层铺筑厚度(mm)	最优含水量(%)	施工情况	备注
1	平振法	200～250	15～20	采用功率较大的平板式振捣器往复振捣	不宜使用细砂或含泥量较大的砂
2	插振法	振捣器插入深度	饱和	采用插入式振捣器；插入间距根据机械振幅大小决定；不应插至下卧土层；振捣后所留的孔洞应用砂填实	不宜使用细砂或含泥量较大的砂
3	水撼法	250	饱和	用齿距为80mm齿长为300mm的四齿钢叉摇撼捣实，插入点间距为100mm；注水高度应超过每层铺筑面层	湿陷性黄土、膨胀土地区不得使用
4	夯实法	150～200	8～12	夯具重40kg，落距为400～500mm；一夯压半夯，全面夯实	
5	碾压法	250～350	8～12	重量6～15t压路机往复碾压（15t以上振动压路机影响深度可达1.5m）	适用于大面积砂垫层；不适用地下水位以下的砂垫层

1.2.1 机械碾压法

机械碾压法是采用压路机、推土机、羊足碾或其他压实机械压实地基土。

施工时先将建筑物的软土地基挖出，基坑（槽）内应保持无水。当地下水位高于基坑（槽）底面时，应采取排水或降水措施，保证基坑（槽）内处于无积水状态。在铺设垫层材料前进行验槽，清除浮土，边坡必须稳定，防止塌方。基坑（槽）内如有低于地基的孔洞、沟、井、墓穴等，应在铺设垫层前加以填实。开挖基坑以及铺设垫层材料过程中，避免扰动软弱下卧层的结构，防止土层的强度降低，导致过大的附加沉降。基坑开挖后不能长期暴露或浸水，不得任意践踏坑底。

采用机械碾压施工应根据不同的换填材料选择机械，素填土宜采用平碾或羊足碾，砂石土宜采用振动碾。对于狭窄场地、边角等可采用蛙式夯实机夯实。分层回填碾压的每层虚铺厚度及压实变量，应根据施工机械及实际压实效果确定，可参照表3-3选用。

机械碾压垫层每层虚铺厚度及压实遍数　　表3-3

施工机械	重量(t)	每层虚铺厚度(mm)	每层压实遍数
平碾	8～12	200～300	6～8
羊足碾	5～16	200～350	8～16
蛙式夯	0.2	200～250	3～4
振动碾	8～15	600～1300	6～8
振动压实机	2	1200～1500	10

采用机械碾压施工时，为确保压实深度，机械运行的速度不能过快，平碾应控制在2km/h；羊足碾为3km/h；振动碾为2km/h；振动压实机为0.5km/h。

1.2.2 重锤夯实法

重锤夯实法是利用起重机械，将重锤提升到一定的高度，重锤自由落下利用其自重和加速度，不断夯击地面将分层换填的土层夯实。达到加固地基的目的。

重锤夯实法一般适用于地下水位距地面0.8m以上非饱和的黏性土、砂土、杂填土和分层填土。采用重锤夯实法施工应控制土的最优含水量，夯击时使土粒之间有适当的水分润滑挤压密实，如含水量过大夯击时可能形成"橡皮土"。重锤夯实的最优含水量应通过试验确定或参考表3-4、表2-25选用。

土的最优含水量 w_{op} 经验值　　表3-4

塑性指数 I_p	最大干密度 $\rho_d(t/m^3)$	最优含水量 $w_{op}(\%)$	塑性指数 I_p	最大干密度 $\rho_d(t/m^3)$	最优含水量 $w_{op}(\%)$
<10	>1.85	<13	17～20	1.65～1.70	17～19
10～14	1.75～1.85	13～15	20～22	1.60～1.65	19～21
14～17	1.70～1.75	15～17			

1.2.3 平板振动法

平板振动法是利用振动压实机，如图3-1所示，将松散的无黏性土、或黏粒含量少透水性较好的松散杂填土等振动压实。

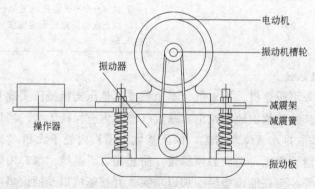

图3-1　振动压实机示意图

振动压实的效果与填土的成分、振动时间等因素有关。振动的时间越长效果越好，振动压实机的振动频率为1160～1180Hz，振幅为3.5mm，振动力可达50～100kN。振动压实施工时,先振基坑(槽)的两边,后振中间,振实的标准以振动机原地振实不再往下沉为合格,对细粒填土振动时间约为3~5min,有效振深约为1.2~1.5m。

1.2.4 换填垫层的施工要点

(1) 素土垫层

1) 土料的施工含水量应控制在最优含水量 $w_{op}\pm2\%$ 的范围内,最优含水量可通过室内击实试验求得(相应于土达到最大干密度时的含水量),也可按当地经验取用。一般黏性土的最优含水量在19%~21%之间。当含水量过大时,应晾晒风干;如含水量过小,应淋水湿润。

2) 填土时应从基坑的最低处开始分层填料压实,不宜任意分段留缝。

3) 如因垫层下方的土质差异较大使垫层底部标高不一致时,基坑(槽)底面宜挖成阶梯形,每阶宽度不少于500mm,施工时按先深后浅的顺序进行铺填,并应注意搭接处的质量。

4) 每铺设碾压完一层后应进行质量检验,检验合格后方可进行下一层施工,施工时应先在该层表面用推土机拉毛,然后再继续填土,以保证上下层良好的结合。

5) 上下相邻土层接槎应错开,其间距不应小于500mm。接槎不得在基础下、墙角、柱墩等部位,在接槎500mm范围内应增加夯实遍数。

6) 分层填土的厚度和夯实遍数,一般根据所选择的夯实机具和设计要求的密实度进行现场夯实试验确定。当采用粉质黏性土或黏土作填料时,可参考表3-3选用。

7) 施工中每班铺平的土料必须当班夯实,不得隔天夯实。

(2) 灰土垫层

1) 施工前应先验槽,清除松土,如有积水、淤泥应清除晾干,槽底要求平整干净。

2) 灰土垫层拌和灰土时,应根据气温和土料的湿度搅拌均匀,灰土的颜色应一致,含水量宜控制在最优含水量±2%的范围(最优含水量可通过室内击实试验求得,一般为14%~18%)。

3) 填料时应分层回填,其厚度宜为200~300mm,夯实机具可根据工程大小和现场机具条件确定,可参照表3-5选用。夯(压)遍数应按设计要求的干密度由夯实试验确定,一般不少于4遍。

灰土最大虚铺厚度　　　　　　　　　　　　表3-5

项次	夯实方法	每层铺筑厚度(mm)	施工情况
1	石夯、木夯	200~250	人力送夯,夯具重40~80kg,落距为400~500mm,一夯压半夯
2	轻型夯实机具	200~250	蛙式或柴油打夯机
3	压路机	200~300	6~10t双轮压路机往复压实

4) 当日铺填的灰土当日压实,且压实后三日内不得受水浸泡。

5) 雨期施工时,应适当采取防雨、排水措施,保证在无水状态下施工。

6) 冬期施工,必须在基层不受冻的状态下进行,应采取有效的防冻措施。

(3) 砂和砂砾石垫层

1) 铺设垫层前应验槽,将浮土清除。基坑边坡必须稳定,防止振捣时坍塌。槽底或两侧如有空洞、沟、墓穴等,应在垫层施工前加以处理。如垫层下有厚度较小的淤泥或淤泥质土层,在碾压荷载下抛石能挤入该层底面时,可采取挤淤处理。先在软弱土面上堆填块石、片石等,然后将其压入以置换和挤出软弱土,再做垫层铺设。

2) 垫层底面标高不同时,土面应挖成阶梯或斜坡搭接,按先深后浅的顺序施工,搭接处应夯压密实。分层分段铺设时,接头应作成斜坡或阶梯形搭接,每层错开 0.5～1.0m,并应充分捣实。

3) 人工级配的砂砾石,应先将砂、卵石拌合均匀后再铺夯压实。

4) 垫层铺设时,严禁扰动垫层下卧层及侧壁的软弱土层,防止被践踏、受冻或受浸泡。对基坑下灵敏度大的地基,在垫层最下一层只能用木夯夯实,以免破坏基底的土体结构。

5) 垫层应分层铺设,分层夯实或压实。基坑内预先安好 5m×5m 网格标桩,控制每层砂垫层的铺设厚度。夯实要做到交叉重叠 1/3,防止漏振、漏压。夯实(碾压)遍数、振动时间应通过试验确定。在下层密度经检验合格后,方可进行上层施工。

6) 当地下水较高在饱和的软弱地基上铺设垫层时,应加强基坑内外侧四周的排水工作,防止砂垫层泡水,或采取降低地下水位措施,使地下水位降低到基坑底 500mm 以下。

7) 垫层铺设完毕,应立即进行下道工序施工,严禁小车及人在砂层上面行走,必要时应在垫层上铺板行走。在邻近进行低于砂垫层顶面的开挖时,应采取措施保证砂垫层稳定。

(4) 碎石垫层

1) 若采用碎石或卵石垫层,宜先铺一层 150～300mm 厚的砂垫层夯实作为底层,再分层铺设碎石或卵石材料,以免坑底软土发生局部破坏。如图 3-2 所示。

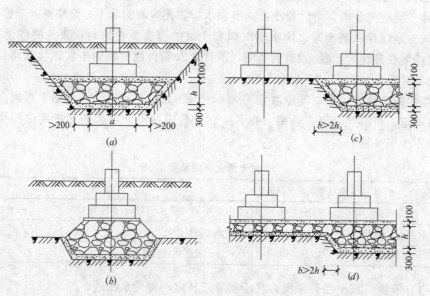

图 3-2 碎石垫层

当地基为湿陷性黄土时,可在垫层底部作一层 200mm 厚的 3∶7 灰土的防渗层。

当两个相邻基础,一个用天然地基,另一个用碎石垫层,或当软弱土层厚度不一时,垫层应做成阶梯形,如图 3-2 (c)、(d)。但两垫层的厚度高差不得大于 1.0m,同时阶梯须符合 $b>2h$ 的要求。

2) 碎石垫层一般用碾压法或振捣法压实，前者用于大面积垫层施工，后者用于小面积垫层及碾压不到的部位压实。侧边砂框边缘与土接触的砂层，用振动器振实或人工夯实。

3) 压实机械宜采用 8～12t 压路机、6～10t 振动压路机或用拖拉机牵引 4t 重平碾。每层铺设厚度为 250～300mm，摊平后往复碾压 4～6 遍，行驶速度为 3.5±0.2km/h，每次碾压与前次碾压后轮轮迹重合一半。控制每层碾压最后两遍的沉落差小于 1mm。

4) 振捣法的压实机械功率不小于 2.2kW、重量大于 65kg 的平板式振动器。每层铺设厚度为 200～250mm，单位面积上振动时间不少于 60s，振动遍数由试验确定，一般振动 3～4 遍，每遍时间间隔不少于 40min，做到交叉、错开、重叠。施工时按铺设面积大小，以总的时间控制碎石分层振实的质量。

5) 垫层达到设计标高后，在基础范围内垫层顶面抹 20～40mm 厚水泥砂浆一层封闭，即可施工上部基础。

1.3 换填法质量检验

对于换填法地基的强度或承载力，必须达到设计要求的标准见表 3-6。

各种垫层的承载力及压实标准　　　　　表 3-6

施工方法	换填材料类别	压实系数 λ_c	承载力标准值 f_k(kPa)
碾压或振密	碎石、卵石	0.94～0.97	200～300
	砂夹石（其中碎石、卵石占全重的 30%～50%）		200～250
	土夹石（其中碎石、卵石占全重的 30%～50%）		150～200
	中砂、粗砂、砾砂、圆砾、角砾		150～200
	黏性土和粉土（$8<I_p<14$）		130～180
	灰土	0.95	200～250
	石屑	0.94～0.97	120～150
	粉煤灰	0.90～0.95	120～150
	矿渣		200～300

注：压实系数 λ 等于垫层材料施工要求达到的干密度 ρ_d 与垫层材料能压密的最大干密度 ρ_{dmax}（由击实试验确定）的比值确定，即 $\lambda=\rho_d/\rho_{dmax}$。

垫层的质量检验必须分层进行，检验每层的平均压实系数和干密度。素土、灰土及砂垫层可用环刀法和贯入法检验质量（砂垫层也可用钢筋贯入代替），并均应通过现场试验，以控制压实系数所对应的贯入度为合格标准。压实系数的检验必须用环刀法或其它的标准方法。

1.3.1 环刀取样法

将容积不小于 200cm³ 的环刀压入垫层中，在每层的 2/3 处取样，测取干密度和压实系数，压实系数需满足表 3-6 的要求。若以干密度作为检测指标，则以不小于砂料在中密状态时的干密度为合格，中砂为 1.55～1.6t/m³；粗砂可根据经验适当提高，一般为 1.7t/m³；卵石、碎石一般为 2.0～2.2t/m³；对碎石、干渣等粗粒料，也可用沉陷差值控制。

在粗粒土（如碎石、卵石）垫层中可设置纯砂检验点，在相同的检验条件下，用环刀法测其干密度。或采用灌砂法、灌水法进行检验其试坑尺寸,如表3-7所示。

试坑尺寸 表3-7

试样最大粒径	试坑尺寸		试样最大粒径	试坑尺寸	
	直径(mm)	深度(mm)		直径(mm)	深度(mm)
5~20	150	200	60	250	300
40	200	250			

1.3.2 贯入测定法

检验前先将垫层表面的砂刮去3cm左右,再用贯入仪、钢筋或钢叉等以贯入度大小来定性地检验砂垫层的质量,以不大于通过相关实验所确定的贯入度为合格。也可根据砂垫层的控制干密度预先进行小型试验来确定相关的合格贯入度。

钢筋贯入法所用的钢筋为φ20,长1.25m的平头钢筋,垂直距离砂垫层表面70cm时自由下落,测其贯入度。

钢叉贯入法所用钢叉和水撼法施工垫层的钢叉相同如图3-3所示。由50cm高度处自由落下测其贯入度。

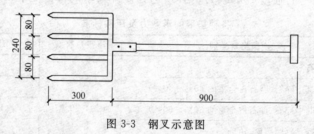

图3-3 钢叉示意图

1.3.3 检验数量

当采用贯入法或动力触探检验时,每分层检验点的间距应小于4m;当采用环刀法检验时,大基坑每50~100m² 不应少于一个或每100m² 不少于2个;对于基槽每10~20m不应少于1个,每施工段布2个检验点;独立基础不应少于1个检验点;管道基础下每50m布一个检验点,每施工段布2个检验点。

地基强度或承载力检验,可选用标准贯入试验、静(动)力触探、十字板剪切强度和静荷载试验方法。每单位工程不应少于3个测点,1000m² 以上工程,每100m² 至少应有一个测点,3000m² 以上工程,每300m² 至少有一个测点,独立基础下至少应有一个测点。

1.3.4 质量检验标准

(1)灰土垫层

地基的材料以及配合比应符合设计要求,灰土应搅拌均匀;施工过程中应检查分层铺设的厚度、分段施工时上下两层的搭接长度、夯实时的加水量、夯实遍数、压实系数;施工结束后应检查灰土地基的承载力。灰土地基的质量验收标准应符合表3-8的规定。

(2)砂和砂石垫层

砂和砂石材料以及配合比应符合设计要求,砂和砂石应搅拌均匀;施工过程中应检查分层铺设的厚度、分段施工时上下两层的搭接长度、夯实时的加水量、夯实遍数、压实系数;施工结束后应检查砂和砂石地基的承载力。砂和砂石地基的质量验收标准应符合表3-9的规定。

灰土地基质量验收标准　　　　　　表 3-8

项目	序号	检查项目	允许偏差或允许值		检查方法
			单位	数值	
主控项目	1	地基承载力	设计要求		按规定方法
	2	配合比	设计要求		按拌和时的体积比
	3	压实系数	设计要求		现场实测
一般项目	1	石灰的粒径	mm	≤5	筛分法
	2	土料有机质含量	%	≤5	实验室焙烧法
	3	土颗粒粒径	mm	≤15	筛分法
	4	含水量（与要求的最优含水量比较）	%	±2	烘干法
	5	分层厚度偏差（与设计要求比较）	mm	±50	水准仪

砂和砂石地基质量验收标准　　　　　　表 3-9

项目	序号	检查项目	允许偏差或允许值		检查方法
			单位	数值	
主控项目	1	地基承载力	设计要求		按规定方法
	2	配合比	设计要求		检查拌和时的体积比或重量比
	3	压实系数	设计要求		现场实测
一般项目	1	砂石料有机质含量	%	≤5	筛分法
	2	砂石料含泥量	%	≤5	水洗法
	3	石料粒径	mm	≤100	筛分法
	4	含水量（与要求的最优含水量比较）	%	±2	烘干法
	5	分层厚度（与设计要求比较）	mm	±50	水准仪

（3）粉煤灰垫层

施工前应检查粉煤灰材料，并对基槽清底情况、地质条件予以检验；施工过程中应检查分层铺设的厚度、碾压遍数、施工含水量控制、搭接区碾压程度、压实系数等；施工结束后应检验地基的承载力。粉煤灰垫层地基的质量验收标准应符合表 3-10 的规定。

粉煤灰垫层地基质量验收标准　　　　　　表 3-10

项目	序号	检查项目	允许偏差或允许值		检查方法
			单位	数值	
主控项目	1	压实系数	设计要求		现场实测
	2	地基承载力	设计要求		按规定方法
一般项目	1	粉煤灰粒径	mm	0.001～2.000	筛分法
	2	氧化铝及二氧化硅含量	%	≥70	水洗法
	3	烧失量	%	≤12	筛分法
	4	含水量（与要求的最优含水量比较）	%	±2	烘干法
	5	分层厚度（与设计要求比较）	mm	±50	水准仪

1.4 工程案例

某三层砖混结构条形基础设计如图 3-4 所示,地基土层为软黏土,厚约 10m,土的重度为 $\gamma_0=17.9kN/m^3$,承载力标准值 $f_k=70kPa$。现决定采用中砂垫层处理地基,基础的埋深定为 1m,基础底面宽为 1m,确定基础垫层尺寸及施工方案。

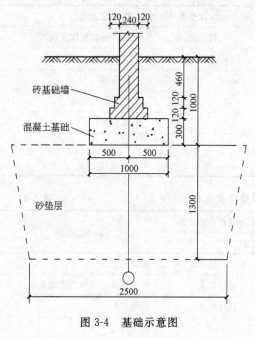

图 3-4 基础示意图

【解】 (1)确定砂垫层的厚度:

试取垫层厚度为 $z=1.3m$,垫层底面地基土承载力应进行深度修正,修正系数 $\eta_d=1.1$。

地基承载力设计值为:
$$f_z=f_k+\eta_d\gamma_0(d+z-0.5)$$
$$=70+1.1\times17.9(1.0+1.3-0.5)$$
$$=105.44kPa$$

基础底面处土的压力:
$$p=\frac{N+G}{A}=\frac{127+1\times1\times1\times20}{1\times1}=147kPa$$

基础底面处土的自重应力:
$$p_c=\gamma_0\cdot d=17.9\times1=17.9kPa$$

垫层底面地基土的自重应力:
$$p_z=\frac{b(p-p_c)}{b+2z\tan\theta}=\frac{1.0\times(147-17.9)}{1.0+2\times1.3\times\tan30°}=51.62kPa$$

θ 值由表 3-1 确定 $z/b=1.3/1.0=1.3>0.5$ 取用 $\theta=30°$

应满足的条件:
$$p_z+p_{cz}=51.62+41.17=92.79kPa<f_z$$

故 Z 取 1.3m 满足承载力要求。

(2)确定砂垫层宽度:
$$b'=b+2z\tan\theta=1+2\times1.3\times\tan30°=2.5m$$

施工方案:施工时应按当地要求放坡,以保证土坡的稳定性。

该砂垫层由于采用的是条形基础,施工面较小,根据表 3-2 选用平振法分层施工。施工时每层的虚铺厚度为 200~250mm,最优含水率保证在 15%~20%,分层振实,并应达到表 3-9 的质量标准要求。

课题 2 挤密法施工

挤密法主要是依靠桩管打入或振入地基成孔时,对软土产生横向挤密作用。在桩管内灌料(如砂、石灰、灰土、或其它材料)并加以振实加密,形成砂或石灰等桩体。

2.1 土和灰土挤密桩

2.1.1 适用范围、材料要求与特点

(1) 适用范围

土或灰土挤密桩法适用于处理地下水位以上的湿陷性黄土、素填土、杂填土等类地基。处理深度宜为5～15m，过深则施工压实有困难。

1) 当以消除地基的湿陷性为主要目的时宜采用土挤密桩。土桩挤密地基其土桩面积约占地基面积的10%～20%，桩孔内填入的土料分层夯实，土料应与桩间土的物理力学指标相近、土质相同，因此土桩挤密地基可视为厚度较大的素土垫层。

2) 当以提高地基承载力为主要目的时宜采用灰土挤密桩。灰土挤密桩的灰土一般是用石灰和土按2:8或3:7的体积比配制而成。当地基土的含水量大于23%及其饱和度大于65%时，不宜采用灰土挤密桩。

(2) 土和灰土挤密桩的特点

1) 土和灰土挤密桩成桩为横向挤密，处理后能达到最大干密度指标，消除地基的湿陷性，提高承载能力，降低压缩性。

2) 与换土地基相比，土和灰土挤密桩法不需大量开挖、回填土方，可缩短约50%的工期，处理深度也比较大，可达15m。

3) 可就地取材，材料价格便宜，降低了工程造价，施工方便。

(3) 桩孔的填料要求

1) 土料：应尽量使用就地挖出的纯净黄土或一般黏性土、粉土。土料中的有机质含量不得超过5%，不宜使用塑性指数＞17的黏性土和＜14的砂土。严禁使用耕土、杂填土、淤泥质土和盐渍土。土料中不得加有砖块、瓦砾、生活垃圾、杂土、冻土和膨胀土。土料使用前应过筛，当含有碎石时，其粒径不得大于50mm，土粒粒径不得大于15mm，含水量应控制在$\omega_{op}\pm3\%$之内。最优含水量可参考表3-4、表2-25。

2) 石灰：采用生石灰消解（闷透）3～4d后过筛的熟石灰粉，其粒径不得大于5mm。石灰质量应符合Ⅲ级以上标准，见表3-11、表3-12。石灰储存时间不得超过3个月，使用前24d浇水粉化。在市区施工，也可使用袋装生石灰粉。

生石灰的技术指标　　　　　　　　　　　表3-11

指标 类别 等级 项目	钙质生石灰			镁质生石灰		
	一等	二等	三等	一等	二等	三等
有效钙加氧化镁含量不小于(%)	85	80	70	80	75	65
未消化残渣含量(5mm圆孔筛)不大于(%)	7	11	17	10	14	20

3) 灰土：灰土的配合比应满足设计要求，常用的配比为2:8或3:7。在拌和灰土过程中，灰土的含水量应接近最优含水量（一般为14%～18%，简易鉴别可用"手握成团，落地开花"），搅拌均匀，颜色一致，随拌随填，不得隔日使用。当用素土回填夯实时，压实系数不应小于0.95。当采用灰土填料时，压实系数不应小于0.97。

熟石灰粉的技术指标　　　　　　表 3-12

指标 类别 项目 等级	钙质生石灰			镁质生石灰		
	一等	二等	三等	一等	二等	三等
有效钙加氧化镁含量不小于(%)	65	60	55	60	55	50
含水率不小于(%)	4	4	4	4	4	4
细度　0.71mm方孔筛的筛余量不大于(%)	0	1	1	0	1	1
0.125mm方孔筛累计筛余量不大于(%)	13	20	—	13	20	—

土或灰土挤密桩完工后，应在桩顶标高以上设置 300～500mm 厚的 2∶8 灰土垫层，压实系数不应小于 0.95。其目的是使桩顶和桩间土找平，另外可有效改善应力扩散，调整桩土的应力比，减小桩身的应力集中作用。

2.1.2　土和灰土挤密桩施工准备

(1) 施工前准备工作

1) 熟悉图纸、切实掌握施工场地的水文地质数据、工程地质勘察报告、施工钻探资料、地基土和桩孔填料的夯击试验数据等。

2) 确定建筑物的位置，基础和桩施工布孔位置。了解施工场地的地下管线布设情况排除施工障碍。

3) 弄清工程施工技术要求及主要施工机械、配套设备的技术性能等。

4) 编制施工技术方案及相应的技术处理措施。

5) 按设计要求做好施工场地平整工作，复测基线、水准点、基础轴线，定出控制桩和各基桩的中心点（中心线和基础轴线测放误差不得大于±2mm）。

(2) 现场成孔试桩要求

1) 土和灰土挤密桩地基，施工前应在现场进行成孔试验、夯填工艺和挤密效果试验，以确定填料厚度、最优含水量、夯击次数及干密度等施工参数及质量标准。

2) 当场地土质变化较大或土的含水量≥24%或<12%，饱和度>65%时，在不同地段进行的成孔挤密试验不宜少于 2 组。成孔施工时，地基土的湿度宜接近最优含水量，当含水量低于 12% 时宜加水增湿，含水量过高时应预干处理。

3) 如需进行人工加水增湿时，应在地基处理前 4～6d 进行，宜采用表层水畦和深层浸水孔相结合的方法进行。深层浸水孔每隔 1～2m 左右打 $\phi 8cm$ 的洛阳铲孔或钻孔，其深度为预计浸水深度的 3/4 左右，孔内填入小石子或砾砂；水畦深 0.3～0.5m，底面铺 2～3cm 厚的小石子并与深孔口相通，浸水后 1～3d（冬季稍长）即可开始施工。

4) 人工定量预浸水的需水量 Q 可按式 (3-5)、(3-6) 估算：

$$Q = V\bar{\rho}_d(w_{op} - \bar{w})k \tag{3-5}$$

式中　Q——预浸水总量（m³）；

k——损耗系数，取 1.05～1.10，冬期取低值，夏期取高值；

$\bar{\rho}_d$——浸水范围内土的天然干密度平均值（t/m³）；

V——拟加固土浸水范围内土的总体积（m³）；

w_{op}——土的最优含水量（%），由击实试验求得，无数据时可取用 $0.6w_L$ 或 w_p + 2%，粉土可取 14%～18%；

$\overline{w}$——浸水范围内的天然含水量平均值（%）；

w_L、w_p——分别为土的塑限、液限。

$$Q_o = 0.016 A_p l (w_{op} - \overline{w}) \tag{3-6}$$

Q_o——每平方米面积内的加水量（m^3）；

A_p——每平方米面积内的桩面积（m^3）；

l——桩长（m）。

2.1.3 锤击沉管成孔施工

（1）施工机械

施工机械的组成一般由成孔设备和夯实机具组成。

成孔方法有锤击成孔、振动沉管成孔、冲击成孔、爆扩成孔及人工成孔等方法。相应的成孔设备有液压式履带打桩机、柴油打桩机、自制锤击式打桩机、振冲钻机或洛阳铲等如图3-5所示。

夯实机具有偏心轮夹杆式夯实机和卷扬机提升式夯实机两种，工程中后者应用较多。如图3-6所示。

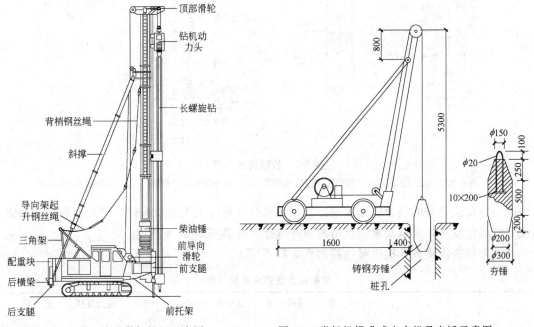

图3-5 液压式履带打桩机示意图　　图3-6 卷扬机提升式夯实机及夯锤示意图

1）桩架：是打桩、压桩等施工机械的重要组成部分，夯锤、振锤、钻杆、沉管、桩体等主要依附于桩架方可实施工作。它的主要作用是将桩体、桩锤提升，并在打入过程中引导桩体的方向，使桩锤正常工作。桩架的类型主要有履带式、步履式、滚筒式及轨道式，履带式桩架适用于大型地基基础工程施工，步履式、滚筒式桩架适用于中小型工程的施工。桩架选用的条件，主要是能够满足一根桩或一根套管的施工长度要求，以及所需索具数量的要求。

2）桩锤：有落锤、气锤、柴油锤、液压锤等，主要用于打桩，其构造示意如图3-7所示。打桩时由桩锤的上举下落将桩沉入土中，桩锤过小不易沉桩，桩锤过大容易将桩顶

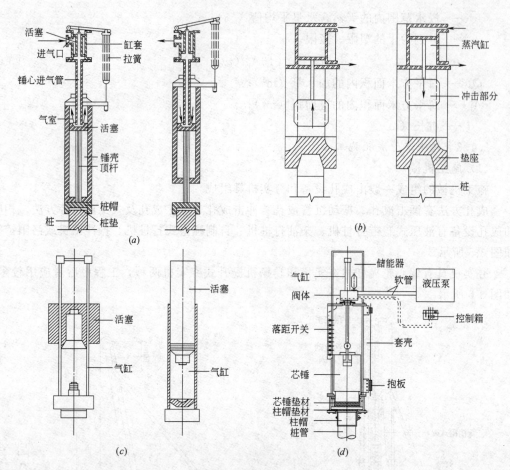

图 3-7 桩锤构造示意

(a) 单动气锤构造示意图；(b) 双动气锤构造示意图；(c) 柴油锤构造示意图；(d) 液压锤构造示意图

击碎，因此应合理的选择桩锤重量。选择锤重时应根据工程地质条件、桩的类别、桩的强度和桩的密度等因素以及重锤低击的原则选择，可参照表 3-14 选用。

常用锤击沉管成孔机机械性能如表 3-13 所示。

常用锤击沉管成孔机性能　　　　　表 3-13

名　称	功　率	锤重(t)	落锤高度(cm)	拔管倒打冲程(cm)	桩架高(m)	桩管直径(mm)	桩管长(m)
蒸汽打桩机	蒸发量(t/h)	1 2.55 3.5	40～60	23～30	30～34	320 480	23
电动落锤打桩机	卷扬机 23kW	0.75～1.5	100～200	23～30	15～17	320	10～12
柴油机自由落锤打桩机	40 马力	0.75	100～200	23～30	13～17	320	11～15
柴油锤打桩机 D1-12 D2-18 D3-25	柴油耗量 9L/h 18.2L/h	1.2 1.8 2.5	250			273 320	6～8 10～15

桩锤重量选择参考表　　　　　表 3-14

锤型		单动蒸汽锤(kN)			柴油锤(kN)				
		30~40	70	100	25	35	45	60	72
锤的动力性能	冲击部分重(kN)	30~40	55	90	25	35	45	60	72
	总重(kN)	35~45	67	110	65	72	96	150	180
	冲击力(kN)	2300	3000	3500~4000	2000~2500	2500~4000	4000~5000	5000~7000	7000~10000
	常用冲程(kN)	0.6~0.8	0.5~0.7	0.4~0.6	1.8~2.3				
适用桩规格	预制桩、预应力管桩的边长或直径(mm)	350~400	400~450	400~500	350~400	400~450	450~500	500~350	550~600
	钢管桩直径(mm)				400		600	900	900~1000
持力层	黏性土 一般进入土层深度(mm)	1~2	1.5~2.5	2~3	1.5~2.5	2~3	2.5~3.5	3~4	3~5
	黏性土 静力触探贯入阻力平均值(kN)	3	4	5	4	5	>5	>5	>5
	砂土 一般进入深度(m)	0.5~1	1~1.5	1.5~2	0.5~1.5	1.2	1.5~2.5	2~3	2.5~3.5
	砂土 标准贯入锤击数(N)	15~25	20~30	30~40	20~30	30~40	40~45	45~50	50
锤的常用控制贯入度(cm/10击)			3~5			2~3	3~5	4~8	
设计单桩极限承载力(kN)		600~1400	1500~3000	2500~4000	800~1600	2500~4000	3000~5000	5000~7000	7000~10000

3）钢制桩管：土或灰土挤密桩当使用振动或锤击打桩机成孔时，一般采用带有特制桩尖的钢制桩管，如图 3-8 所示。桩管顶部设柱帽，封头板上开有气孔，下端做成锥形约成 60°角，桩尖可以上下活动以利空气流动，减少拔管时的阻力避免坍孔。

（2）施工工艺

施工工艺包括①桩机就位—②沉管挤土—③拔管成孔—④移位灌桩四大工序。如图 3-9 所示。

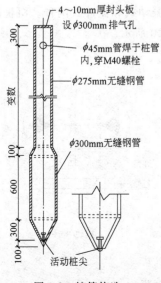

图 3-8　桩管构造

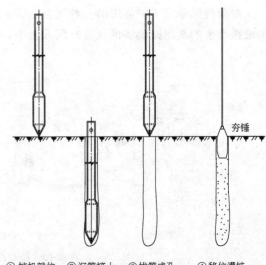

图 3-9　沉管成孔施工工艺示意图

1)桩机安装就位使其平稳。然后吊起桩管对准孔位,并在锤与管之间垫好缓冲材料,使桩管、桩尖、桩锤在同一垂线,由桩锤和桩管的自重将桩尖压入土中;

2)桩尖入土后,先采用低锤轻击或低锤重打的方法,将桩管沉入土中1~2m,检查正常后再用预定的落距、速度锤击沉管至设计标高。

打桩时成桩顺序:当沉管的速度小于1m/min时,宜由里向外施工;当桩距为2~2.5倍的桩径或桩距小于2m时,宜采用跳点、跳排的方法施工。

夯击沉管时,当桩的倾斜度超过1%~1.5%时,应拔管填孔重打。若出现桩锤回跳过高、沉桩速度慢、桩孔倾斜、桩靴损坏等情况,应及时回填挤密。每次成孔拔管后,应及时检查桩尖。

3)采用柴油锤沉桩到设计标高时,应立即关闭油门,匀速(≤1m/min,软弱层及软硬交接处应≤0.8m/min)拔管。当拔管有困难时,可用水浸湿桩管周围土层或旋活桩管后拔起。管拔出后立即测量检查孔径和深度,如发现颈缩现象可用洛阳铲扩孔或上下抽插桩管扩孔。颈缩严重时可在孔内填充干砂、生石灰、水泥、干粉煤灰和碎砖渣等材料,稍停一段时间后再将桩管沉入孔中。当采用此种方法无效时,可采用素混泥土或碎石填入缩孔孔段中,用桩管反复挤密后再在其上作土桩或灰土桩。也可用预制钢筋混凝桩打到缩颈处以下的位置,在其上作土桩或灰土桩成为两种材料的混合桩。

4)在建筑物的重要部位或土层软弱的地方,应严格控制成孔、制桩质量,认真做好记录。控制每根桩的总锤击数、总填料量和最后1m的锤击数。

施工中应注意施工安全,成孔后桩机应撤离一定的距离,并及时夯填桩孔,未夯填的桩孔不得超过10个,夯填完后在孔口加盖。

2.1.4 振动沉管法成孔施工

振动沉管法是利用沉桩机振锤的强烈振动,将特制的桩管沉入土体,振动沉管法成孔工艺顺序与锤击法相同,参见图3-9。振动沉管法成孔挤密效果稳定,是国内常用的成孔方法,它形成的孔壁光滑、规整、施工技术和挤密效果容易掌握和控制。

(1)振动桩锤

振动桩锤是施工中常用的一种沉桩(管)设备,可分为振动式和振冲式两种。沉桩时由桩锤产生的激烈振动将桩(管)沉入土中,其构造如图3-10所示。

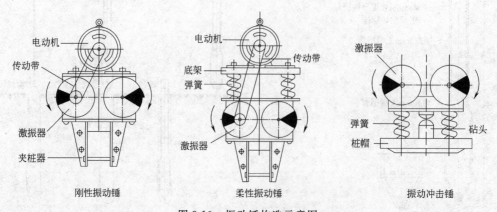

图3-10 振动锤构造示意图

振动桩锤的选择一般可根据施工机械中桩管沉入土层的摩阻力选用,即:

$$F = U_0 \sum_{n=1}^{i} \tau_i \cdot l_i \tag{3-7}$$

式中 F——桩管沉入土层的摩阻力。

U_0——套管周长（m）；

τ_i——土壤的动摩阻力（kPa），按表 3-15 选用；

l_i——对应 i 段土壤的桩长（m）。

土壤的动摩阻力 τ（kPa） 表 3-15

土 质 类 别	柱桩 τ 值			板桩 τ 值	
	木桩、钢管	钢筋混凝土桩	钢筋混凝土管桩管内挖土	轻型板桩	重型板桩
饱和砂土、软黏性土	6	7	5	12	14
饱和砂土、软黏性土，有密实的黏土层或砾石层相间	8	10	7	17	20
硬塑性黏土	15	18	10	20	25

例如：已知沉入软黏性土中的套管直径是 300mm，套管长为 12m，选择振动锤。

根据（3-7）式 $F = U_0 \sum_{n=1}^{i} \tau_i \cdot l_i$ 计算摩阻力

$U_0 = 0.3 \times \pi \approx 1$m，$\tau$ 由表 3-15 可知等于 6kPa，$l = 12$m，
则：
$$F = 1 \times 6 \times 12 = 72\text{kN}$$

可选用成都 C-2 型（振动力为 80kN）或广东 7t（振动力为 75kN）。

（2）施工要点

1）桩机就位必须平稳，不发生移动或倾斜，桩管应对准孔位。

2）沉管开始阶段应轻击慢沉，等桩管方向稳定后再按正常速度沉管。对于最先完成的 2~3 个孔、建筑物重要部位的孔位、土层有变化的地段或沉管贯入出现反常现象等的孔位均应逐孔详细记录沉管的锤击数和振动沉入时间、出现的问题和处理方法。

3）桩管沉入到设计标高后应及时拔出，不应在土中搁置时间太久，拔管困难时可采用与锤击沉管相同的方法解决或旋转沉管拔出。

常用的振动、振动冲击沉管成孔机性能见表 3-16。

常用振动、振动冲击成孔机性能 表 3-16

桩机振动力(t)	桩管沉入深度(m)	桩管外径(mm)	桩管壁厚(mm)
7~8（振动沉管）	8~10	220~273	6~8
10~15（振动沉管）	10~15	273~325	7~10
15~20（振动沉管）	15~20	325	10~12.5
40（振动沉管）	20~24	370	12.5~15
振动力 6 打击力 60（振动冲击沉管）	8~11	273	6~8

2.1.5 冲击成孔施工

（1）成孔设备

冲击成孔法是利用冲击钻机，将 0.6~3.2t 重的锥型锤头，如图 3-11 所示，提升 0.5~2m 的高度后，锤头自由下落反复冲击下沉成孔。锤头直径有 $\phi350~\phi450$mm，成孔

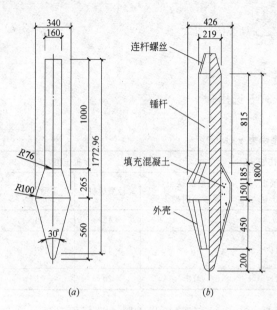

图 3-11 冲击锤头示意图
(a) φ340 冲击锤头；(b) φ426 冲击锤头

直径可达 500～600mm。成孔后分层填入土或灰土，用锤头分层击实。由于成孔深度不受桩架限制，适用于处理湿陷性厚度较大的土层。常用的冲击成孔机性能见表 3-17。

(2) 冲击成孔施工要点

1) 为防止孔口破坏、保证冲击锤头准确入土，钻机上应装有钢管导向器，壁厚应为 10mm 以上，内径略大于锤头直径。

2) 开孔时应低锤轻击，待锤头全部入土后再按正常冲程冲击，一般不宜多用高冲程以免引起塌孔、扩孔和卡锤等事故。

3) 必须准确控制松绳长度，既要少松、又要免打空锤。

4) 经常检查钢丝绳磨损情况、卡扣松紧长度、转向装置是否灵活，以免突然掉锤。

5) 钢丝绳上应有长度标志，以便观测和掌握冲孔的深度，钢丝绳的安全系数不应小于 12，长短绳的卡扣不得少于 3 个。

常用的冲击成孔机性能　　　　　表 3-17

项目 机械型号	钻机卷筒提升能力(t)	钻头最大质量(t)	钻头冲击行程(m)	冲击次数(次/min)	钻机质量(t)	行走方式
YKC-30	3.0	2.5	0.5～1.0	40、45、50	11.5	轮胎式
CZ-20	2.0	1.5	0.35～1.0	40、45、50	7.0	轮胎式
YKC-20	1.5	1.0	0.45～1.0	40、45、50	6.3	轮胎式
飞跃-22	2.0	1.5	0.5～1.0	40、45、50	8.0	轮胎式
YKC-20-2	1.2	1.0	0.3～0.7	56～58		履带自行
简易冲击机	3.5	2.2	2.0～3.0	5～10	5	走管移动

2.1.6 桩孔填料夯实

(1) 夯实机械如图 3-6 所示。

(2) 桩孔夯填施工要点

1) 桩成孔后应立即回填，填实的数量和夯填次数应按试验桩的技术数据完成。桩体的夯实质量宜用平均压实系数 $\bar{\lambda}_c$ 控制，当采用素土或灰土回填夯实时压实系数 $\bar{\lambda}_c$ 均不应小于 0.96。

2) 夯填前应检查孔径、孔深、孔的斜度、孔的中心位置、孔内有无杂物、积水和落土等是否合格。填料前应将孔底夯实，夯实次数不少于 8 击。填料的含水量应接近或等于最优含水量，定量分层夯填。填料、夯击应交错进行，均匀夯击至设计标高以上 200～300mm 时为止。

3）成孔和回填夯实的施工顺序宜间隔进行，对大型工程可采用分段施工。

4）在挤密处理地基时，基础底面以上应预留 0.7～1.0m 厚的土层，待施工结束后，将表层挤松的土挖除或分层夯实。

5）施工过程中应有专人负责监测每次填料量、填入次数、填料质量、含水量、夯击次数、夯击时间等并做好记录。

2.1.7 质量检验标准

（1）施工前应对土及土的质量、桩孔放样位置等作检查。

（2）施工中应对桩孔直径、桩孔深度、夯击次数、填料的含水量等作检查。

（3）施工后应检查成桩的质量及地基承载力。

土和灰土挤密桩地基质量检验标准见表 3-18 所示。

土和灰土挤密桩地基质量检验标准　　　　表 3-18

项目	序号	检查项目	允许偏差或允许值		检查方法
			单位	数值	
主控项目	1	桩体及桩间土干密度	设计要求		现场取样检查
	2	桩长	mm	+500	测桩管长度或垂球测孔深
	3	地基承载力	设计要求		按规定方法
	4	桩径	mm	−20	用钢尺量
一般项目	1	土料有机质含量	%	≤5	实验室焙烧法
	2	石灰粒径	mm	≤5	筛分法
	3	桩位偏差		满堂布桩≤0.40D 条基布桩≤0.25D	用钢尺量，D 为桩径
	4	竖直度	%	≤1.5	用经纬仪测桩管
	5	桩径	mm	−20	用钢尺量

注：桩径允许偏差负值是指个别断面

2.2 砂石桩法

2.2.1 砂石桩的适用范围与基本要求

（1）适用范围

砂石桩法主要适用于挤密松散砂土、素填土、杂填土等地基。对于饱和的黏性土地基不以变形为主要控制条件的工程，也可采用砂石桩置换处理。

（2）基本要求

1）加固范围：砂石桩挤密地基的宽度应超出基础宽度，每边放宽不应少于 1～3 排砂桩；砂石桩为防止土层液化时，每边放宽不宜小于处理深度的 1/2，并不应小于 5m；当可液化土层上覆盖厚度大于 3m 的非液化土层时，每边放宽不小于液化土层厚度的 1/2，并不小于 3m。

2）桩孔内所填砂石量要求：

孔内的填砂量应满足下式要求

$$S=\frac{A_\mathrm{p} l d_\mathrm{s}}{1+e_1}(1+w) \tag{3-8}$$

式中　S——所填砂石量（t）；

A_p——砂石桩的截面积（m^2）；

l——桩长（m）；

d_s——砂石料的相对密度（相对密度）；

w——砂石料的含水量；

e_1——砂石桩的孔隙比。

3）对桩身材料的要求：施工时砂的含水量应根据成桩方法和现场原天然地基的含水量综合确定。

在饱和土中施工时，一般采用饱和状态的砂。采用单管冲击式或振动式一次打拔管成桩或复打桩时，使用饱和砂；在非饱和且能形成直立桩孔孔壁的土层中，用捣实法施工或采用双管冲击式、单管振动式重复压拔管成桩时，使用含水量为7%~9%的砂。

在饱和土中施工时也可使用天然湿度砂或干砂。

在软弱黏性土层中，因土体对砂桩的约束力偏小，可选用砂和角砾混合料，以增大桩体的摩擦角，但不宜含有粒径大于50mm的颗粒。

为了有利于排水，同时保证桩身有足够的强度，砂料中粒径小于0.005mm的颗粒含量不得超过5%。

2.2.2 砂桩的施工

砂桩的施工方法和相应的施工机械很多，可根据施工条件选用。常用的施工方法有振动成桩法、冲击成桩法和振动水冲法。常用的打桩机技术性能如表3-19所示。

常用打桩机技术性能 表3-19

分类	型号名称	技术性能		使用桩孔直径（cm）	最大桩孔深度（m）	备注
		锤重(t)	落距(cm)			
柴油打桩机	D1-6	0.6	187	30~35	5~6.5	安装在拖拉机或履带式吊车上行走
	D1-12	1.2	170	35~45	6~7	
	D1-18	1.8	210	45~57	6~8	
	D1-25	2.5	250	50~60	7~9	
电动落锤打桩机		0.75~1.5	100~200	28~45	6~7	
振动打桩机	70-80振动打桩机	激振力70~80kN		30~35	5~6	安装在拖拉机或履带式吊车上行走
	100-150振动打桩机	激振力100~150kN		35~40	6~7	
	150-200振动打桩机	激振力150~200kN		40~50	7~8	
	ZJ40	激振力230~260kN		35~40	18	
	ZJ60	激振力280~345kN		40~50	25	
	DZ25	激振力550kN		40~50	25	
冲击成孔机	YKC-30	卷筒提升力(kN)	冲击锤重(kN)	50~60	>10	轮胎式行走
		30	25			
	YKC-20	15	10	40~50	>10	

（1）振动成桩法施工机具

振动沉管机主要包括桩架、振动机、料斗、振动套管、桩头活瓣、减震器等组件。如图3-12所示。桩头活瓣如图3-13所示。振动锤参见图3-10所示。

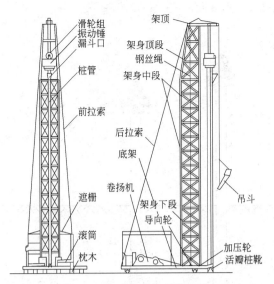 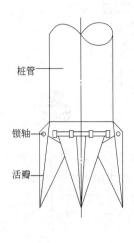

图 3-12 振动沉管机具示意图　　　　图 3-13 桩靴活瓣示意图

（2）振动成桩法施工工艺

目前振动挤密砂桩的成桩工艺有三种：一次拔管成桩法、逐步拔管成桩法、重复压管成桩法。工艺流程如图 3-14 所示。

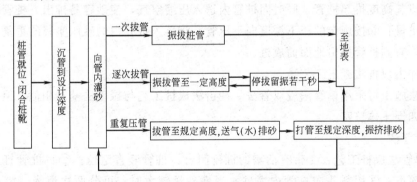

图 3-14 振动沉管施工砂桩工艺流程图

1）一次拔管法施工工艺：①在地面上将砂石桩钢套管准确定位；②开动置于套管顶部的振动机将套管打入土中设计深度；③由设在套管上部的送料斗向管内投入一定量的砂石料；④将套管向上拔拉一定高度，套管内的砂石被压缩空气从套管底部压出；⑤将套管下沉并振动，使排出的砂振密并挤密周围的土体。重复以上步骤直至地面，形成挤密砂石桩。如图 3-15 所示。

施工过程中要求控制每次投入的砂石量、套管提升高度和速度、挤压次数和时间以及电机的工作电流等，以保证桩体均匀和桩身的连续性。

2）逐次拔管法施工工艺：①桩靴闭合，桩管竖直就位；②将桩管沉入土中达到设计深度；③将料斗插入桩管，向桩管内灌砂；④边振动边拔出桩管，每拔出一定长度，应停拔留振若干秒，如此反复进行，直到桩管拔出到地面成桩。

3）重复压管施工工艺：①桩管竖直就位；②将桩管沉入土中达到设计深度，如果桩管下沉速度慢，可利用桩管下段喷射嘴喷水，加快下沉速度；③用漏斗向桩管内灌砂；④

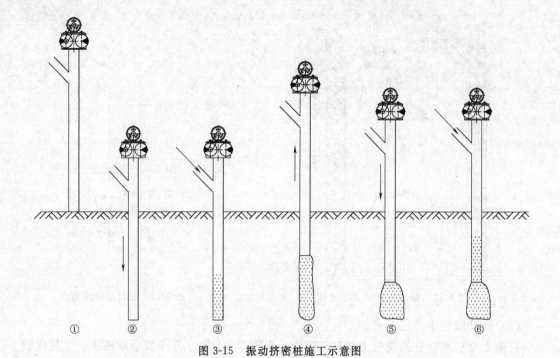

图 3-15 振动挤密桩施工示意图

按规定的拔起高度拔起桩管,同时向桩管内送入压缩空气,使砂容易排出,桩管拔起后核定砂的排出量;⑤按规定的压下深度向下压管,将落入桩孔内的砂压实;⑥重复进行③~⑤的工序,直到桩管拔出地面而成桩。

(3) 冲击成桩法施工工艺

冲击法施工可采用单管法或双管法。冲击法成桩工艺与振动法基本相似,但不是依靠振动器将四周土体挤密。

1) 单管法

A. 单管法成桩工艺:①带有活瓣的桩靴闭合,桩管竖直定位;②将桩管打入土层中直至设计深度;③用料斗向桩管内灌砂,当灌砂量较大时,可分两次灌入,第一次灌至2/3,将桩管从土中拔起一半长度后再灌入剩余的1/3;④按规定的拔出速度,从土中拔出桩管即可成桩。如图3-16所示。

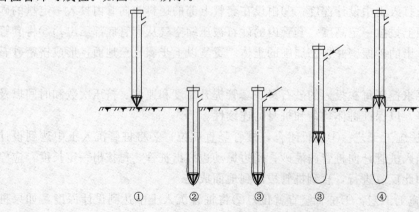

图 3-16 单管冲击成桩示意图

B. 单管法成桩的质量保证措施：

为保证桩身的连续性，拔管的速度不能过快，可根据实验确定。在一般土质条件下拔管速度应控制在每分钟 1.5~3.0m 的范围内。

为保证单管法施工的桩身直径满足设计要求，应控制灌砂量。当灌砂量达不到设计要求时，应在原位再次沉下桩管灌砂进行复打或在旁边补打一根砂桩。

2）双管法

A. 双管成桩工艺（如图 3-17 所示）：①双管法施工时首先应准确固定桩位；②将底端封闭的内管和底端开口的外管套在一起同时打入土中至设计标高处；③拔起内管后向外管内灌入砂石；④将内管放入外管内的砂石面上，提起外管使两管底面平齐；⑤锤击内、外管共同打下将砂石压实，形成一段直径大于管径的砂石桩；⑥重复上述步骤直至完成整根桩。

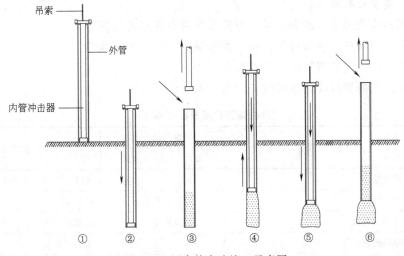

图 3-17 锤击挤密法施工示意图

B. 质量保证措施：

双管法施工中，在进行到第⑤工序时，宜按贯入度进行控制，这样可以保证砂桩桩体的连续性、密实性、周围土体的均匀性。该工艺在有淤泥夹层的土中能保证成桩，不会发生塌孔和颈缩现象，且成桩质量好。

(4) 砂桩法施工要点

1）正式施工前应进行成桩试验，试验桩的数量应不少于7~9根，以验证试验参数的合理性（包括施工工艺、施工控制要求、填料量、提升高度及速度、挤压时间等）。如不能满足设计要求时，应会同设计单位予以调整。正三角形布桩时至少7根（中间一根，周围6根）正方形布桩时至少9根（3排3列，每排每列3根）。

2）正式施工时要严格按照设计提出的桩长、桩距、桩径、灌砂量以及试验确定的桩管的打拔速度和高度、挤压次数、留振时间、电机的工作电流等技术参数进行施工，以确保挤压均匀和桩身的连续性。

3）保证桩架设备平稳，导向架与地面垂直，且垂直偏差不应大于1.5%。成孔中心与设计桩芯偏差不应大于50mm，桩径偏差控制在−20mm以内，桩长偏差不大于100mm。

4) 振动法成桩的振动力以 30～70kN 为宜，不应太大，以免过分扰动土体。拔管速度不宜过快可根据现场试验确定，一般控制在 1～1.5m/min 范围内。

5) 灌砂石时含水量应加以控制，对饱和土层砂石可采用饱和状态；对非饱和土、杂填土或能形成直立桩孔壁的土层，含水量可取 7%～9%。

6) 砂石桩实际灌填量（不含水）不得少于设计值的 95%。如发现砂石灌填量不足或砂石桩中断等情况，应在原位进行复打。

7) 打砂石桩时地基表面会产生地表松动或隆起，因此砂石桩施工标高要比基础底面高 1～2m，以便在开挖基坑时消除表面松土。

8) 砂石桩的施工顺序应由外围或两侧向中间进行，以挤密为主的砂石桩宜隔排进行，最后几排桩沉桩困难时可适当增大桩距。在淤泥质黏性土地基中，宜从中间向外围施工。

2.2.3 质量检验标准

1) 施工前应检验砂料的含泥量、有机质含量及样桩的位置等。
2) 施工中应检查每根砂桩的桩位、灌砂量、标高、竖直度等。
3) 施工结束，应检测加固后的地基承载力。
4) 砂桩地基的质量检验标准应符合表 3-20 的规定。

砂桩地基的质量检验标准　　　　　表 3-20

项目	序号	检查项目	允许偏差或允许值		检查方法
			单位	数值	
主控项目	1	灌砂量	%	≥95	实际用砂量与计算体积比
	2	地基强度		设计要求	按规定方法
	3	地基承载力		设计要求	按规定方法
一般项目	1	砂料的含泥量	%	≤3	实验室测定
	2	砂料有机质含量	%	≤5	焙烧法
	3	桩位	mm	≤50	用钢尺量
	4	砂桩标高	mm	±150	水准仪
	5	竖直度	%	≤1.5	经纬仪检查桩管竖直度

砂石桩挤密效果检验数量不应少于桩总数的 2%，检查结果如有占检测总数 10% 的桩未达到设计要求时，应采取加桩或其他措施。

进行质量检查的间隔时间，对饱和黏性土宜为 1～2 周，对其他土可在施工后 3～5 天进行。

课题 3　振　冲　法

3.1　振冲法概述

振冲法的主要施工设备包括振冲器和射水泵等。振冲器在吊机上就位后，启动电机和射水泵，在高频振动和高压水的联合作用下，振冲器下沉到设计标高。振动作用能有效地增加接近饱和状态和饱和状态的非密实砂土的相对密度。振冲器在砂土中振动时，使其周围的砂土液化，液化后的土粒在重力和上部覆盖土层压力以及填料的挤压作用下，土粒结构重新排列，土的孔隙比减小，从而增加了土的密实度。振冲挤密后的砂土地基，不仅提高了地基承载力和变形模量，而且使砂土预先经历人工液化，提高了砂土的抗震能力。

振冲法按加固机理和效果不同，分为振冲置换法和振冲密实法两类。

振冲置换法：是在地基土中借助振冲器成孔，振密置换填料，形成以碎石、砾石等散粒材料组成的桩体，与原地基土一起构成复合地基使地基承载力提高，减小沉降，故又称为振冲置换碎石桩法。

振冲密实法：是利用振动和高压水使砂层液化，砂土颗粒相互挤密，重新排列，孔隙减少，从而提高地基承载力和抗液化能力，故又称为振冲挤密砂桩法。

3.2 振冲法适用范围及要求

3.2.1 适用范围

（1）振冲密实法：适用于处理疏松砂土和粉土等地基。不加填料的振冲密实法仅适用于处理黏粒含量小于10%的粗砂、中砂等地基。

（2）振冲置换法：适用于处理不排水抗剪强度大于20kPa的黏性土、粉土、饱和黄土和人工填土等地基。在不排水抗剪强度小于20kPa的软土中，碎石桩无法成形，不能采用此法。

3.2.2 基本要求

（1）处理范围

振冲法的处理范围应根据建筑物的重要性和场地条件确定，处理的地基宽度一般大于基础底面的宽度。

1）振冲密实法处理地基时，从基础的外边缘每边放宽不小于5m。

2）振冲置换法处理地基时，一般地基从基础的外边缘向每边扩大1～2排桩；可液化地基向外每边扩大2～4排桩。

（2）加固深度

1）当相对硬层的埋置深度不大时，应按相对硬层埋深确定桩长；

2）当相对硬层埋置深度较大时，应按建筑地基的变形允许值确定。桩长不宜短于4m，也不宜大于18m。在可液化地基中，桩长应按设计要求的抗震处理深度确定；

3）当液化土层不厚时，振冲密实法的振冲深度应穿过可液化土层；

4）用于加固抗滑移稳定的地基，应深入到最低滑动面1.0m以上。

（3）桩孔的直径

振冲桩的平均直径可按每根桩所用的填料量计算。通常取0.8～1.2m。30kW功率的振冲器制成的碎石桩径约为0.8m，75kW功率的振冲器制成的碎石桩径可达0.9～1.5m。

3.3 振冲法施工

3.3.1 施工机具及配套设备

振冲法施工的主要设备是振冲器，起重设备、供水泵、填料设备、电控系统、排浆泵电缆、胶管等机具。

(1) 振冲器：类似于插入式混凝土振捣器，由潜水电机、偏心块和通水管三大部分组成。工作原理是利用电机旋转一组偏心块，产生一定频率和振幅的水平向振动力，高压水通过空心竖轴从振动器下端的喷水口喷出。振冲器示意图如图 3-18 所示。我国振冲器主要技术指标及型号见表 3-21。

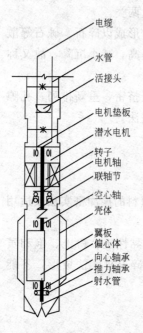

图 3-18 振冲器示意图

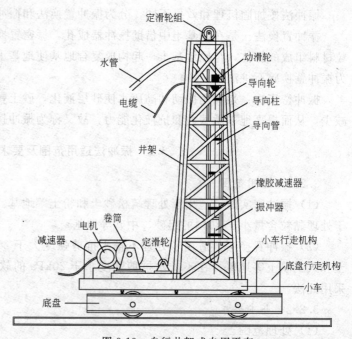

图 3-19 自行井架式专用平车

我国振冲器主要技术指标及型号　　　　　　表 3-21

项目	型号	ZCQ-13	ZCQ-30	ZCQ-55	BL-75
潜水电体	功率(kW)	13	30	55	75
	转数(r/min)	1450	1450	1450	1450
振动体	偏心距(cm)	5.2	5.7	7.0	7.2
	激振力(kN)	35	90	200	160
	振幅(mm)	4.2	5.0	6.0	3.5
	加速度(g)	4.3	12	14	10
振冲器外径(mm)		274	351	450	427
全长(mm)		1600	1935	2500	3000
总重(kg)		780	940	1600	2050

(2) 起吊设备：可用汽车吊、履带吊和自行—架式专用平车等来操作振冲器的起落，自行井架式专用平车如图 3-19 所示。吊车的起吊力，30kW 的振冲器应大于 50～100kN；75kW 的振冲器应大于 100～200kN；即用振冲器的总量乘以一个 5 左右的放大系数来确定起吊设备的起吊力。

(3) 供水泵：供水泵要求压力为 200～600kPa，供水量为 200～400L/min 左右。每台振冲器配置一台水泵，如有多台振冲器同时施工，可采用集中供水的方法。

(4) 填料设备：常用装载机、柴油小翻斗车和人力车等。30kW的振冲器配置0.5m³以上的装载机，75kW振冲器配置1.0m³以上的装载机为宜。

(5) 电控系统：施工现场应配有380V的工业电源，低于350V时应停止施工。一台30kW振冲器，需配48～60kW柴油发电机，发电机的输出功率要大于振冲电机额定功率的1.5～2.0倍，振冲器才能正常工作。另外还需要控制电流操作台、150A电流表、500V电压表等设备。

(6) 排浆泵：应根据排浆量和排浆距离选用。

3.3.2 施工前准备

(1) 施工前的准备工作包括收集资料，掌握现场的水文地质资料，熟悉图纸和施工技术；

(2) 平整场地达到三通一平；放线布桩确定打桩方法；布置现场的堆料及排污沟等工作。

(3) 振冲法成孔顺序一般有帷幕法、排孔法、跳打法等，如图3-20所示。可根据具体情况选用。

1) 帷幕法：适用于大面积满堂布桩工程，先完成外圈2～3圈（排），然后完成内圈，采用隔一圈成一圈的跳打法，逐渐向中心区收缩。如图3-20 (a) 所示。

2) 排孔法：施工时根据布桩平面，从一端开始依照相邻桩顺序成桩到另一端。如图3-20 (b) 所示。

3) 跳打法：同一排孔采用隔一桩打一桩，并隔排成孔。如图3-20 (c) 所示。

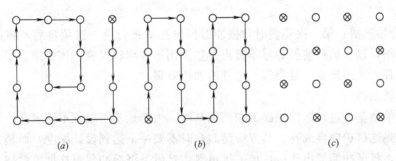

图 3-20 振冲法成孔顺序
(a) 帷幕法；(b) 排孔法；(c) 跳打法

3.3.3 振冲法施工

(1) 振冲法施工工艺（如图3-21所示）：①振冲器定位：振冲器用吊车就位，使振冲器对准桩位，误差应小于10mm；②振冲开孔：启动电动机和高压射水泵，在高频振动和高压射水的共同作用下使振冲器下沉，下沉速度控制为1.0～2.0m/min，水压控制为200～600kPa，水量控制为200～400L/min；③注水清孔：振冲器沉入土中到设计深度以上0.3～0.5m处留振30s，然后提升振冲器至井口，重复下沉提升1～2次用循环水带出孔中较稠的泥浆进行清孔；④边振边提：清孔后向孔内逐段填入砂石料，一边喷水一边振动使填料密实，达到"密实电流"为止，表明填料已经振实。逐段填料振密，逐段提升振冲器，每次振冲器上提0.3～0.5m；⑤完成制桩：重复"④"步骤直至地面形成砂石桩。

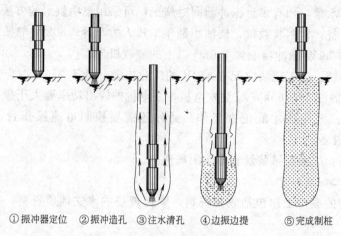

①振冲器定位 ②振冲造孔 ③注水清孔 ④边振边提 ⑤完成制桩

图 3-21 振冲置换法施工工艺

(2) 振填法的填料方法

1) 连续填料法：在桩点上布置钢护筒，振冲器在钢护筒内下沉。填料时在振冲器振动作用下，依靠自重沿护壁筒下沉到桩底，边振动边提升振冲器。该法由于振冲器不提出孔，制桩效率高，桩体密实度均匀，施工简单，操作方便适合机械化施工。但在施工振动中由于水的扰动，在桩底部形成松软的扰动区，桩底填料不易振实，影响加固质量。

2) 间断填料法：成孔后将振冲器提出孔口，直接往孔内填料，然后将振冲器重新放入孔内振密填料，每次填料都将振冲器提出孔口。该法由于多次提出振冲器，操作繁琐，制桩效率低，容易漏振造成桩体密实度不均匀。但适合人工推车填料，并可估算每段的填料量。

3) 综合填料法：第一次填料时将振冲器提出孔口进行第一次填料后，将振冲器放入孔内振密填料，以后填料使振冲器不提出孔口采用连续填料振密。该法综合了上述两种方法可避免两种方法的缺点，且提高了地基的加固效果。

(3) 护壁制桩

在较软的地基上进行振冲法施工加固地基时，由于地基土较软不易成孔，容易造成塌孔，所以应先进行护壁再成孔。其方法是制孔时不要一下达到设计深度，而是先到达软土层上部范围，将振冲器提出孔口，加一批填料，然后下沉振冲器将这批填料挤入孔壁，使此段土的孔壁加强，以防塌孔。然后再使振冲器下降到下一段软土中，用同样的方法进行填料护壁，如此进行直至设计深度。护壁完成后，就可进行填料制桩。

(4) 振冲法施工要点

1) 施工前应先进行振冲试桩，以确定成孔时的水压、水量、速度及填料方法、桩密实时的密实电流、填料量和振留时间等技术参数。一般控制标准为：密实电流不小于 50A；填料量为每米桩长不小于 $0.6m^3$，且每次填料量控制在 $0.2～0.35m^3$；振留时间为 30～60s。

2) 当土层中夹有硬土层时应适当进行扩孔，在该硬层范围内，每深入 1m 应停留扩孔 5～10s，达到深度后振冲器往返提升 1～2 次进行扩孔使孔径扩大以便填料。

3) 成孔后，若返水中含泥量过高或孔口被淤泥堵塞及孔中有强度较高的黏性土，导致成孔直径小时，一般需要清孔。将振冲器提至井口再沉下，重复下沉提升 1～2 次，用循环水带出孔中较稠的泥浆进行清孔。

4) 振冲挤密成孔过程中要控制水压、水量，一般来说，对于强度较低的软土水压要小一些，反之水压要大一些。在成孔过程中水压可控制在 200~600kPa，水量和水压应尽可能的大，当接近设计加固深度时，要降低水压以免破坏桩底土体。加料振密过程中，水量和水压均宜小一些。

5) 填料时要坚持"少填勤填"的方法，即加料要勤，注意每次填入的料不宜过多，控制填料在桩孔内的堆高在 0.5m 左右，体积约为 0.15~0.5m³。

6) 振冲置换法将一定量填料倒入孔内后，将振冲器放入孔内填料中，进行振密，此时电流随填料的振密而升高，必须超过规定的密实电流，否则应继续向孔内加填料振密。记录此深度的最终电流量和填料量。将振冲器提出井口重复填料、记录，直至成桩。

7) 振冲法施工质量保证的关键是控制密实电流、填料的数量和留振的时间三项指标。对粒径控制的目的是确保振冲的效果和效率，粒径过大，在边振边填过程中难以落入孔内，粒径过细小，在空孔中沉入速度太慢，不易振密。控制电流和留振时间主要是控制振密的效果。

3.4 振冲法质量检验

(1) 施工前应检查振冲器的性能，电流表、电压表的准确度，及填料的性能。

(2) 施工中应检查密实电流、供水压力、供水量、填料量、孔底留振时间、振冲点位置、振冲器施工参数等（施工参数由振冲试验或设计确定）。

(3) 振冲法施工对原土结构造成扰动，强度降低。因此质量检验应在施工结束后间歇一定时间，对砂土地基间隔 1~2 周，黏性土地基间隔 3~4 周，对粉土、杂填土地基间隔 2~3 周，桩顶部位因为周围约束力小，密实度较难达到要求，检验取样应考虑到此因素。

(4) 对振冲密实法加固的砂土地基，如不加填料，主要检验地基的密实度，可用标准贯入、动力触探等方法进行，但选点应在具有代表性的地段，宜由设计、施工、监理（或业主方）共同确定位置后进行检查，并满足表 3-22 标准要求。

振冲地基质量检验标准　　　　　　表 3-22

项目	序号	检查项目	允许偏差或允许值		检查方法
			单位	数值	
主控项目	1	填料粒径	设计要求		抽样检查
	2	密实电流（黏性土）	A	50~55	电流表读数
		密实电流（黏性土或粉土） （以上为功率 30kW 振冲器）	A	40~50	
		密实电流（其他类型振冲器）	A_0	1.5~2.0	电流表读数 A_0 为空振电流
	3	地基承载力	设计要求		按规定方法
一般项目	1	填料含泥量	%	<5	抽样检查
	2	振冲器喷水中心与孔径中心偏差	mm	≤50	用钢尺量
	3	成孔中心与设计孔位中心偏差	mm	≤100	用钢尺量
	4	桩体直径	mm	<50	用钢尺量
	5	孔深	mm	±200	量钻杆或重锤测

(5) 检查数量：对单桩静载试验，试验时用的圆形板直径应和桩的直径相同。检查数量为桩数的 0.5%，且不得少于 3 根。

(6) 对于单桩复合地基或多桩复合地基静载试验，检验点应选择在具有代表性或土质较差的地段，检验点不应少于总桩数的 0.5%，且每个单体工程不应少于 3 点。

(7) 对黏性土或粉土，宜采用静力触探、标准贯入试验，每一建筑地段不宜少于 3 孔，深度宜大于地基加固深度。

(8) 对不加填料振冲加密处理的砂土地基，竣工验收承载力检验应采用标准贯入、动力触探、荷载试验或其他合适的试验方法。检验点应选择在具有代表性或地基土质较差的地段，并应位于振冲点围成的单元形心及振冲点中心处。检验数量为振冲点数的 1%，总数不应少于 5 点。

(9) 对于砂土或黏性土地基中的碎石桩的检验，用动力触探试验方法判定碎石桩的密实度。

课题 4 强 夯 法

4.1 概 述

对地基土的碾压与夯实，最早使用的方法多是机械碾压、振动压实、重锤夯实等。这些方法所使用机械设备的能量相对都较小，因此压实、夯实的影响深度都较小，一般在 1.5m 以内。后来在 20 世纪 60 年代由法国一家技术公司创立了强夯法，该法采用高能量的夯击作用改变原地基土的压实机理，使夯击密实的影响深度及效果有了很大的提高。

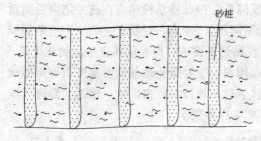

图 3-22 预作砂桩示意图

为了达到较好的夯实效果，可考虑预先在土中设置沙井，再进行强夯，如图 3-22 所示。或者采用动力置换，该法是先在软土上面做砂垫层，然后在夯坑中填入砂石等填料，再将填料夯成粗短的砂石桩（长度可达 4m 以上），通过砂石井排除土中孔隙水，便于土体的动力固结。如图 3-23 所示。

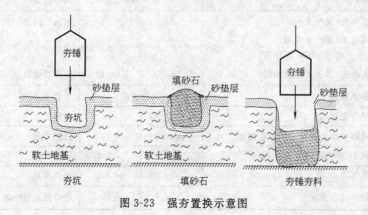

图 3-23 强夯置换示意图

强夯法主要适用于处理碎石土、砂土、低饱和度的粉土及黏性土、湿陷性黄土、杂填土、素填土等地基；对高饱和度的粉土及黏性土地基，当采用在夯坑内回填碎石等粗颗粒材料进行强夯置换时，应通过现场试验确定其适用性。

4.2 强夯法施工

4.2.1 强夯施工机械

强夯法的施工机械设备很简单，主要由夯锤、起重机、自动脱钩装置三部分组成。

(1) 起重机

强夯法的起重机多采用履带式起重机，这种起重机在强夯施工时的稳定性较好。但需在臂杆的端部设置辅助门架，以防止起重机所吊夯锤在空中自动脱钩时发生机架倾斜。如图 3-24 所示。当直接用钢丝绳起吊夯锤时，起重机械的起重能力应大于夯锤的 3～4 倍；当采用自动脱钩装置时，起重能力应大于 1.5 倍的锤重。

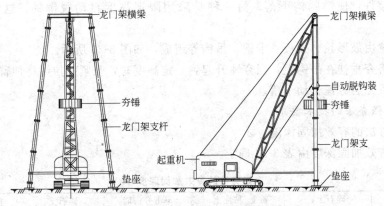

图 3-24 履带式起重机加钢制龙门架

(2) 夯锤

夯锤的使用频率很高，制作夯锤的材料要求坚固、耐久、不变性、不破损，一般采用铸铁材料制作，也可用厚钢板焊接，内部浇筑混凝土制成，如图 3-25 所示。锤重的大小与所需加固的地基土质、加固深度与落锤的距离等因素有关。我国常采用的夯锤重量为 100～250kN，锤底形状宜采用圆形，在使用过程中圆形定位方便，稳定性和重合性好，因此应用较广泛。锤底面积宜按土的性质确定，对砂土和碎石土、黄土一般取锤底面积为 3～4m²，对黏性土锤底面积不宜小于 6m²，10t 夯锤底面积一般为 4.5m²，15t 夯锤一般

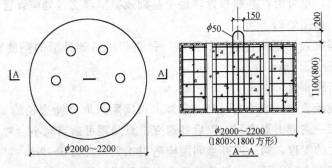

图 3-25 混凝土夯锤示意图

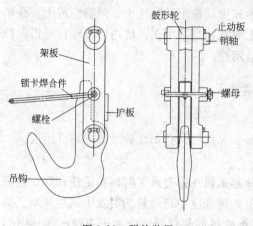
为 $6m^2$。锤底静接地压力值可取 100～200kPa，对于细颗粒土，锤底静压力的取值宜小一些。锤底面应对称设置若干个与顶面贯通的排气孔，其直径约为 250～300mm，其作用是当夯锤从高空下落过程中可消除气垫，并便于从夯坑中起锤。

（3）自动脱钩装置

当起重机将夯锤起吊至一定高度时，要求夯锤自动脱钩，使夯锤自由下落，夯击地面。脱钩装置应具有一定的强度，使用灵活，脱钩快速、安全。

图 3-26 脱钩装置

自动脱钩装置有两种形式，一种是利用特制的锁卡焊接件，使锤脱钩下落。另一种是采用限定高度自动脱锤锁，这种方法效果较好。

脱钩装置由鼓形轮、架板、卡锁、吊钩等组成，如图 3-26 所示。

操作时将夯垂挂在吊钩上，当夯锤升起到一定高度时，张紧的拉绳将伸臂拉转一个角度，脱钩装置开启夯锤自动下落。

4.2.2 强夯法的技术要求

（1）强夯法的有效加固深度

强夯的有效加固深度由表 3-23 确定。

强夯法的有效加固深度　　　　　　表 3-23

单击夯击能 (kN/m)	碎石土、砂土等(m)	粉土、黏性土、湿陷性黄土等(m)	单击夯击能 (kN/m)	碎石土、砂土等(m)	粉土、黏性土、湿陷性黄土等(m)
1000	5.0～6.0	4.0～5.0	4000	8.0～9.0	7.0～8.0
2000	6.0～7.0	5.0～6.0	5000	9.0～9.5	8.0～8.5
3000	7.0～8.0	6.0～7.0	6000	9.5～1.0	8.5～9.0

（2）夯点的平面布置

夯点的平面布置应根据建筑物的基底平面形状确定，常采用等边三角形、等腰三角形或正方形布置。

对大面积基础，宜采用正方形布置；对条形基础，可采用点线插档法布置；对于柱基可采用点夯法夯击，也可沿柱列线布置。每个基础或纵横墙交接处应设置对称夯点，故常采用三角形布置。如图 3-27 所示。

强夯夯击范围应大于建筑物基础的范围，每边超出基础外沿的宽度宜为处理深度的 1/3～1/2，并不宜小于 3m。

（3）夯点的间距布置

根据实际工程经验，一般情况下第一遍夯击点间距可取夯锤直径的 2.5～3.5 倍，第二遍夯击点位于第一遍夯击点之间，以后各遍夯击点间距可适当减小。对于处理深度较深或单点夯击力较大的工程，第一遍夯点间距应适当加大，宜为 5～9m；对土层较薄的砂土或回填土，第一遍夯点间距最大，以后每遍夯点间距可与第一遍相同，也可适当减小。

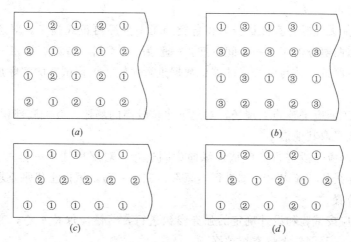

图 3-27 夯点平面布置示意图
(a) 矩形2遍布置；(b) 矩形3遍布置；(c) 三角形2遍隔排布置；
(d) 三角形2遍布置

(4) 夯击遍数

可根据地基土的性质与夯击功能及有效加固深度确定，大多数工程一般情况下可采用2～3遍，黏性土遍数可适当增加，最后再以低能量满夯两边（如图 3-27，序号为1的是第一遍夯击，第二遍与第一遍的夯距相同，置于第一遍的中间点。空白处为最后用低能量垂满夯的部位）。一般情况对颗粒较粗、渗透性较强的地基土夯击遍数可少一些，对颗粒较细、渗透性较差的地基土夯击遍数可多一些。

(5) 每一夯点的击数

每遍每一夯点的夯击次数应通过现场试夯确定，一般情况为4～8击。每点的夯击数应满足最后两击的平均夯沉量要求，即当单击夯击能小于 4000kN·m 时不应大于 50mm；单击夯击能为 4000～6000kN·m 时不应大于 100mm；当单击夯击能大于 6000kN·m 时不应大于 200mm。

(6) 间隔时间

主要取决于土中孔隙水压力的消散时间，对于砂土地基由于孔隙水压力的消散时间很短，可以连续夯击。对于渗透性较差的黏性土地基一般相隔 15～30 天为宜。

4.2.3 强夯法施工

(1) 施工准备

施工前的准备工作包括收集资料，掌握现场的水文地质资料，熟悉图纸等施工技术文档；平整场地达到三通一平；放线布置夯点位置；确定施工机具；布置施工现场。

(2) 强夯法的施工工艺顺序

①测放第一遍夯点位置、测量场地高程；②起重机械就位；③夯锤对准夯点位置；④将夯锤吊起到预定高度脱钩使夯锤自由下落夯击地面；⑤按规定的夯击次数及控制标准完成一个夯点；⑥移动到下一夯点，重复以上步骤，完成第一遍全部夯点的夯击；⑦用推土机将夯坑填平，测量场地高程；⑧按规定的间隔时间，按上述步骤完成第2遍夯击…第 n 遍夯击；⑨用低能量满夯施工场地2遍，将场地表层松土夯实，并测量场地最后高程。

(3) 施工要点

1) 施工前如无经验,宜先试夯取得各类施工参数后再正式施工。对透水性差、含水量高的土层前后两遍夯击应有一定间歇期,一般为2~4周。待试夯结束一至数周后,再对试夯场地进行测试,并与试夯前的测试数据进行比较。根据试夯的实际加固效果作适当的调整。

2) 强夯施工前应平整施工现场,对地下水位较高的场地,夯坑底部积水影响施工时,应提前降水,或采取其他措施。

3) 强夯地基应分段进行,应从边缘向中间进行。对厂房柱可一排一排的进行夯击,按起重机行驶路线从一端向另一端进行,每夯击完成一遍,用推土机平整场地,放线确定下一遍的夯点位置。

4) 夯击时应按试验和设计确定的强夯参数进行,落锤应保持平稳,夯位应准确。在每一遍夯击之后,要用新土将夯坑填平。

5) 回填土含水量应控制在最优含水量范围内,如含水量低于最优含水量,可钻孔灌水或洒水浸渗。雨期强夯时应在场地四周设置排水沟、截洪沟、防止雨水流入场内。

6) 冬期施工应清除地表冻土,夯击次数应适当增加。

7) 强夯施工中夯锤自高空中自动脱钩,以自由落体运动自由下落,冲击地面的瞬间使地面产生强烈的震动,这种强烈的震动是否影响邻近的建筑物,造成震裂危害,主要取决于地基土的性质。一般距夯击点30m以外为相对的安全区,15m以内为相对的震动区。施工时应由邻近建筑物开始夯击逐渐向远处移动。当必须在邻近建筑物附近进行强夯时,可以采用挖隔振沟的措施防止振害,因为震动波在地表面运动,采取这种可以有效减小震动的传播。

8) 做好施工记录,包括检查夯锤质量和落距,夯前夯点位置,完成后的夯坑位置,每个夯点的夯击次数、遍数等。

4.3 强夯地基质量检验标准

施工前应检查夯锤质量、尺寸、落距控制手段、排水设施及被夯地基的土质。施工中应检查落距、夯击遍数、夯点位置、夯击范围。施工结束后检查被夯地基的强度并进行承载力检验。强夯地基质量检验标准见表3-24。

强夯地基质量检验标准 表3-24

项目	序号	检查项目	允许偏差或允许值		检查方法
			单位	数值	
主控项目	1	地基强度		设计要求	按规定方法
	2	地基承载力		设计要求	按规定方法
一般项目	1	夯锤落距	mm	±300	钢索设标志
	2	锤重	kg	±100	称重
	3	夯击遍数及顺序		设计要求	计数法
	4	夯点间距	mm	±500	用钢尺量
	5	夯击范围(超出基础范围距离)		设计要求	用钢尺量
	6	前后两遍间歇时间		设计要求	

(1) 检验时间

对于碎石和砂土地基，可在结束后 7~14d 进行检查；对于低饱和度的粉土和黏性土地基，可在结束后 14~28d 进行；强夯置换地基间隔时间可取 28d。对于其他高饱和度的土，测试间隔时间应适当延长。

(2) 检验方法

强夯地基质量检验的方法，可根据土质选用原位测试和室内土工试验的方法。常用的原位测试方法有：现场十字板、动力触探、静力触探、标准贯入、旁压试验、波速试验等，可选用两种或两种以上测试方法综合确定。

(3) 检验数量

每单体工程不少于 3 点；1000m² 以上工程，每 100m² 至少应有一点；3000m² 以上工程，每 300m² 至少有一点；每一独立基础下至少应有 1 点；基槽每 20 延米应有一点。

4.4 工程案例

某石化总厂第二期扩建工程 6 万 m² 面积的素填土场地采用强夯法加固地基，夯锤质量为 10.0t，重力为 0.1MN，夯锤落距为 10m，夯锤直径为 2m，夯点按等边（4.0m）三角形布置，每夯点夯击 8 次。该工程在试夯小区三个夯点所组成的三角形面积形心以下不同深度处设孔隙水压力（u）传感器，通过测读 u 的增长和消散过程来选择行距、遍数及时间间隔。经 3 遍夯击（基本满夯），整个试夯小区地面平均沉降 0.54m，地基承载力达到 150kPa 以上，解决了该扩建工程大量中小型设备基础和道路的地基处理问题。其中包括 5000~10000m³ 油罐，加固前地基的沉降量为 0.5m，加固后只有 0.1m 左右。整个场地近几年使用效果良好。

课题 5 预压固结法

由土的固结原理可知，饱和土在受荷载作用的瞬时，荷载全部由孔隙水承受，随着时间的增长土中的孔隙水逐渐排出，土中有效应力增加，孔隙水压力减小，土中的孔隙减少土被压实。预压法就是利用这种原理，在建造建筑物之前，对建筑场地进行预压，使土体内的水排出，使场地土逐渐固结地基发生沉降，地基强度同时得以提高。

预压固结法适用于处理淤泥、淤泥质土和填冲土及饱和黏性土等软弱地基。可使地基的沉降在预压期间基本完成或大部分完成，使建筑物在使用期间不致产生过大的沉降。同时可增加地基的抗剪强度，从而提高地基的承载能力和稳定性。根据加压系统的不同，预压法可分为载入预压法和真空预压法。

5.1 载入预压法施工

加载预压法中根据排水系统的不同，有砂井加载预压法、袋装砂井载入预压法、塑料排水板载入预压法和普通载入预压法。

5.1.1 砂井载入预压法施工

对于饱和的软弱黏性土地基，采用加载预压法压密土体，须将土中的孔隙水排出，才能使土颗粒压实。由于黏性土的透水性差，排水的时间需要很长，施工进度就很慢。为了加速排水固结的时间，在软土层中，按一定的间距，采用锤击或振动下沉钢管，在钢管内灌入透水性良好的砂料形成砂井。砂井完工后再铺设 0.5~1.0m 厚的砂垫层，如图 3-28 所示。在砂垫层上堆加荷载预压，可使软土地基快速排水固结。

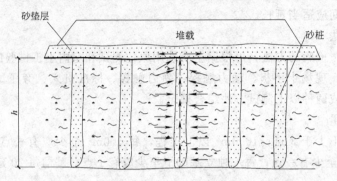

图 3-28 加载预压砂井示意图

砂井加载预压法的施工应主要控制砂井的直径、间距、长度和加固范围等，这些参数可根据固结度的要求选用。

(1) 砂井平面布置

砂井的平面布置可按等边三角形或正方形布置如图 3-29 所示。

砂井按等边三角形布置时，砂井的有效排水范围为正六边形，如图 3-29（a）；砂井按正方形排列布置时，砂井的有效排水范围为正方形，如图 3-29（b）。

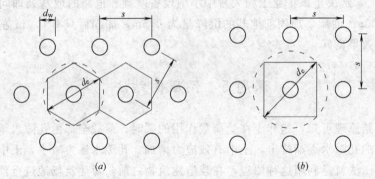

图 3-29 砂井平面布置影响范围
(a) 正三角形排列；(b) 正方形排列

一根砂井的有效排水圆柱的直径 d_e 和砂井间距 s 的关系如下式：

等边三角形布置　　　　　　　　$d_e = 1.05s$ 　　　　　　　　(3-9)

正方形布置　　　　　　　　　　$d_e = 1.13s$ 　　　　　　　　(3-10)

(2) 排水砂井的直径及间距

砂井直径和间距的确定，主要取决于黏性土层的固结特性和施工期限。实践证明加速土层固结时，缩小砂井间距比增大砂井直径的效果更好，因此砂井的直径和间距宜小而密。一般砂井的直径可取 300~500mm，砂井的间距按井径比 $d_e/d_w = 6~8$ 确定，符号如图 3-29 所示。间距如小于 5 倍，沉管施工时，会破坏软土的结构，间距大于 9 倍时，固结效果逐渐减小。砂井的设置范围应超出基础边缘以外 2~4m。

(3) 砂井的深度

砂井的深度选择应根据建筑物对地基的稳定性和变形的要求确定。从地基稳定方面考虑，砂井的深度应穿过地基土整体剪切破坏的可能滑动面，且不少于 2m。从沉降方面考虑，如压缩土层厚度不大，砂井的深度宜穿透压缩土层，若压缩土层的厚度较大，砂井的深度应根据在限定的预压时间内应消除的变形量决定。

(4) 砂井的垫层

在砂井顶面应铺设排水砂垫层，其厚度一般为 0.3～0.5m；水下施工时，其厚度一般为 1m。也可采用连通砂井的纵横砂沟代替砂垫层，砂沟的高度一般为 0.5～1.0m，砂沟的宽度为砂井直径的 2 倍。

(5) 预压加载的速率控制

预压加载排水固结法施工中应控制预压荷载的大小和加载速率。施加的预压荷载一般宜接近建筑物设计荷载值，或者超过 10%～20%。预压荷载的布置应与使用阶段大致相同。施加的预压荷载不得大于地基的极限承载能力，以免地基强度破坏而丧失稳定性。加载时，应分级增加，并控制加荷的速率，待地基在前一级荷载作用下达到一定固结度 (80%) 后再施加下一级荷载。每天沉降速率控制在 10～15mm，特别是后期施工，更应控制加荷速率。加荷的过程中要进行现场孔隙水压力、边桩位移和地面沉降的观测和控制。沉降每天不应超过 15mm，边桩水平位移每天不应超过 4mm。

(6) 砂井的施工要点

1) 砂井的施工工艺与前面介绍的砂桩施工工艺相同。

2) 砂井的砂料宜选用中粗砂，含泥量应小于 3%。灌砂时应按井孔的体积和砂在中等密实状态时的干密度计算，其实际灌砂量不得小于计算值的 95%。

3) 砂井自上而下应保持连续性，不得出现断桩、颈缩等现象。

4) 施工中应做好施工记录，特别是加载后的沉降观测，应控制每天沉降量不超过 15mm。

5.1.2 袋装砂井载入预压法施工

袋装砂井载入预压法是在普通砂井预压法的基础上发展的施工技术，采用聚丙烯或聚乙烯编织袋装满砂，形成竖向排水系统。解决了普通砂井预压法施工中存在的问题，使砂井的设计与施工更趋于合理。

(1) 袋装砂井载入预压法的特点：能保证砂井的连续性，不易混入泥土使透水性减弱；砂井截面减小，可节约大量砂料；施工速度快，工程造价低；打桩设备轻型化，更适用于软土地基。

(2) 袋装砂井的直径和间距：袋装砂井的直径一般取用 70～100mm；砂井的间距由井径比控制，即 $d_e/d_w=15～20$（d_e 为每个砂井的有效影响范围的直径，d_w 为砂井的直径）。

(3) 袋装砂井的深度：应比砂井深度深 500mm，露出井口埋入砂垫层中。

(4) 袋装砂井的成孔设备：可使用专用的成孔设备，如 EHZ-8 型袋装砂井成孔设备，一次可成 2 个孔，其技术性能见表 3-25，也可利用传统的成孔设备。

(5) 材料要求：装砂袋一般采用聚丙烯编织袋或玻璃纤维袋、黄麻片、再生布等。袋装砂一般采用中、细砂，含泥量不大于 3%。

EHZ-8 型袋装砂井打设机主要技术性能　　　　表 3-25

项次	项目	性能
1	起重机型号	W_{501}
2	直接接地压力(kPa)	94
3	间接接地压力(kPa)	30
4	振动锤激振力(kN)	86
5	激振频率(r/min)	960
6	外形尺寸(m)	长 6.4　宽 2.85　高 18.5
7	每次打设根数(根)	2
8	最大打设深度(m)	12.0
9	打设砂井间距(m)	1.2、1.4、1.6、1.8、2.0
10	成孔直径(mm)	125
11	置入砂袋直径(mm)	70
12	施工效率(根/台班)	66～80
13	适用土质	淤泥、粉质黏土、黏土、砂土、回填土

(6) 施工要点：

1) 袋装砂井施工工艺先用振动、锤击或静压方式将井管沉入土中；

2) 然后向井管中放入预先装好砂料的砂袋（也可将袋放入后再装砂）；

3) 拔出井管，砂袋填充在井孔内形成砂井；

4) 袋中所装砂料宜采用干砂，不宜采用湿砂；

5) 施工中编织袋避免暴晒老化；

6) 下放砂袋要仔细，防止砂袋破损漏砂。

5.1.3　塑料排水板载入预压法施工

塑料排水板载入预压法是将带状的塑料排水板用插板机插入软土层中，作为竖向排水体系，土中孔隙水沿排水板的沟槽上升溢出地面，加快软土的排水固结速度。

(1) 塑料排水板载入预压法特点：

1) 塑料排水板单孔过水面积大排水畅通；

2) 质量轻、强度高、不易变形、耐久性好；

3) 排水板采用机械埋设，施工效率高、速度快，可缩短地基加固周期；

4) 由于采用专用机械施工适用于大面积软弱地基工程；

5) 加固效果与袋装砂井相同，承载力可提高 70%～100%，经 100d 固结度可达 80%。加固费用比袋装砂井法节约 10%左右。

(2) 塑料排水板的构造要求

塑料排水板构造示意图如图 3-30 所示。

塑料排水板芯板为两面有间隔沟槽的板体，两面有滤膜。地下水可通过滤膜渗入到沟槽内，再通过沟槽将水排出。图 3-30 (*a*)、(*b*) 为槽形排水板，图 3-30 (*c*)、(*d*) 为多孔排水板。槽形排水板多采用聚丙烯或聚乙烯塑料板芯，聚氯乙烯芯板质地较软，延伸率大，在土压力作用下容易变形，使用较少。多孔排水板多采用耐腐蚀的涤纶丝无纺布制作。滤膜多采用耐腐蚀的涤纶衬布。常用塑料排水板的性能见表 3-26。

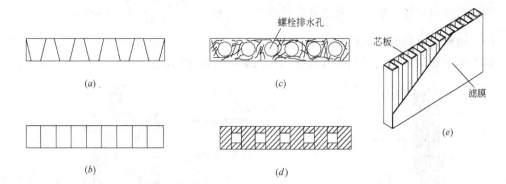

图 3-30 塑料排水板构造示意图

(a) 梯形槽塑料板；(b) 口形槽塑料板；(c) 无纺布螺栓孔排水板；(d) 硬透水膜塑料板；(e) 排水板构造

常用塑料排水板的性能   表 3-26

类型	项目		TJ-1	SPB-1	Mebra	日本大林式	Alidrain
	截面尺寸		100mm×4mm	100mm×4mm	100mm×3.5mm	100mm×1.6mm	100mm×7mm
材料	板芯		聚乙烯或聚丙烯	聚氯乙烯	聚乙烯	聚乙烯	聚乙烯或聚丙烯
	滤膜		纯涤纶	混合涤纶	合成纤维质		
	纵向沟槽数		38	38	38	10	无固定通道
	沟槽面积(mm²)		152	152	207	112	180
板芯	抗拉强度(N/cm)		210	170		270	
	180°弯曲		不脆不断	不脆不断			
滤膜	抗拉强度(N/cm)	干	>30	经42,纬27.2	107		
		饱和	25～30	经22.7,纬14.5			57
	耐磨度(N/cm)	干	87.7	52.2			54.9
		饱和	71.7	51.0			
	渗透系数(cm/s)		1×10⁻²	4.2×10⁻⁴		1.2×10⁻²	3×10⁻⁴

塑料排水板应具有良好的透水性、足够的抗压强度、抗潮湿、抗弯曲等性能。塑料排水板截面尺寸一般为 4mm×100mm。选用排水板时，将排水板截面换算成相当直径的砂井，其当量换算直径可按下式计算：

$$d_p = \alpha \frac{2(b+\delta)}{\pi} \quad (3-11)$$

式中 d_p——塑料排水板当量换算直径；

α——换算系数，当无数据时，可取 0.75～1.0；

b——塑料排水板的宽度；

δ——塑料排水板的厚度。

例如上述塑料排水板的当量换算直径则为：$d_p = 0.8 \dfrac{2(100+4)}{3.14} = 53$ mm。

(3) 塑料排水板的施工机械

施工中主要设备为插板机，其构造示意图如图 3-31 所示。

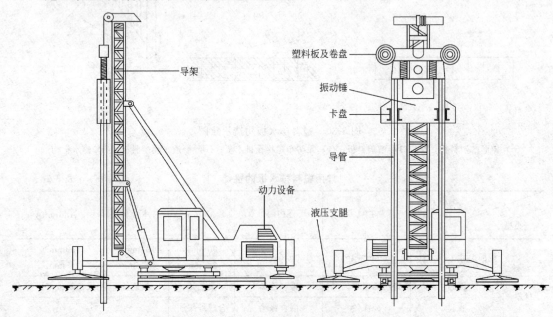

图 3-31　IJB-16 型步履式插板机构造示意图

IJB-16 型步履式插板机为国内两用打设机械，也可用于袋装砂井的施工，只是导管不同。其振动打设工艺、锤击振动力大小可根据每次打设根数、导管截面大小、入土长度、地基土质均匀程度等条件确定。一般均匀黏性土地基，振动锤击振力可参照表 3-27 选用。

振动锤击振力参考表　　　　　表 3-27

长度(m)	导管直径(mm)	振动锤击力(kN)		长度(m)	导管直径(mm)	振动锤击力(kN)	
		单管	双管			单管	双管
10	130~146	40	80	20		120	160~220
10~20	130~146	80	120~160				

(4) 塑料排水板的施工要点：

塑料排水板施工的工艺流程为①桩机定位；②将塑料排水板通过导管从管下端穿出；③塑料排水板连接桩尖，导管下端紧贴桩尖，桩尖定位；④同时打入导管与塑料排水板；⑤拔出导管；⑥剪断塑料排水板。

塑料排水板与桩尖的连接要牢固，防止拔管时脱离将排水板带出。

严格控制塑料排水板布置间距和打设深度，平面井距偏差不应大于井径，竖直度偏差不应大于 1.5%。

塑料排水板需接长时，为减小板与导管的阻力，应采用滤水膜内平搭接的连接方法，搭接长度应大于 200mm，以保证输水畅通和足够的搭接强度。

5.2 真空预压法施工

5.2.1 概述

施工时将场地表面平整，在地面铺设一层透水性能良好的砂垫层，并在砂垫层上覆盖不透气的薄膜材料如橡皮布、塑料布、黏土膏、沥青等。然后用射流泵抽气，使透水材料中保持较高的真空度，使土体排水固结。真空预压法设备及布置示意图如图3-32所示。是由袋装砂井或塑料排水板、排水管线、汇水垫层、不透气的薄膜以及真空装置等成套设备组成。真空预压法处理地基时需要设置排水砂井，否则地表密封膜下的真空度难以传到地基深处，从而达不到预压的效果。砂井的设置与加载预压法相同，采用细而密的井孔效果较好。宜采用中砂且其渗透系数大于$1\times10^{-2}\mathrm{cm/s}$。

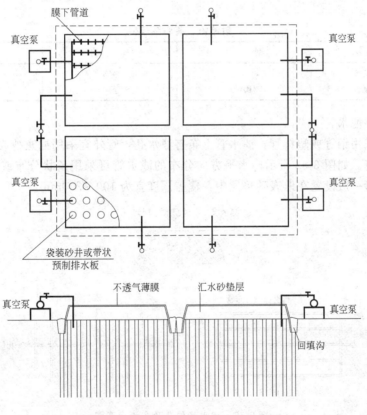

图3-32 真空预压法设备及布置示意图

5.2.2 真空预压法特点

1) 不需要堆载，省去了加载和卸载工序，节省大量的堆载材料、能源和运输费用，同时可缩短施工工期。

2) 真空法产生的负压使地基土的孔隙水加速排出，可缩短固结时间。同时由于孔隙水排出，渗流速度增大，地下水位降低，由渗流力和降低水位引起的附加应力也随之增大，提高了加固效果。

3) 孔隙渗流水的流向及渗流力引起的附加应力均指向被加固土体，土体在加固过程中的侧向变形很小，真空预压可一次加足，地基不会发生剪切破坏而引起地基失稳，可有效缩短总的排水固结时间。

4)负压可通过管路传送到任何场地,适应性强,因而真空预压法还适用于无法堆载的倾斜地面和施工场地狭窄的工程进行地基处理。

5)所用设备和施工工艺比较简单无需大量的大型设备,便于大面积施工。

6)无噪声、无污染、无振动,可做到文明施工。

5.2.3 真空预压设备

包括真空泵、集水罐、真空滤水管、真空管、止回阀、阀门、真空表、密封膜等。

(1)真空泵

一般宜用真空射流泵,是由射流箱和离心泵组成。射流箱、离心泵规格如表3-28。真空泵的设置应根据预压地基面积大小、真空泵率及工程经验确定。每块预压区至少设置两台真空泵。

射流箱、离心泵规格　　　　　表3-28

设备名称	型号	规格	效率
射流箱		φ48	>96kPa
离心泵	3BA-9	φ50	

(2)真空滤水管

滤水管采用钢管或塑料管,滤水管上布有滤水孔,管外宜采用尼龙纱或土工织物包裹并以钢丝围绕。如图3-33所示。水平方向分布的滤水管可采用条状分布或梳齿状分布等形式。滤水管一般设置在地表砂垫层中,覆盖深度宜为100~200mm。

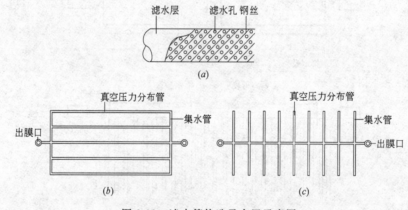

图3-33　滤水管构造及布置示意图
(a)滤水管构造;(b)条形布置;(c)梳形布置

(3)密封膜

密封膜为特制的大面积薄膜,应采用抗老化性能好、韧性好、抗刺穿能力强的不透气材料,密封面热和时宜采用两条热和缝的平搭接,搭接长应大于15mm。真空预压要求密封膜下的真空度保持在80kPa以上。

5.2.4 真空预压施工要点

1)真空预压法的工艺流程:①地质调查;②排水设计;③排水砂垫层施工;④打设竖向排水体系;⑤铺设密封膜;⑥安装真空泵,连接管路;⑦抽真空;⑧观测;⑨检验效果。

2) 真空预压法的竖向排水体系与前面所述的砂桩、袋装砂井或塑料排水板相同。

3) 真空管道连接点应严密,并应设置止回阀和截门,以免膜下真空度在停泵后很快降低。

4) 真空预压的真空度可一次抽气至最大,当连续5天实测沉降量小于每天2mm或固结度≥80%,或符合设计要求时可停止抽气。

5) 在砂垫层上铺设密封膜,一般采用3层聚氯乙烯薄膜,并将膜的四周密封。膜的密封方法一般为在距离基坑2m处挖深0.8~0.9m的沟槽,将膜的周边放入沟槽内,用黏土或粉土回填压实,或采用板桩覆水封闭,要求气密性好,密封不漏气。薄膜周边密封方法如图3-34所示。

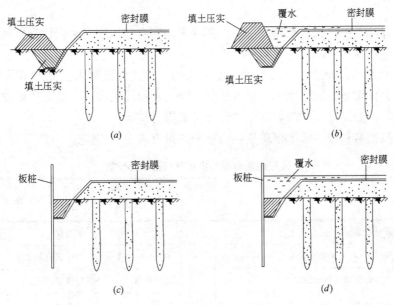

图 3-34 薄膜周边密封方法
(a) 挖沟折铺; (b) 围堤内面覆水密封; (c) 板桩密封; (d) 板桩内覆水密封

6) 当预压面积较大,宜分区预压,分区间隔距离以2~6m为佳。

7) 应做好真空度、地面沉降、水平位移、孔隙水压力和地下水位的现场观测工作,掌握变化情况,作为检查和评价预压效果的依据。并随时分析,如发现异常,应及时采取措施,以免影响最终加固效果。

5.3 质量检验标准

(1) 施工前应检查施工监测措施、沉降、孔隙水压力等原始数据,排水设施、砂井(包括袋装砂井)、塑料排水带等位置。塑料排水带的质量标准应符合表3-29、表3-30规定。

不同型号塑料排水带的厚度 (mm)　　　　表 3-29

型　号	A	B	C	D
厚度	>3.5	>4.0	>4.5	>6.0

塑料排水带的性能　　　　　表 3-30

项目		单位	A 型	B 型	C 型	条件
纵向通水量		cm³/s	≥15	≥15	≥40	侧压力
滤膜渗透系数		cm/s	≥5×10⁻⁴			试件在水中浸泡 24 小时
滤膜等效孔径		μm	<75			以 D_{98} 计,D 为孔径
复合体抗拉强度(干湿)		kN/10cm	≥1.0	≥1.3	≥1.5	延伸率 10%时
滤膜抗拉强度	干态	N/cm	≥15	≥25	≥30	延伸率 15%时试件在水中浸泡 24 小时
	湿态		≥10	≥20	≥25	
滤膜重量		N/cm²	—	0.8	—	

注：A 型排水带适用于插入深度小于 15m；B 型排水带适用于插入深度小于 25m；C 型排水带适用于插入深度小于 35m。

(2) 堆载施工中应检查堆载高度、沉降速率。真空预压施工中应检查密封膜的密封性能、真空表读数等。

(3) 一般工程在预压施工结束后，检查地基土的强度及要求达到的其他物理力学指标，做十字板剪切强度试验或标准贯入试验、静力触探试验即可，但对重要建筑物应作地基承载力检验。如设计有明确规定应按设计要求进行检验。

(4) 预压地基和塑料排水带质量检验标准应符合表 3-31 规定。

预压地基和塑料排水带质量检验标准　　　　　表 3-31

项目	序号	检查项目	允许偏差或允许值		检查方法
			单位	数值	
主控项目	1	预压荷载	%	≤2	水准仪
	2	固结度(与设计要求比)	%	≤2	根据设计要求采用不同方法
	3	承载力或其他性能指针	设计要求		按规定方法
一般项目	1	沉降速率	%	±10	水准仪
	2	砂井或塑料排水带位置	mm	±100	用钢尺量
	3	砂井或塑料排水带插入深度	mm	±200	插入时用经纬仪检查
	4	插入塑料排水带时的回带长度	mm	≤500	用钢尺量
	5	塑料排水带或砂井高出砂垫层距离	mm	≥200	用钢尺量
	6	插入塑料排水带时的回带根数	%	<5	目测

注：如真空预压,主控项目中预压荷载的检查为真空度降低值<2%。

5.4 工程案例

(1) 某造船厂地基为房渣杂填土厚 5m，其下为淤泥层厚 6m。采用砂井预压法施工，预压荷载堆土高度 3.5m，相当于 50kPa。砂井直径 48mm，砂井间距 5m，深度 11～16m。预压 4 个月。

预压效果：沉降量由 24.6cm 降低为 9cm，压缩模量由 2.3MPa 增至 5.6MPa，为原来的 244%。

(2) 某碱厂场地为厚层海相淤泥，含水量高达 60%，压缩系数 $a_{1-2}=1.0\text{MPa}^{-1}$，为高压缩性软土，采用袋装砂井真空预压法施工。抽气三天膜下真空度达到 600mmHg，相当于 80kPa 荷载。共抽气 128 天，实测场地预压沉降量达到 660mm。经真空预压后，地基承载力由原来 40kPa 提高为 85kPa。一共完成 8 块场地处理总面积达 6.7 万 m^2，并创造了真空预压面积一次达 2 万 m^2 的记录。采用真空预压法比堆载预压法节省投资 200 万元，缩短工期 3 个月，效果显著。

(3) 天津新港软土地基的含水量为 50%，孔隙比为 1.3，压缩系数 $a_{1-2}=0.5\text{MPa}^{-1}$，渗透系数为 $0.4\sim1.6\times10^{-6}$mm/s，十字板抗剪强度为 $9.8\sim19.6$kPa。采用真空预压法分区分段施工，每区的最大面积为 3000m^2。

上面铺设三层聚氯乙烯薄膜每层厚 0.1mm，四周将其埋压在沟内封闭。采用真空泵抽气（每台真空装置大约加固 $1000\sim1500m^2$ 的面积范围），膜下的真空度达 80kPa。经历 $40\sim70$ 天的预压，地基土平均固结度达 80%，地面最大沉降量为 0.7m。比静载荷试验确定的地基承载力提高了 2 倍，相当于 80kPa 的堆载预压效果，与常规的堆载预压相比造价降低了 1/3，加固时间缩短了 1/3。

课题 6　化学加固法

6.1　概　　述

凡将化学溶液或胶结剂通过压力灌注或搅拌混合等方式灌入土中，使土粒胶结以提高地基强度、减小沉降量的方法统称为化学加固法。这类施工方法可用于地基施工前或施工期间的地基处理，也可在建筑物投入使用后作为补强措施。浆液（常用的有水泥浆液、硅酸钠浆液、丙烯酸氨浆液、纸浆浆液）注入地基的方法根据地基土的性质以及浆液性质的不同，有高压喷射注浆法、搅拌法、灌浆法等。

6.2　高压喷射注浆法

高压喷射注浆法采用钻机钻孔，然后将带有特殊喷嘴的注浆管插入孔内至孔底，通过地面的高压设备，将浆液形成压力为 20kPa 左右的高压射流从喷嘴射出，冲击切割土体，使浆液和冲击下来的土体混合，待凝固后在土中形成具有一定强度的柱体，从而达到加固地基的目的。

6.2.1　高压喷射注浆法的分类

(1) 按喷射流动方式分类

可分为旋转喷射（旋喷）、定向喷射（定喷）、摆动喷射（摆喷）三种类型，如图 3-35 所示。

1) 旋喷：喷射时喷嘴一边提升一边旋转，固结体呈圆柱状或圆盘体。
2) 定喷：喷射时喷嘴只提升不旋转不摆动，固结体成板、壁状。
3) 摆喷：喷射时喷嘴一边提升一边呈小角度摆动喷射，固结体呈较厚的墙状或扇状。

(2) 按注浆管的类型分类

可分为单管法、双管法、三管法、多管法、和多孔法五种类型。如图 3-36 所示。

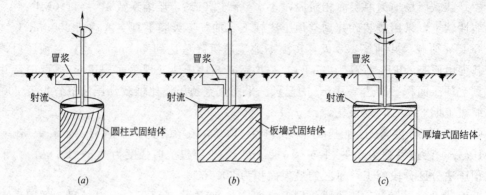

图 3-35 旋喷、定喷和摆喷示意图
(a) 旋喷；(b) 定喷；(c) 摆喷

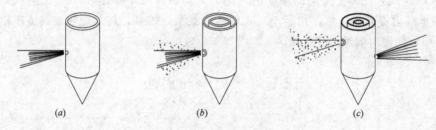

图 3-36 喷头示意图
(a) 单管形式；(b) 双重管形式；(c) 三重管形式

(3) 按置换程度分类

1) 半置换法：被冲下的细小土粒部分被排出地表，余下的和浆液搅拌混合凝固。绝大部分工法属于此类。

2) 全置换法：被冲下的细小土粒绝大部分被排出地表，形成空洞，再以浆液等材料填充。SSS_MAN工法属于此种。

(4) 按固结方式分类

1) 喷射注浆：用高压喷射注浆固结。

2) 搅拌喷射注浆：固结体中心为搅拌固结，外侧为高压喷射注浆固结。

6.2.2 高压喷射注浆法的适用范围及特点

1) 适用范围广，可用于工程建设前地基加固处理，也可用于工程竣工后的地基加固处理，提高地基承载力，还有防水止渗作用，可用于深基础地下工程的支挡和护底、建造地下防水帷幕、减震、防止砂土液化等。

2) 施工简便灵活，设备较轻便，机动性强，施工时只需在土层中钻一个小孔，便可完成较大直径的桩体。

3) 可控制固结体的形状，调整旋喷时的速度和提升速度、增减喷射压力、改变喷射方向、调整喷射持续时间、更换喷嘴孔径、改变流量等可得到不同的固结体形状。

4) 可竖直喷射也可倾斜喷射和水平喷射。

5) 可加强桩间土的固化、耐久性好、料源广阔、施工安全性好、环保效果好、施工管理便利等。

6.2.3 注浆材料（水泥浆）种类

(1) 普通型

普通型浆液一般采用32.5级或42.5级硅酸盐水泥，不添加任何外加剂，水灰比常采用1∶1或1.5∶1，浆液的水灰比越大凝固时间就越长，固结体28d的抗压强度最大可达2～20MPa，砂性土中强度略高。纯水泥浆的基本性能参见表3-32。

纯水泥浆的基本性能　　　　　　表3-32

水灰比（重量比）	黏度(s)	相对密度	凝结时间		结石率	抗压强度(MPa)			
			初凝(时-分)	终凝(时-分)		3d	7d	14d	28d
0.5∶1	139	1.86	7～41	12～36	99	4.14	6.46	15.3	22.00
0.75∶1	33	1.62	10～47	20～33	97	2.40	2.60	5.50	11.20
1∶1	18	1.49	14～56	24～27	85	2.00	2.40	2.40	8.90
1.5∶1	17	1.37	16～52	34～47	67	2.00	2.30	1.70	2.20
2∶1	16	1.30	17～7	48～15	56	1.66	2.50	2.10	2.80

(2) 速凝早强剂

常用的早强剂有氯化钙、水玻璃、三乙醇胺等。常用量一般为水泥用量的2%～4%。

(3) 高强剂

旋喷固结体的平均抗压强度在20MPa以上的称为高强剂。提高固结体强度的方法可选择高强度等级水泥不低于52.5级普通硅酸盐水泥；也可选择高效能的扩散剂和由无机盐组成的配方，如在42.5级普通硅酸盐水泥中加外加剂亚甲基二萘磺酸钠NNO、三乙醇胺NR_3、亚硝酸钠$NaNO_2$、硅酸钠Na_2SiO_3和无机盐等。外加剂对抗压强度的影响见表3-33。

外加剂对抗压强度的影响　　　　　　表3-33

主剂		外加剂		抗压强度(MPa)				抗折强度(MPa)
名称	用量(kg)	名称	掺量(%)	29d	3月	6月	1年	
52.5级普通硅酸盐水	100	NNO NR_3	0.5 0.05	11.72	16.05	17.4	18.81	3.69
		NNO NR_3 $NaNO_2$	0.5 0.05 1	13.59	18.62	22.8	24.68	6.27
		NF NR_3 Na_2SiO_3	0.5 0.05 1	14.14	19.37	27.8	29.00	7.36

(4) 填充剂

水泥浆中可加入粉煤灰、矿渣等外加剂。粉煤灰的特点早期强度低，后期强度增长率高，水化热低。填充剂细度必须达到42.5级普通硅酸盐水泥的标准。

(5) 抗冻剂

42.5级普通硅酸盐水泥可掺加抗冻剂。一般常用的抗冻剂有：水泥-沸石粉浆液，沸石粉的参量为水泥的10%～20%为宜；水泥-三乙醇胺，三乙醇胺的参量为0.05%；亚硝酸钠溶液，亚硝酸钠为1%；水泥扩散剂NNO浆液，NNO的掺量为0.5%。抗冻剂掺入量见表3-34。

抗冻剂掺入量			表 3-34
抗冻外加剂	掺入量和水泥量之比	抗冻外加剂	掺入量和水泥量之比
沸石粉	1%～2%	亚硝酸钠	1%
三乙醇胺	0.05%	NNO	0.5%

(6) 抗渗剂

水泥中可加入 2%～4% 的水玻璃作为抗渗剂。

(7) 改善剂

水泥中可加入一定量的膨润土等改善剂,可加大浆液悬浮性减少沉淀量,从而使浆液的吸水率减少,稳定性提高。

6.2.4 高压喷射注浆法的施工机具设备

高压喷射注浆系统由钻机、空气压缩机、高压泥浆泵、高压水泵、活水泵、泥浆搅拌机、喷射注浆管、高压胶管、水泥仓等组成,如图 3-37 所示。

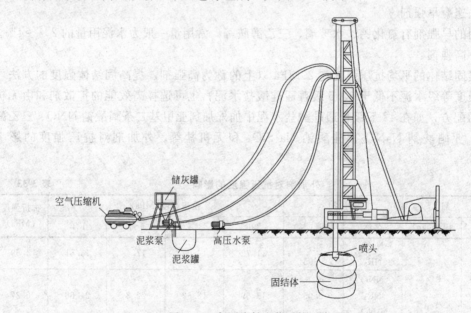

图 3-37 高压喷射注浆系统示意图

1) 高压喷射管:为特制设备,耐高压,底部带有喷射嘴,喷嘴由耐磨的钨钴合金制成,喷出口直径为 2.0～2.5mm。有单管形式、二重管形式、三重管形式,三重管三管之间相互密闭,不漏气、不漏水、不窜浆,制造精密。

2) 高压泵:包括泥浆泵和清水泵,高压泵为往复式活塞泵,常用的有 Y-2 型高压泥浆泵、3XB 型高压水泵等,工作压力在 20～25MPa 以上。

3) 钻机:可选用一般工程地质钻孔机或振动钻机,常用的有 XJ-100 型、SH-30 型以及 SGP30-5 型高压喷射注浆机等。

4) 空气压缩机:常用的型号有 YV-3/8、ZWY-6/7、BH6/7、LGY-10/7 型号,压力 0.7～0.8MPa,风量 3～10m³/min。

5) 泥浆搅拌机:M-200 型外循环式高速搅拌机,有效容积为 200L,制浆能力

$1m^3/h$。

6）高压胶管：输送浆液高压胶管，一般采用单丝缠绕液压胶管，工作压力不低于喷浆泵压，一般要达到20MPa以上。选用时应满足下式条件：

$$d \geqslant 4.6\sqrt{Q/V} \tag{3-12}$$

式中　d——高压胶管内径（mm），常用内径为19～25mm；
　　　Q——流量（L/min）；
　　　V——适宜的流速（m/s），可按4～6m/s计算。

6.2.5　高压喷射注浆法施工

(1) 施工工艺

施工工艺包括以下几步：①首先进行施工前的准备；②桩机按布好的桩点就位；③开机钻孔至设计深度；④高压喷射注浆；⑤边注浆边提升；⑥成桩结束提管冲洗。高压喷射施工顺序如图3-38所示。

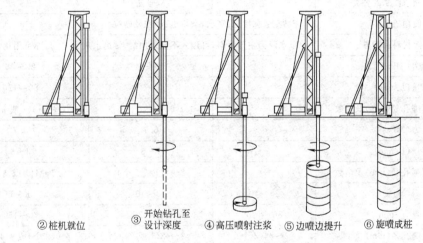

图3-38　高压喷射施工顺序

1）施工前的准备：包括平整场地、桩位放线、确定施工设备和施工技术参数等内容。由于高压喷射注浆法的加固范围和加固效果直接与场地土的性能和施工中采用的成桩技术参数有关，因此在施工前需要确定成桩的直径、强度及效果。一般采用的方法是现场成桩试验和室内试验综合初步确定，确定的内容包括桩的直径、定向或旋喷时的喷射距离、喷嘴的直径、钻杆的提升速度和旋转速度以及加固后地基的强度和透水性等问题。

试施实验操作时，可先确定钻杆的提升速度和旋转速度参数，成桩时变换射浆的压力值，使其产生不同的固化剂排量，形成不同的桩体。待一定时间后，将试验桩挖出实测其桩径、强度等内容。将符合设计要求的桩所采用的技术参数作为施工用技术参数。

2）钻机就位：钻机安放在设计的孔位上保持竖直，施工时旋喷管允许的倾斜度不得大于1.5%。

3）钻孔：单管旋喷常采用76型旋转振动钻机，钻进深度可达39m，适用于标准贯入度小于40的砂土和黏性土层。一般双管、三管旋喷法施工中常采用地质钻井机钻孔。钻孔的位置偏差不得大于50mm，喷射孔与高压注浆泵的距离不宜大于50m。

4) 插管：将喷管插入到预定的深度。使用 70 改进型或 76 型振动钻机钻孔时，插管与钻孔两道工序合二为一，钻机钻孔完成同时插管作业也完成。如使用地质钻机，钻孔完成后必须拔出岩芯管，换上旋喷管重新插入，插管过程中为防止泥砂堵塞喷嘴，应边射水边插管，射水压力一般不超过 1MPa。

5) 喷射和复喷：当插管插入到预定深度后，由下而上进行喷射作业。喷射过程应符合喷射的技术参数要求，时刻注意检查浆液初凝时间、注浆流量、风力、压力、旋转提升速度等参数，并随时做好记录。

6) 冲洗、移动：喷射施工完成后，应把注浆管的机械设备冲洗干净，管内、机内不得残留水泥浆。将喷射设备移动到下一个孔位继续施工。

(2) 高压喷射注浆参数

我国当前采用的高压喷射注浆技术参数可参照表 3-35。

我国当前采用的高压喷射注浆技术参数　　　　表 3-35

高压喷射注浆的种类			单管法	双管法	三管法
使用的土质			砂类土、黏性土、黄土、杂填土、小粒径砂粒		
浆液材料及配方			以水泥为主要材料，可加入不同外加剂，常用水灰比 1:1，亦可用化学材料		
高压喷射注浆参数值	高压水	压力(MPa)	—	—	20～40
		流量(L/min)	—	—	80～120
		喷嘴孔径(mm)及个数	—	—	φ2～3(1 或 2 个)
	压缩空气	压力(MPa)	—	0.7	0.7
		流量(L/min)	—	1～3	3～6
		喷嘴孔径(mm)及个数	—	2～4(1 或 2 个)	1～4(1 或 2 个)
	水泥浆液	压力(MPa)	20～40	20～40	1～3
		流量(L/min)	80～120	80～120	70～150
		喷嘴孔径(mm)及个数	φ2～3(2 个)	φ2～3(1 或 2 个)	φ10(2 个)或 φ14(1 个)
	注浆管	注浆管外径(mm)	φ42、φ50	φ42、φ50、φ75	φ75、φ90
		提升速度(cm/min)	20～25	10～20	5～14
		旋转速度(rpm)	约 20	10～20	10～18

(3) 施工要点

1) 准备工作：检查高压设备和管路系统的压力和流量是否满足要求，注浆管和喷嘴是否通畅不得堵塞，注浆管等接头是否严密等。

2) 钻机就位要准确平稳，立轴和转盘要与孔位对正，钻机的倾斜度一般不得大于 1.5% 或倾角与设计误差不大于 0.5 度，钻孔位置与设计位置偏差不得大于 50mm。

3) 在插管和喷射过程中要防止风和水的喷嘴被泥砂堵塞，插管时可用塑料薄膜包好喷嘴再插入，喷嘴如被堵塞应拔管进行清洗后再重新插入。

4) 注浆时要注意设备的启动顺序，采用三管法送浆时应先空载启动空压机，运行正常后，空载启动高压水泵，同时向孔内送风送水，待到达规定值后再开启注浆泵，待浆泵泵压正常后再开始送浆。

5) 施工过程中如遇情况须停止工作时，应先停止提升、回转、送浆，然后逐渐减少风量和水量,最后停机。待重新开机时顺序同前,开始喷射注浆要注意与前段的搭接长度至少为0.1m,以防固结体脱节造成断桩。

6) 深层搅拌时,应先喷浆,后旋转和提升。

7) 喷射注浆达到设计深度后,即可停风、停水,但继续送浆,待水泥浆从孔口内返出浆后,即可停止注浆,然后将注浆泵的吸水管放入清水箱内,抽吸定量的清水清洗,清洗后即可停泵。

8) 在喷射注浆过程中应观察冒浆情况,采用单管和双管喷射注浆时冒浆量小于注浆量20%时为正常现象;超过20%或完全不冒浆时,应查明原因并采取相应的措施。采用三管喷射注浆时,冒浆量应大于高压水的喷射量,但超过量应小于注浆量的20%。

9) 注浆所用水泥浆,水灰比要按设计规定不得随意更改。禁止使用受潮或过期的水泥,对立窑生产的水泥要加强监测。在喷射注浆过程中应防止水泥浆沉淀。

10) 高压喷射注浆工艺宜采用普通硅酸盐水泥,强度等级不得低于32.5MPa(根据需要可适量加入外加剂,以改善水泥浆液的使用性能),水泥的用量、高压喷射压力宜通过试验确定,如无条件时可参考表3-36。

1m桩长喷射桩水泥用量表 表3-36

桩径(mm)	桩长(m)	强度为32.5普硅水泥单位用量	喷射施工方法		
			单管	二重管	三重管
φ600	1	kg/m	200~250	200~250	—
φ800	1	kg/m	300~350	300~350	—
φ900	1	kg/m	350~400(新)	350~400	—
φ1000	1	kg/m	400~450(新)	400~450(新)	700~800
φ1200	1	kg/m	—	500~600(新)	800~900
φ1400	1	kg/m	—	700~800(新)	900~1000

注:"新"是指采用高压水泥浆泵,压力为36~40MPa,流量80~110L/mm的新单管法和二重管法。

11) 水压比为0.7~1.0较妥,为确保工程质量,施工机具必须配制准确的计量仪表。

12) 水灰比控制范围宜取0.8~1.5,水灰比越小桩的强度越高,但喷射浆液时有困难。

13) 由于喷射压力较大,容易发生窜浆,影响邻孔的质量,应采用隔桩跳打法施工,一般两孔间距大于1.5m。

6.2.6 高压喷射注浆地基质量检验标准

(1) 施工前应检查水泥、外掺剂等的质量,桩位,压力表流量表的精度和灵敏度,高压喷射设备的的性能等。

(2) 施工中应检查施工参数(压力、水泥量、提升速度、旋转速度等)及施工程序。

(3) 施工结束后,应检验桩体强度、平均直径、桩身中心位置、桩体质量及承载力等。

(4) 桩体质量及承载力检验应在施工结束后28d进行。质量检验的方法有开挖检查、钻孔取芯、旁压试验、标准贯入、静力触探、载荷试验、透水试验、室内试验和其他非破坏性试验等9种方法。高压喷射注浆地基质量检验标准应符合表3-37的规定。

高压喷射注浆地基质量检验标准　　　　表 3-37

项目	序号	检查项目	允许偏差或允许值		检查方法
			单位	数值	
主控项目	1	水泥及外掺剂质量	符合出厂要求		查产品合格证书或抽样送检
	2	水泥用量	设计要求		查看流量表及水泥泵水灰比
	3	桩体强度或完整性检验	设计要求		按规定方法
	4	地基承载力	设计要求		按规定方法
一般项目	1	钻孔位置	mm	≤50	用钢尺量
	2	钻孔竖直度	%	≤1.5	经纬仪测钻杆或实测
	3	孔深	mm	±200	用钢尺量
	4	注浆压力	按设定参数指标		查看压力表
	5	桩体搭接	mm	≥200	用钢尺量
	6	桩体直径	mm	≤50	开挖后
	7	桩身中心允许偏差		≤0.2D	开挖后桩顶下 500mm 处用钢尺量,D 为桩径

6.3 搅 拌 法

搅拌法的施工从所用加固地基的固化剂材料（水泥）来讲，主要可分为两大类：浆液搅拌法（湿法）和粉体喷射搅拌法（干法）。采用搅拌法加固地基施工时，通过特殊的机械设备由地面破土搅拌至需加固的深度注入固化剂，由搅拌机械强制将软土和固化剂搅拌均匀，固化剂和软土之间产生一系列的物理化学反应，使软土硬结成具有一定强度、稳定性和整体性的地基土，与天然地基共同形成复合地基，从而提高了地基的承载能力，减小地基的变形。

6.3.1 搅拌法的特点和适用范围

（1）搅拌法的特点

1）由于将固化剂和软土共同搅拌混合，最大限度地利用了原位土；

2）施工过程中无振动、无噪声、无污染；搅拌法施工对土体不产生侧向土压力，因此施工中对周围建筑物的影响很小；

3）土体加固后重度变化很小，对软弱下卧层的附加沉降影响不大；

4）可有效地提高地基承载力；工期短、造价低廉、效益显著。

（2）适用范围及适用工程

搅拌法适用于处理淤泥、淤泥质土、粉土、粉质黏土、含水量较高且承载力标准值小于 120kPa 的黏性土地基，对超软土的效果更为显著。

搅拌法适用于大面积原材料堆场、港口码头岸壁、高速公路软土地基、工业与民用建筑地基加固等工程。

6.3.2 浆液搅拌法（湿法）施工

（1）施工机械及配套设备

浆液搅拌法的配套机械设备种类很多，对于不同传动原理的机械、不同搅拌翼的机械、水上和陆地所用机械有不同的工艺流程和施工要求。目前国内常用的搅拌机械技术参数可参见表 3-38、表 3-39。

搅拌机械技术参数　　　　　　　　　　　表3-38

水泥系搅拌机类型		SJB-30	SJB-40	SJB-1	GZB-600	DJB-140
搅拌机	搅拌轴数量（根）	2(ϕ129)	2(ϕ129)	2(ϕ129)	2(ϕ129)	1
	搅拌叶片外径(mm)	700	700	700~800	600	500
	搅拌轴转数(r/min)	43	43	46	50	60
起吊设备	电机功率(kW)	2×30	2×40	2×30	2×30	1×22
	提升能力(kN)	>100	>100	>100	150	50
	提升高度(m)	>14	>14	>14	14	19.5
	提升速度(m/min)	0.2~1.0	0.2~1.0	0.2~1.0	0.6~1.0	0.95~1.0
	接地压力(kPa)	60	60	60	60	40
固化剂制备系统	灰浆拌制台数容量(L)	2×200	2×200	2×200	2×500	2×200
	灰浆泵量(L/min)	HB6-350	HB6-350	HB6-350	AP-15-b281	UBJ$_2$33
	灰浆泵工作压力(kPa)	1500	1500	1500	1400	1500
	集料斗容量(L)	400	400	400	180	
技术指标	一次加固面积(m²)	0.71	0.71	0.71~0.88	0.283	0.196
	最大加固深度(m)	10~12	15~18	15.0	10~15	19.0
	效率(m/台班)	40~50	40~50	40~50	60	100
	总重量(t)	4.5	4.7	4.5	12	4

目前国内常用的集中搅拌机技术参数　　　　　　　　　　　表3-39

型号	电机功率(kW)	搅拌头直径(mm)	搅拌头数	搅拌头转数(r/min)	额定扭矩(N·m)	搅拌头距离(m)	一次处理面积(m²)	最大施工深度(m)	喷注介质
SJB-1	2×30	2×ϕ700	2	43	2×6400	514	0.71	10~12	喷浆
SJB-2	2×40	2×ϕ700	2	43	2×8500	514	0.71	15~18	喷浆
SJB-22D	22	ϕ600	1	46	4560		0.283	12~15	粉喷两用
SJB-37D	2×18.5	ϕ700	1	45	7500		0.483	15~18	粉喷两用
DSJ-Ⅱ	1×30 (1×22)	2×(400~700) 1×(400~700)	1(2)	59			0.125~0.77	20~22	喷浆
600型	2×30	ϕ600	2						喷浆
SJ$_{22}$	1×22	ϕ500	1	57	3320		0.2	15	喷浆
SJ$_{37}$	1×37	ϕ800	1	57	5600		0.5	15	喷浆
SJB-DS37	2×37	ϕ700~800	1(2)	43		600	0.75~0.95 0.38~0.5	单轴20 双轴18	粉喷两用

1) GZB-600型搅拌机：为叶片喷浆单轴搅拌机，如图3-39、图3-40所示。主要配套设备有：灰浆搅拌机2台，容积共为500L；集料斗，容积0.18m³；灰浆泵，PA-15-B型，技术规格如表3-40。

GZB-600型搅拌头上分别设置搅拌叶片和喷浆叶片，两层叶片相距0.5m，喷浆叶片上开有3个尺寸相同的喷浆口，水泥浆由中心管搅拌轴上叶片的喷浆口射出，随着叶片的旋转与土搅拌均匀，成桩直径为600mm，成桩截面形式为圆形单孔。叶片喷浆搅拌头如图3-41所示。

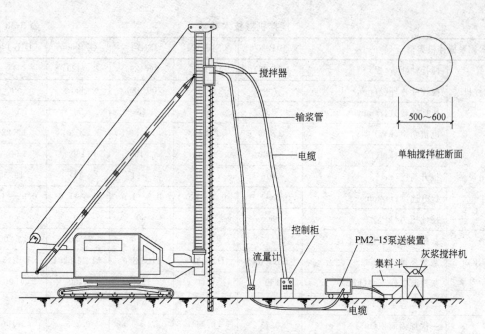

图 3-39　GZB-600 型搅拌机配套机械示意图

PA-15-B 型技术规格　　　　　　　　　　　　　表 3-40

体积(mm)	出料口压力(kPa)	输浆量(L/min)	油缸直径(mm)	出料口直径(mm)	供料口直径(mm)	重量(kN)
735×1750×735	1400	281	150	50	80	2.5

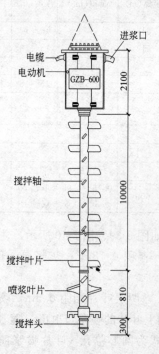

图 3-40　GZB-600 型深层搅拌机（单轴）

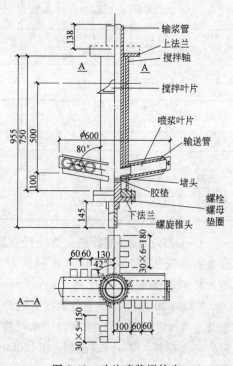

图 3-41　叶片喷浆搅拌头

2）SJB 系列搅拌机：国产双轴中心管输浆水泥搅拌专用机械，包括电机、减速器、搅拌轴、搅拌头、中心管与单项球阀等部件。搅拌头带硬质合金齿两组叶片，叶片外径 700~800mm。双轴搅拌多采用中心管喷浆方式，输浆部分由中心管和穿在中心管内部的输浆管以及单项球阀组成。中心管两侧为搅拌轴。如图 3-42、3-43 所示。配套设备有：灰浆搅拌机 2 台 200L 轮流供料；集料斗，容积 $0.4m^3$；灰浆机，采用 HB6-3 型，技术规格如表 3-41；电气控制柜，采用自耦降压延时启动，设有过流过热缺相等自动保护装置。

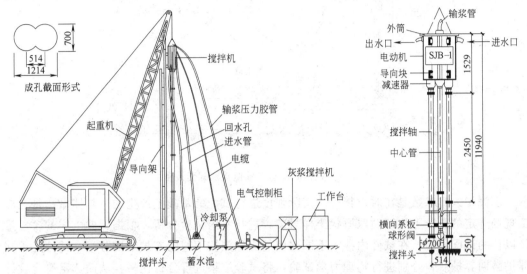

图 3-42　SJB-1 型搅拌机配套设备　　　　图 3-43　SJB-1 型深层搅拌机（双轴）

HB6-3 型灰浆机技术规格　　　　表 3-41

输浆管 (m^3/h)	工作压 (kPa)	竖直输送距离(m)	水平输送距离(m)	电机转速 (r/min)	电机功率(kW)	活塞往复次数(次/min)	排浆口内径(mm)	最佳输送回浆稠度(cm)
3	1500	40	150	1440	4	150	50	8~12

3）DJB-14D 型搅拌机：由 800 型转盘式钻机改制而成，该机为单轴搅拌机，主机部分包括动力头、搅拌轴、搅拌头，搅拌头的上端有一对搅拌叶片，下部为互成 90°、直径 500mm 的切削叶片，叶片的背后安有两个直径为 8~12mm 的喷嘴。如图 3-44 所示。

（2）搅拌桩的分类

1）搅拌桩按其固化剂材料的不同，可分为水泥土搅拌桩（以水泥作固化剂）和石灰土搅拌桩（以石灰作固化剂）；

2）按固化剂物理状态不同，可分为粉喷搅拌桩（喷射水泥粉与土搅拌）和喷浆搅拌桩（喷射水泥浆与土搅拌）；

3）根据搅拌机械类型的不同，可分为单轴搅拌桩和双轴搅拌桩。

（3）施工准备

除了掌握图纸、勘察数据等文件数据外还应做好确定施工设备和施工技术参数等工作。搅拌桩的成桩加固效果直接与场地土的性能和施工中采用的成桩技术参数有关，因此在施工前需要确定水泥掺入比、送浆量问题。一般采用的方法是现场成桩试验和室内试验综合确定，确定的内容包括水泥浆的水灰比、泵送时间、搅拌机的提升速度和搅拌头的旋转速度、复搅深度等。

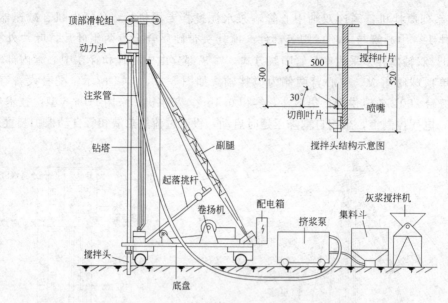

图 3-44 DJB-14D 型单轴搅拌及配套设备

水泥掺入比参数是在对搅拌桩的实际强度进行试配的基础上产生的。具体做法是在施工现场选定的孔位上连续钻取原状土样封装，进行室内试验分析，根据天然土样的含水量及以往的试配经验，在试件内掺入不同比值的固化剂按不同的养护龄期分组，试件经不同养护龄期养护后，分别进行物理力学试验，将试验结果进行分析比较，从而选定符合设计要求的最佳配合比，作为施工技术参数。

（4）施工工艺

深层搅拌法的工艺流程：①桩机就位；②钻孔搅拌至设计标高；③注浆搅拌提升；④提升成桩；⑤原位重复下沉搅拌提升完成。如图 3-45 所示。

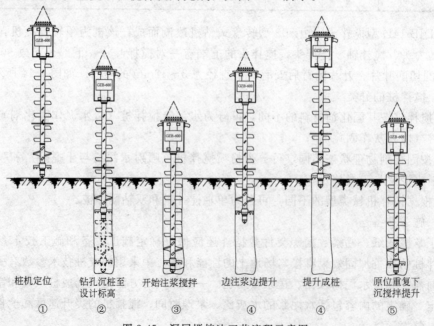

图 3-45 深层搅拌法工艺流程示意图

1) 桩机就位：利用起重机或开动绞车移动搅拌机到指定桩位对中。为保证桩位准确，必须使用定位卡，桩位对中误差不大于50mm，导向架和搅拌轴应与地面垂直，竖直度偏差不应大于1.5%。

2) 预搅拌下沉至设计标高：启动搅拌机，放松起重机钢丝绳，搅拌机沿导向架搅拌切土下沉至设计标高。下沉速度可由电机的电流表控制，工作电流不得大于70A，如果下沉速度太慢，可从输浆系统注水以利钻进。

3) 注浆搅拌提升：当下沉到设计标高后，开启灰浆泵将拌好的水泥浆压送到搅拌头喷射，边注浆边旋转边提升，严格按照设计确定的提升速度提升和搅拌。由于水泥土搅拌桩对压入的浆量要求较高，施工时必须在施工机械上配置流量控制仪表，以保证注入的水泥浆量。为确保桩体搅拌充分、质量均匀，搅拌头的提升速度不宜过快。否则会使搅拌桩体局部水泥浆量不足或水泥浆与土搅拌不均匀，导致桩体强度不一。

4) 提升成桩：边注浆边旋转边提升，搅拌机提升至顶面标高时，集料斗中的水泥浆应正好排完。

5) 原位重复下沉搅拌提升：为了使水泥浆与地基土充分搅拌均匀，在原位置再将搅拌头下沉到设计深度进行二次搅拌。搅拌中可在桩顶2~3m范围内或其他需要加强的部位提升时再次喷浆加固。

6) 清洗移位：在集料斗中注入清水，开启灰浆泵清洗注浆管路，直至干净为止，移动钻机到下一桩位。

(5) 施工要点

1) 搅拌桩施工时由于桩顶部位的施工质量难以保证，为保证搅拌桩的施工质量，场地平整标高应比基底标高高出0.3~0.5m，待开挖基坑时将上端质量差的顶端挖除。

2) 在预搅下沉时，应使软土完全预搅破碎，以利于同水泥浆搅拌均匀。

3) 制好的水泥浆不得离析，水泥浆要严格按照设计配合比配制，要预先筛除水泥中的结块。为防止水泥浆离析制浆时应不断搅拌，待压浆前再倒入集料斗。

4) 集料斗的容量要适当，不应造成因浆液不足而断桩，泵送浆液必须连续。

5) 拌制浆液的灌数、固化剂、外掺剂的掺量以及泵送浆液的时间等应有专人负责。

6) 施工中如因故障停止喷浆时，为防止断桩应将搅拌头下沉至停喷点以下0.5m处（若为下沉搅拌喷浆时，应上提0.5m），待恢复喷浆时继续工作。若因故停机超过3h，为防止浆液结硬堵管，宜先拆卸输浆管路清洗。

7) 当设计要求搭接成壁形桩时应连续施工，桩与桩的搭接时间不得大于24h。

8) 冷却循环水在整个施工过程中不得中断，应经常检查进水、回水的温度，回水温度不得过高。

6.3.3 粉体喷射搅拌法（干法）施工

粉喷搅拌法有单轴和双轴施工设备，其加固机理相似，是利用压缩空气将固化粉状材料供给特殊装置，经高压软管和搅拌轴输送到搅拌叶片的喷嘴喷出。工作中借助搅拌叶片的旋转，可在叶片的背后产生空隙，安装在叶片背后面的喷嘴将压缩空气连同粉体固化材料一同喷出。喷出的混合气体在空隙中压力急剧下降，因此固化材料与空气分离粘附在旋转产生空隙的土体上。旋转半周，另一搅拌叶片把土粒与固化粉体材料搅拌混合在一起，同时这只叶片背后的喷嘴将混合气体喷出。这样周而复返的搅拌、喷射、提升形成水泥土桩。分离后的空气随搅拌轴的旋转上升到地面释放，为排气通顺搅拌轴多采用四方、六方带棱角的形状。

(1) 施工机械及配套设备

主要设备有粉喷桩机（国产粉喷机主要以 GPP 型和 PH 型为代表，如图 3-46 所示）、粉体发送器（如图 3-47 所示）、空气压缩机、搅拌钻头等。

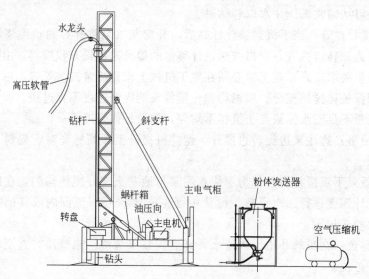

图 3-46　PH5A 型粉喷机配套设备

(2) 施工准备

除正常准备工作，外在开工前应作成桩工艺试验，确定施工技术参数。包括每延米的喷粉量、提升速度、压缩空气的压力、下沉速度、土层的可钻性、叶轮转速等，同时确定采用何种工艺流程。

粉喷搅拌桩的喷粉量应满足下式关系：

$$q = \frac{\pi}{4} D^2 \gamma_s \alpha_w v \qquad (3-13)$$

式中　q——单位时间粉体应喷出量，kg/min；
　　　D——钻头直径，m；
　　　γ_s——土的重度，kg/m³；
　　　α_w——固化剂掺入比，%；
　　　v——钻杆提升速度，m/min。

(3) 施工工艺流程

粉喷搅拌桩的施工工艺流程：①桩机就位；②搅拌下沉；③钻进结束；④提升喷粉搅拌；⑤提升结束。

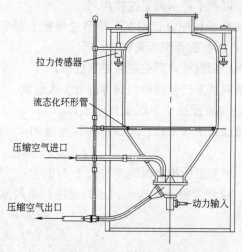

图 3-47　粉体发送器

1) 桩机就位：按设计要求确定桩机位置，使桩机钻头对准桩位，桩架保持竖直。

2) 搅拌下沉：启动粉喷搅拌钻头（不喷粉），启动压缩机注射压缩空气，钻头按正方向旋转钻进。钻进速度应根据土质的软硬程度分别使用快慢档控制，必要时可充水下沉。

当下沉到设计标高以上1.5m位置时，启动粉体发送器提前送粉，继续下沉。

3）钻进结束：搅拌钻进至设计标高时停指向下钻进。

4）提升喷粉搅拌：当到达设计标高时，使搅拌头反向旋转同时启动粉体发送器。一边旋转一边提升，同时经发送器将粉体固化剂喷入土体搅拌均匀。利用边喷粉边反向旋转提升时叶片反转向下的压力将搅拌好的水泥土压实。

5）提升结束：待搅拌钻头提升至距地面30～50cm时，停止送粉以防粉体溢出地面，完成该桩的施工，移位到下一桩位。

（4）施工要点

1）水泥土搅拌法（干法）施工机械，必须配置经国家计量部门确认的具有瞬时检测记录喷粉量及搅拌深度的装置。合格的粉喷机应考虑提升速度与搅拌头转速的匹配，钻头每均匀转动一圈提升15mm，以保证搅拌的均匀性。

2）粉喷固化剂当采用硅酸盐水泥时，水泥放置时间不能超过3个月，且无水泥结块；当采用生石灰时，石灰应研磨，石灰粒径应小于0.5mm，最大粒径不应超过2mm，石灰应纯净无杂质，石灰中的氧化钙和氧化镁的总含量不应少于85%，其中氧化钙含量不低于80%，石灰粉的液性指数不低于70%。

3）下沉钻头钻进时，应根据土质软硬情况选择钻进档次，随时观察电流的变化及时调整换档。

4）为保证搅拌均匀及喷粉量提升速度不宜过快，搅拌钻头每转一圈，提升高度不得超过16mm。

5）当慢档下沉或搅拌时电流过大，应查明原因，避免损坏转盘、变速箱和钻杆。

6）由于固化剂从出料口到喷射嘴有一定的距离，下沉到距设计标高1.5m时，应提前送粉，严禁在没有喷粉的情况下提升钻机。当搅拌提升至距地面500mm时应停止喷粉。送粉管路不应超过60m。

7）成桩过程中因故停止喷粉时，应将搅拌头下沉至停灰面1m处，待恢复喷粉时继续喷粉搅拌提升，以防断桩。

8）为保证桩身强度，地基土天然含水量小于30%时，应采用地面注水搅拌工艺，以防水泥土水化不完全，降低质量。

9）粉喷施工中应随时注意管道堵塞、弯折等不利因素影响喷粉，造成搅拌不均匀影响施工质量。

6.3.4 搅拌桩地基质量检验标准

（1）施工前应检查水泥及外掺剂的质量、桩位、搅拌机工作性能及各种计量设备完好程度（主要是水泥浆流量计及其他计量装置）。

（2）施工中应检查机头提升速度、水泥浆或水泥粉注入量、搅拌桩的长度及标高。

（3）施工结束后应检查桩体强度、桩体直径及地基承载力。

（4）进行强度检查时，对承重水泥土搅拌桩应取90d后的试件，对支护水泥土搅拌桩应取28d后的试件。由于水泥土搅拌桩施工的影响因素较多，故检查数量略多于一般桩基。

（5）桩体强度的检查方法转移，各地应选择本地区的成熟方法进行检测。如用轻便触探器检查均匀程度、用对比法判断桩身强度等，可参照国家现行行业标准《建筑地基处理规范》JGJ—79。

（6）水泥土搅拌桩地基质量检验标准应符合表 3-42 的规定。

水泥土搅拌桩地基质量检验标准　　　　表 3-42

项目	序号	检查项目	允许偏差或允许值		检查方法
			单位	数值	
主控项目	1	水泥及外掺剂质量		设计要求	查产品合格证书或抽样送检
	2	水泥用量		参数指标	查看流量计
	3	桩体强度		设计要求	按规定方法
	4	地基承载力		设计要求	按规定方法
一般项目	1	机头提升速度	m/min	≤0.5	量机头上升距离及时间
	2	桩底标高	mm	±200	测机头深度
	3	桩顶标高	mm	+100 −50	水准仪（最上部 500mm 不计入）
	4	桩位偏差	mm	<50	用钢尺量
	5	桩径		<0.04D	用钢尺量，D 为桩径
	6	竖直度	%	≤1.5	经纬仪
	7	搭接	mm	>200	用钢尺量

6.4 灌 浆 法

灌浆法是利用液压、气压或电化学的方法，通过注浆管把浆液均匀地注入地层中，浆液以充填、渗透或挤压等方式，进入土颗粒之间的孔隙中或土体的裂隙中，将原来松散的土体胶结成一个整体，形成强度高、抗渗性好、化学稳定性好的固结体。注浆地基的加固处理效果和质量指标应满足地基的防渗标准、强度和变形标准等基本原则。

6.4.1　灌浆法的作用与适用范围

灌浆法根据灌浆材料不同可分为水泥灌浆、黏土灌浆、化学灌浆。

根据不同的灌浆方法及相应的灌浆材料灌浆法可用于地基的防渗、堵漏、地基加固、纠正原有建筑偏斜，适用于处理砂地基、砾石地基、黏性土地基、湿陷性黄土地基等。

6.4.2　灌浆设备

根据地基所采用的浆液可选用清水泵、泥浆泵、砂浆泵，并按设计要求选用合适的压力型号，再选择合适的浆液搅拌机；注浆管通常采用钢管制成，端头部有一段带孔的花管，选择合适的直径。

6.4.3　灌浆法分类

按照施工工艺和灌浆工作原理的不同，灌浆方法可分为下列几种。

（1）渗透灌浆

渗透灌浆的原理是钻机成孔，将注浆管放入孔中需要注浆的地层，将钻孔顶部封死，启动压力泵，在灌浆泵输送压力的作用下，将调制好的浆液输送和渗透进入土体的孔隙或岩石的裂缝中。如土体的孔隙、裂缝较大，浆液的黏度不高，灌浆压力较大时，浆液可被压送的距离较远；反之裂隙较小、连通性又差、且其间隙又存有填充物时，则浆液不易扩散。

对于加固岩石地基和大坝中的防渗帷幕灌浆,则需用高压水反复冲洗裂缝中的填充物,并使用掺入2‰水泥量的钠基膨润土浆液,才能渗入细缝中。膨润土是一种极细、遇水膨胀、黏性和可塑性都很大的特殊黏性土,它的主要成分是蒙脱石,经过加热、干燥、粉碎而成。膨润土加水湿胀的程度以蒙脱石表面吸附的钠、钙离子不同而异,钠膨润土的湿胀性大,钙膨润土的湿胀性小一些。

渗透灌浆适用于中砂以上的砂砾石层和有裂隙的岩层。

(2) 压密灌浆

压密灌浆法与渗透灌浆法相似,压密灌浆法采用较高的压力,将浓度较大的水泥浆或水泥砂浆,经钻孔挤压入土体中,形成扩大了的球状或柱状等浆液固结体,以提高地基的承载力,减小地基的变形。在施工中为了保持压密灌浆的较高压力,在钻孔套管或处理过的钻孔孔壁与注浆管之间设置止浆塞(封闭与大气隔开)。在高压力作用下,从注浆管压出的"浆泡"可使局部的土体向四周挤密,硬化后的浆土混合物为坚固的球体或柱体。

在黏性土地基中由于黏性土的粒组含量、粒径大小、孔隙和透水性质的影响,采用渗透灌浆的效果不理想,因此多采用压密灌浆的方法。

(3) 劈裂灌浆

这种方法主要应用于黏性土地基,灌浆的方法与压密灌浆相似,但所需的压力更大。在黏性土地层的钻孔中,所需的注浆压力,将超过天然地层初始有效应力和土体破裂强度的压力值,可使钻孔周围的土体产生径向(垂直于钻孔方向)新裂缝(劈裂而成),在注浆压力作用下并使浆液进入裂缝,浆土混合物硬化后达到加固地基的作用。产生劈裂灌浆所需的灌浆压力,可按土体大小有效主应力所表示的土体强度条件确定。

(4) 电渗硅化法

电渗法是用水玻璃(硅酸钠 $Na_2O \cdot nSiO_2$)为主剂的浆液进行化学加固地基的方法。当地基土的颗粒细,孔隙小,渗透系数小($k<10^{-6}$ cm/s),只靠压力灌浆难以使浆液注入细小的孔隙中时,可采用电渗硅化法施工,其原理是将带孔的注浆管为阳极,以滤水管为阴极,在注浆过程中同时通以直流电,使土中产生离子交换、电泳以及电渗作用,在其影响区内形成网状渗透通道,使孔隙水从阳极流向阴极排出,并使化学浆液渗入到土体的孔隙中形成硅胶等物质,产生胶结作用,达到加固地基的目的。电渗硅化法加固细颗粒土,可以不破坏土的原状结构,加固作用快,工期短,但造价高,因此多应用于局部处理工程,例如防治流砂、堵塞泉眼以及地基局部加固等。

6.4.4 注浆地基施工

(1) 浆液材料要求

为了确保注浆地基的效果,施工前应进行室内浆液配比试验及现场注浆试验,以确定浆液配方及施工参数。常用浆液类型见表3-43所示。

1) 注浆浆液应具有一定的流动性和流动维持能力,以便获得较大的扩散距离;

2) 压力注浆的浆液应具有一定的浓度,当采用水泥浆浆液时,坍落度宜为25~75mm;

3) 浆液的析水性要小,稳定性要高;

4) 对防渗浆液的结石要求具有较高的不透水性和抗渗稳定性;

常用浆液类型 表3-43

浆 液		浆液类型	浆 液		浆液类型
粒状浆液(悬液)	不稳定粒状浆液	水泥浆	化学浆液(溶液)	有机浆液	环氧树脂类
		水泥砂浆			甲基丙烯酸酯类
	稳定粒状浆液	黏土浆			丙烯酰胺类
		水泥黏土浆			水质素类
化学浆液(溶液)	无机浆液	硅酸岩浆			其他

5) 对加固地基浆液的结石要求具有较高的强度和较小的变形性;

6) 制备浆液所用的材料及凝结固体,不应具有较高的毒性(或毒性很小);

7) 浆液的初凝时间应根据地质土质条件和注浆目的确定,在砂土中,浆液的初凝时间宜为5~20min,黏性土地基宜为1~2h;

8) 软土地基可选用水泥为主剂的浆液,也可选用水泥与水玻璃的混合浆液。在地下水流动的情况下不应采用单浆水泥液。

(2) 注浆法施工工艺

注浆法施工可分为花管注浆法、套管护壁法、边钻边注法、袖阀管法四种。

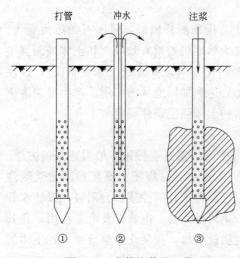

图3-48 花管注浆法工艺

1) 花管注浆法施工工艺:① 首先在地层中打入下部带尖的花管(花管注浆管在头部1~2m范围内侧壁开孔,孔眼为梅花形布置,孔眼直径一般为3~4mm,注浆管直径一般比锥尖的直径小1~2mm,有时为防止孔眼堵塞,可在开口的孔眼外包一圈橡皮环);②然后冲洗进入管中的砂土;③最后自下而上分段拔管注浆。如图3-48所示。

这种方法简单,但遇卵石及块石时打管很困难,故只适用于较浅的砂土层,注浆时还易沿管壁冒浆,另外还存在不能二次注浆、注浆深度不及塑料单向阀管等缺点。

2) 套管护壁法施工工艺:①边钻孔边打入护壁套管,直到预定的注浆深度;②接着下入注浆管;③然后拔出套管灌注第一段浆;④再用同法灌注第二段及其余各段,直到孔顶,如图3-49所示。

这种注浆法的缺点是打管困难,为使套管达到预定的注浆深度,常需在同一钻孔中采用几种不同直径的套管。

3) 边钻边注法施工工艺:仅在地表埋设护壁管,而无需在孔中打入套管,自上而下钻完一段注浆一段,直至预定深度为止。钻孔时需用泥浆或较稀的浆液护壁。如砂砾层表面有黏性土覆盖,护壁管可埋设在土层中,如无黏性土层则埋设在砂砾层中,但后一种情况将使表层砂砾石得不到适宜的灌注。如图3-50所示。

边钻边注法的优点是无需在砂砾层中打管,缺点是容易冒浆,注浆压力难以按深度要求控制,注浆质量难以保证。

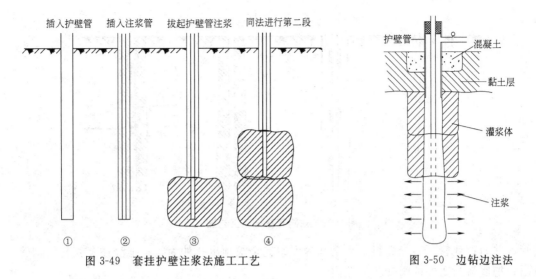

图 3-49 套挂护壁注浆法施工工艺　　图 3-50 边钻边注法

4）袖阀管法施工工艺：这一方法由法国首创，于 20 世纪 50 年代开始广泛应用于国际土木工程界。袖阀管法所用的主要设备及钻孔构造如图 3-51 所示。

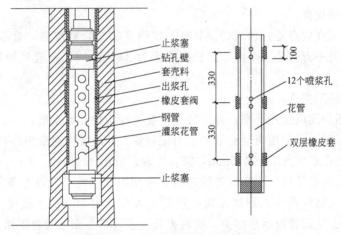

图 3-51 袖阀管法的设备和制造

袖阀管法的施工工艺（如图 3-52 所示）：①钻孔：一般采用膨润土泥浆护壁，很少用套管护壁；②插入袖阀管：为使套壳料的厚度均匀，应设法使袖阀管位于钻的中心；③浇注套壳料：用套壳料置换孔内泥浆，浇注时应避免套壳料进入袖阀管内，并严防孔内泥浆混入套壳料中；④注浆：待套壳料具有一定强度后，在袖阀管内放入带双塞的注浆管进行注浆，浆液在一定的注浆压力下将套壳料挤破即开环，浆液从开环处注入孔侧面的土层中。套壳在规定的注浆段范围内受到均匀和充分的破碎，就算达到了好的开环质量。

套壳料的作用：一方面是封闭袖阀管与钻孔之间的环状空间，防止注浆时浆液到处流串，在橡皮袖阀和止浆塞的配合下，迫使浆液只在一个注浆段范围内开环（即挤破套壳管）而进入地层。高强度套壳料对防止浆液串冒是有利的，但却不利于开环；低强度套壳料虽有利于开环，却容易使浆液向上串冒。套壳料强度必须兼备开环和防止串浆的双重需要。在确定套壳料配方时，除了室内试验研究外，尚应进行现场试验。

套壳料的浇注程序如下：采用泥浆护壁钻孔，直至预定的深度；在孔中插入无孔眼的

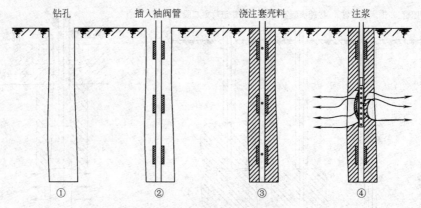

图 3-52 袖阀管法施工工艺图

钢管,并通过此管压入套壳料,直至孔内泥浆完全被顶出孔外为止;把浇注套壳料的钢管拔出;把底端封闭的袖阀管压入孔内。

袖阀管法的主要优点为:可根据需要灌注任何一个注浆段,还可进行重复注浆;可使用较高的注浆压力,注浆时冒浆和串浆的可能性很小;钻孔和注浆作业可以分开进行,使钻孔设备的利用率提高。

袖阀管法的主要缺点是:袖阀管被具有一定强度的套壳料胶结,难以拔出重复使用,管材耗费较多;另一方面是每个注浆段长度固定为33~50cm,不能根据地层的实际情况调整注浆段长度。

(3) 注浆法施工要点:

1) 施工现场场地应预先平整,并沿钻孔位置开挖沟槽和集水坑;

2) 注浆施工时,宜采用自动流量和压力记录仪,并应及时对资料进行整理分析;

3) 注浆孔的孔径宜为70~110mm,竖直度偏差应小于1%;

4) 压密注浆施工钻机与注浆设备就位后,采用振动法将金属注浆管压入土中。当采用钻孔法时,应从钻杆内注入封闭泥浆,然后插入孔径为50mm的金属注浆管。待封闭泥浆凝固后,捅去注浆管的活络堵头,然后提升注浆管自上而下或自下而上对地层注入水泥-砂浆液或水泥-玻璃双液快凝浆液;

5) 无论是花管注浆法还是压密注浆法,为防止浆液沿管壁上冒,可加一些速凝剂或压浆后间歇数小时,使在加固层表面形成一层封闭层,如在地表有混凝土之类的硬壳覆盖的情况,也可将注浆管一次压到设计深度,再自下而上分段施工;

6) 封闭泥浆7d立方体试块(边长为7.07cm)的抗压强度应为0.3~0.5MPa,浆液黏度应为80~90s;

7) 浆液宜用强度等级为42.5级或52.5级的普通硅酸盐水泥;

8) 注浆时可掺用粉煤灰代替部分水泥,掺入量可为水泥重量的20%~50%;

9) 根据工程需要,可在浆液拌制时加入速凝剂、减水剂和防析水剂;

10) 注浆用水不得采用pH值小于4的酸性水和工业废水;

11) 水泥浆的水灰比可取0.6~2.0,常用的水灰比为1.0;

12) 当用花管注浆和带有活堵头的金属注浆管时每次上拔或下钻高度宜为0.5m;

13) 注浆流量可取7~10L/min,对冲填型注浆,流量不宜大于20L/min;

14）浆体应经过搅拌机充分搅拌均匀后才能开始压注，并应在注浆过程中不停地缓慢搅拌。搅拌时间应小于浆液初凝时间。浆液在泵送前应经过筛网过滤；

15）日平均温度低于5℃或最低温度低于－3℃的条件下注浆时，应在施工现场采取措施，保证浆液不冻结；

16）水温不得超过30～35℃，并不得将盛浆桶和注浆管路在注浆体静止状态暴露于阳光下，以防止浆液凝固；

17）每段注浆的终止条件为吸浆量小于1～2L/min，当某段注浆量超过设计值的1～1.5倍时，应停止注浆，间歇数小时后再注，以防浆液扩散到加固段外；

18）为防止邻孔串浆，注浆顺序应按跳孔间隔注浆方式进行，并宜采用先外围后内部的注浆施工方法，以防浆液流失。当地下水流速较大时，应考虑浆液在水流中的迁移效应，应从水头高的一端开始注浆；

19）对渗透系数相同的土层，首先应注浆封顶，然后由下向上进行，以防止浆液上冒。如土层的渗透系数随深度而增大，则应自下而上注浆。对相邻地层，首先应对渗透性或孔隙率大的地层进行注浆；

20）当既有建筑物地基进行注浆加固时，应对既有建筑物及其邻近建筑物、地下管线和地面的沉降、倾斜、位移和裂缝进行监测，并应采用多孔间隔注浆和缩短浆液凝固时间等措施，减少既有建筑物基础因注浆而产生的附加沉降。尤其是劈裂注浆施工，会产生超静孔隙水压力，孔隙水压力的消散使土体固结和劈裂浆体凝结，可提高土的强度和刚度，但土层的固结要引起土体的沉降和位移。因此，土体的加固效应与土体的扰动效应应是同时发展的过程，其结果是导致土体的加固效应和某种程度土体的变形，这就是单液注浆的初期会产生地基附加沉降的原因。而多孔间隔注浆和缩短浆液凝固时间等措施，能尽量减少既有建筑物基础因注浆而产生的附加沉降。

6.4.5 注浆地基质量检验标准

（1）施工前应掌握有关技术文件（注浆点位置、浆液配比、注浆技术施工参数、检测要求等）。浆液组成材料的性能应符合设计要求，注浆设备应保持正常运转。

（2）施工中应经常抽查浆液的配比及主要性能指标、注浆的顺序、注浆过程中的压力控制等。

（3）施工结束后，应检查注浆体强度、承载力等。检查孔数为总量的2％～5％，不合格率大于或等于20％时应进行二次注浆。检验应在注浆后15d（砂土、黄土）或60d（黏性土）进行。

（4）注浆地基的质量检验标准应符合表3-44的规定。

注浆地基的质量检验标准　　　　　　　表3-44

项目	序号	检查项目	允许偏差或允许值		检查方法
			单位	数值	
主控项目	1	原材料检查	水泥	设计要求		查产品合格证书或抽样送检
			注浆用砂：粒径	mm	<2.5	实验室试验
			细度模量		<2.0	
			含泥量及有机物含量	％	<3	

续表

项目	序号	检查项目		允许偏差或允许值		检查方法
				单位	数值	
主控项目	1	原材料检查	注浆用泥土：塑性指数		>14	实验室试验
			黏粒含量	%	>25	
			含沙量	%	>5	
			有机物含量	%	>3	
			粉煤灰：细度	不粗于同时使用的水泥		实验室试验
			烧失量	%	<3	
			水玻璃：模数	2.5～3.3		抽样送检
			其他化学浆液	设计要求		查产品合格证书或抽样送检
	2	注浆体强度		设计要求		取样检验
	3	地基承载力		设计要求		按规定方法
一般项目	1	各种材料称量误差		%	<3	抽检
	2	注浆孔位		mm	±20	用钢尺量
	3	注浆孔深		mm	±100	量测注浆管长
	4	注浆压力(与设计参数比)		%	±10	检查压力表读数

复习思考题

1. 软弱地基常用的处理方法有哪些？
2. 换填法垫层的厚度如何确定？
3. 换填法垫层的宽度如何确定？
4. 换填垫层的施工方法有哪几种？简述其施工过程。
5. 简述土和灰土挤密桩的施工工艺。
6. 如何选择振动桩锤？
7. 砂石桩的间距如何确定？
8. 砂石桩孔内填砂量的要求是什么？
9. 振动挤密砂桩的成桩工艺有哪几种？简述施工工艺。
10. 振冲法加固地基的原理是什么？
11. 振冲法成孔的方法有哪几种？
12. 振冲法施工要点有哪些？
13. 强夯法的基本要求有哪些？
14. 简述强夯法的施工过程。
15. 预压固结法的工作原理是什么？
16. 何谓化学加固法？
17. 高压喷射注浆法如何分类？
18. 注浆材料种类有哪几种？
19. 搅拌桩如何进行分类？
20. 粉体喷射搅拌法工作原理是什么？
21. 灌浆法有哪几种方法？
22. 注浆法施工工艺有哪些？

单元 4　基础工程施工

知　识　点：浅基础施工、箱形基础施工、桩基础施工、深基础施工。
教学目标：通过本单元的学习使学生了解一般浅基础施工技术，了解箱形基础的施工技术，了解桩基础和深基础的施工技术。

课题 1　浅基础施工

1.1　浅基础施工概述

1.1.1　浅基础施工前准备
（1）现场、资料准备
开工前应熟悉施工图，了解施工现场情况，做好施工组织设计。做好施工现场的三通一平工作（即临时供水、供电、道路要通，施工场地要平整），按施工组织设计安排材料场地、搅拌棚材料库等工作。按图纸放线、验线、开槽等。
（2）机具准备
一般指水平和竖直运输工具、搅拌设备、其他小型工具等。如井架、搅拌机、灰浆机、振捣器、小推车、大小灰槽、皮数杆等。
（3）材料准备
按工程进度要求分批、分段准备施工所用砖、瓦、灰、砂、石、钢筋、木材、模板等材料，做好材料质量检验，保证工程连续施工。在基础施工前对砖基础还应提前用水浇砖，以保证工程质量。
1.1.2　浅基础的施工工艺顺序
在天然地基上建造浅基础的施工工艺顺序如下：①基础定位放线；②基坑开挖（包括加支撑和排除地下水）；③验槽和基底土的处理；④基础砌筑（浇筑）；⑤基坑回填。
（1）基础定位放线
基础定位放线是在建筑场地上，标定出建筑物的位置。将建筑物的轴线、基础边线和基坑边线在建筑场地上标定出来，参见有关单元。
（2）基坑开挖
基坑（槽）的开挖参见有关单元。
（3）验槽
当基坑（槽）挖至设计标高后，应组织设计、施工、质量监督和使用部门相关人员共同检查坑底土层是否与设计、勘察资料相符，是否存在填井、填塘、暗沟、墓穴、空洞等不良情况，称为验槽。
验槽的主要内容包括：基坑（槽）的几何尺寸、槽底标高、土质情况、地下水情况、槽底异物情况、排降水方式、支护位移情况等。应逐一验收，填写表格，并要绘制基坑（槽）平面图、剖面图，结果需建设单位、勘察单位、设计单位、施工单位、监理单位共同签字确认。

验槽的方法以观察为主，辅以夯、拍和轻便触探。

1) 观察：应重点注意柱基、墙角、承重墙等受力较大的部位，观察分析基底土的结构、孔隙、湿度、有机物含量等，与设计勘察资料相比较，对可疑之处应局部下挖检查。

2) 夯、拍：是辅以木夯、打夯机等工具对干燥的坑底进行夯、拍检查，对软土和湿土不宜夯、拍，以免破坏基底土层。从夯、拍的声音中判断土中是否存在空洞或墓穴，对可疑现象用轻便触探仪进一步检查。

3) 轻便触探使用探钎、轻便动力触探、手摇螺纹钻、洛阳铲等对地基的主要受力层进行检查，或针对夯、拍可疑点进行进一步检查。

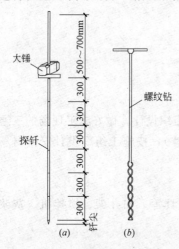

图 4-1 轻便勘探工具

钎探：用 $\phi22\sim\phi25mm$ 的钢筋作钢钎，如图 4-1（a）所示。钎尖呈 60°锥状尖，长度 1.8～2.0m，每 300mm 作一刻度。钎探时用质量为 4～5kg 的大锤将钢钎打入土中，锤应自由下落，锤的落距为 600mm，记录每打入土中 300mm 的锤击数，据此数据判断土的软硬程度。钎孔的布置和深度应根据地基土质的情况和基槽的形状而确定。孔距一般以 1～2m 为宜，钎探时发现洞穴和异常现象应加密钎探点位，以确定其范围。钎孔的平面布置可采用行列布置，也可采用梅花形布置，孔的深度约为 1.5～2.0m。钎探完成后要认真分析钎探记录，将锤击数过多或过少的点位在图上标出，以备重点复查。

手摇螺纹钻：一种小型轻便钻，用人力旋入土中，如图 4-1（b）所示。钻杆可接长，钻探深度一般为 6m，在软土中可达 10m，孔径约为 70mm。每钻入土中 300mm 后将钻杆拔出，由附着在钻头上的土分析土层情况。

根据验槽结果，了解基础底部土层是否满足设计要求，若不满足要求由设计单位提出处理意见，若满足设计要求即可进行下一步垫层和基础施工工作。

1.2 无筋扩展基础的施工

1.2.1 砖基础施工

砖基础通常采用烧结普通实心黏土砖砌筑，主要由基础垫层、大放脚、基础墙和防潮层组成。截面形式为阶梯形，大放脚每阶挑出 1/4 砖长。具有能就地取材、价格低廉、施工简便等特点，是常用的基础形式。适用于六层以下的低层民用和工业建筑。

（1）砖砌基础构造要求

砖基础构造详图如图 4-2 所示。砖基础习惯上采用大放脚，砌筑在基础垫层上，砌筑方法有"二一间隔法"和"两皮一收法"。砌筑时从底部先砌两皮砖，缩进 1/4 砖然后砌一皮砖，再缩进 1/4 砖，再砌两皮砖，如此反复砌筑至基础墙，此法为"二一间隔法"，如图 4-2（a）所示。砌筑时每两皮砖缩进 1/4 砖，反复砌筑，称为"两皮一收法"，如图

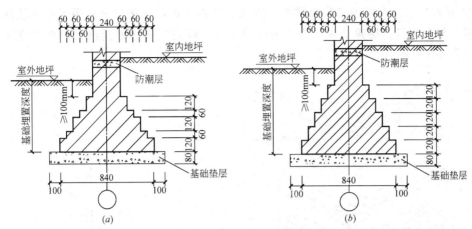

图 4-2 砖基础构造详图
(a) 二一间隔法大放脚；(b) 两皮一收大放脚

4-2（b）所示。采用这两种方法砌筑应满足刚性角的要求（1∶1.5）。特别注意，大放脚最下面的一阶，必须为两皮砖。

砖基础的垫层可采用混凝土，一般要求从基础的边缘向外挑出 100mm，其厚度一般为 70～100mm。

基础大放脚顶面，距室外地坪应保证具有一定的距离，不宜小于 100mm。

基础防潮层应设置在室内地坪以下，可用 1∶2 的水泥砂浆掺防潮粉抹 30mm 厚，也可采用 60mm 厚细石混凝土浇筑，并应符合设计要求。

（2）材料要求

1）基础埋于地下，经常处于潮湿状态，易腐蚀，必须保证基础材料具有足够的强度和耐久性。根据地基的潮湿程度和水文地质条件，基础所用材料的最低强度等级应满足表 4-1 的要求。

基础用料砖、石、砂浆的最低强度等级　　　　表 4-1

地基土的潮湿程度	砖		石材	水泥砂浆
	严寒地区	一般地区		
稍潮湿的	MU10	MU10	MU20	M5
很潮湿的	MU15	MU10	MU20	M5
含水饱和的	MU20	MU15	MU30	M7.5

注：1. 石材的重度不低于 $18kN/m^3$；
2. 地面以下或防潮层以下的砌体不应采用空心砖、硅酸盐砖或硅酸盐砌块。

2）在砌筑基础前，砖应提前浇水湿润，含水率应控制在 10%～15%。

3）砌筑砂浆的强度应符合设计要求，并满足表 4-1 的要求，稠度宜控制在 7～10cm。

（3）砖基础施工要点

施工工艺顺序：①基础垫层施工；②基础弹线；③砌筑大放脚、基础墙；④回填土；⑤防潮层。

1）基础施工前首先应进行验槽工作，可采用轻便触探的方法，并做好锤击数记录以备验收。将基槽底部清理好，铺设垫层。

2）基础施工应在基础垫层上放线，放线后检查无误，在垫层上先用干砖排放砖的错缝位置，使砌体符合砌筑要求。为控制砌筑标高，应先在转角处及高低角接处立好皮数杆，如图 4-3 所示。

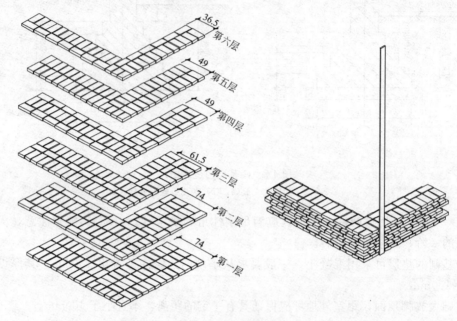

图 4-3 二一间隔砌法

3）砌筑时应先按皮数杆挂好线，铺底灰，宜采用"一顺一丁"组砌方式，并采用"三、一"砌法砌筑，必须做到上下错缝。内外搭接不允许出现连续的竖直缝，上下错层的压缝长度不小于 1/4 砖长。并要求砂浆饱满，厚薄均匀，饱满度不小于 80%。不"游丁走缝"，竖缝要对直，横缝要水平，灰缝的宽度宜控制在 10mm 左右。

4）基础的转角处应放七分头砖，应分层错开排放，竖缝不能形成直缝，基础的最底层与最顶层砖的排放宜摆放丁砖。如图 4-3 所示。

5）基础的转角处、内外墙交界处应同时砌筑，如因特殊情况不能同时砌筑时，应按构造要求预留斜槎，斜槎的长度不应小于高度的 2/3。

6）基底标高不同时，应从低处砌起，并应由高处向低处搭砌。当设计无要求时，搭接长度不应小于基础扩大部分的高度。

7）砖基础中如有洞口、管道、沟槽等，应在砌筑时按位置预留，宽度超过 300mm 的洞口应在上面加放过梁或砌筑平拱。

8）当砌筑至防潮层时，应用水准仪抄平，以控制基础的标高。

9）基础工程属于隐蔽工程，施工中应做好隐蔽工程质量记录，以备分项工程质量验收。

（4）基础施工注意事项

1）轴线偏移：为防止砌筑基础大放脚两侧收缩不均匀，从而造成上部墙体轴线偏移，应在基础收缩时拉线核对，经常进行调整。拉线时应利用龙门架、中心桩定位，龙门架、中心桩之间不宜堆土和放料。

2）基础偏斜、标高偏差：基础砌筑时控制标高的主要工具就是皮数杆，皮数杆可直接夹砌在基础中心桩位置，用水准仪配合使用。砌筑宽大基础大放脚时宜采用双面挂线，以免基础顶面偏斜。

3）基础防潮层的做法：基础防潮层的做法应按设计要求完成。当采用水泥砂浆时，应掺入3％的防潮粉，铺抹厚度不宜小于30mm，要保证灰浆的配比强度，不能使用剩灰剩浆。防潮层施工宜安排在基础回填后进行，以免回填土时毁坏防潮层，施工时应尽量不留施工缝，施工后应进行养护。

(5) 质量检验

1）砌筑基础前，应校核放线尺寸，允许偏差应符合表4-2的规定（主控项）。

放线尺寸的允许偏差　　　　　　　　　　表4-2

长度L、宽度B(m)	允许偏差(mm)	长度L、宽度B(m)	允许偏差(mm)
L（或B）≤30	±5	60<L（或B）≤90	±15
30<L（或B）≤60	±10	L（或B）>90	±20

2）砌体的位置及竖直度允许偏差应符合表4-3的规定（主控项）。

砌体的位置及竖直度允许偏差　　　　　　　　　　表4-3

项次	项　目			允许偏差(mm)	检验方法
1	轴线位置偏移			10	用经纬仪和尺检查或用其他测量仪器检查
2	竖直度	每层		5	用2m托线板检查
		全高	≤10m	10	用经纬仪、吊线和尺检查，或用其他仪器检查
			>10m	20	

3）基础砖砌体的一般尺寸允许偏差应符合表4-4的规定（一般项）。

基础砖砌体的一般尺寸允许偏差　　　　　　　　　　表4-4

项次	项　目		允许偏差(mm)	检查方法	抽检数量
1	基础顶面和楼面标高		±15	用水平仪和尺检查	不应少于5处
2	表面平整度	清水墙柱	5	用2m靠尺和楔形塞尺检查	有代表性自然房间10％，但不应少于3间，每间不应少于2处
		混水墙柱	8		
3	水平灰缝平直度	清水墙	7	拉10m线和尺检查	
		混水墙	10		

1.2.2 毛石基础施工

毛石基础采用强度较高未风化的毛石与具有一定强度的水泥砂浆砌筑而成。

(1) 材料与构造要求

1）构造要求：毛石基础的构造详图如图4-4所示。

毛石基础的截面形式一般为台阶形，基础顶面距砖脚（或柱脚）的尺寸不宜小于100mm，台阶的高度一般为300～400mm，每阶台阶宜采用2～3层毛石砌筑，应满足刚性角的要求。

2）材料要求：毛石基础是由石材和砂浆砌筑而成，毛石基础能否满足设计要求，石材和砂浆的强度等级起决定性作用,因此石材及砂浆强度等级必须符合设计要求,毛石和砂浆材料最低强度等级应符合表4-1的要求。

(2) 施工要点

施工工艺顺序:①基础垫层施工;②基础放线;③砌筑大放脚、基础墙;④回填土;⑤防潮层。

1) 基础施工前首先应进行验槽工作,可采用轻便触探的方法,并做好锤击数记录以备验收。将基槽底部清理好,铺设垫层。

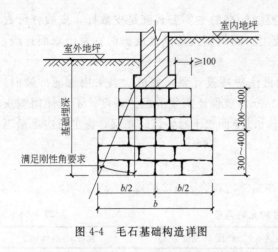

图 4-4 毛石基础构造详图

2) 在基础垫层上放好基础大样线,立好皮数杆,皮数杆上主要标注台阶的收缩高度,以控制基础的标高。

3) 砌筑方法应采用坐浆法,石块在砌筑前应将表面的泥垢、水锈等杂质清洗干净,砌体砌筑后要养护。

4) 砌筑时应拉线砌筑,先铺底灰,最下一层和最上一层石材宜使用较大的块石,由于毛石的形状不规整,因此砌筑时要选择表面,第一皮块石应大面朝下,坐浆丁砌。

5) 毛料石和粗料石砌体的灰缝厚度不宜大于20mm,砂浆应饱满。石块间的较大缝隙应先填砂浆后用小石块嵌实,不得先填石块后灌砂浆。

6) 石砌体的组砌形式应符合内外搭砌、上下错缝,拉结石、丁砌石交错设置,不得使用外表砌石内部填芯的砌筑方法。

7) 砂浆初凝后,如果再移动已砌筑的石块,应将原砂浆清理干净,重新铺浆砌筑。

8) 每砌完一层,检查校对中心线、砌体的高差、砌体有无偏斜现象。

(3) 施工注意事项

1) 砌筑通缝:砌筑时发现通缝应拆除重砌,挑选石块应根据砌筑的部位,注意石块的前后、左右、上下交错缝隙,不得出现直缝。

2) 里外两层皮:砌筑毛石墙拉结石每 $0.7m^2$ 墙面不应少于一块,宜间隔 1.5m 砌筑一块拉结石,且上下皮错开形成梅花形。当墙体厚度大于 400mm 以上时,宜用两块拉结石内外搭接,搭接长度不小于 150mm,长度应大于墙厚的 2/3,以防止出现砌体里外两层皮现象。

注意大小石块的搭配使用,前后石块有搭接,接砌缝要错开,排石要稳固,避免平面处出现十字缝。

(4) 质量检验

1) 主控项目:石材及砂浆强度等级必须符合设计要求。料石检查产品质量证明,石材、砂浆检查试块试验报告。

同一验收批次砂浆试块抗压强度平均值必须大于或等于设计强度等级所对应的立方体抗压强度;同一验收批次砂浆试块抗压强度的最小一组平均值必须大于或等于设计强度等级所对应的立方体抗压强度的 0.75 倍。

砂浆饱满度不应小于80%。

石砌体的轴线位置及竖直度允许偏差应符合表4-5的规定。

石砌体的轴线位置及竖直度允许偏差 表4-5

项次	项目		允许偏差(mm)						检验方法
			毛石砌体		料石砌体				
			基础	墙	毛料石		粗料石		细料石
					基础	墙	基础	墙	墙、柱
1	轴线位置		20	15	20	15	15	10	10	用经纬仪和尺检查或用其他测量仪器检查
2	墙面竖直度	每层		20		20		10	7	用经纬仪、吊线和尺检查或用其他测量仪器检查
		全高		30		30		25	20	

2) 一般项目：石砌体的一般尺寸允许偏差应符合表4-6的规定。

石砌体的一般尺寸允许偏差 表4-6

项次	项目		允许偏差(mm)						检验方法
			毛石砌体		料石砌体				
			基础	墙	基础	墙	基础	墙	墙、柱
1	基础和墙砌体顶面标高		±25	±15	±25	±15	±15	±15	±10	用水准仪和尺检查
2	砌体厚度		+30	+20 -10	+30	+20 -10		+10 -5	+10 -5	用尺检查
3	表面平整度	清水墙、柱	—	20		20		10	5	细料使用2m靠尺和楔形塞尺检查 其他用两直尺垂直于灰缝拉2m线和尺检查
		混水墙、柱		20		20		15		
4	清水墙水平灰缝平直度							10	5	拉10m线和尺检查

1.2.3 灰土与三合土基础施工

灰土基础使用消化后的熟石灰与黏性土按体积比3:7或2:8配置。在适宜的湿度条件下将灰土搅拌均匀，分层铺设夯实，上部砌筑大放脚。灰土基础是传统的基础形式，我国在一千年以前就采用这种基础形式。灰土基础适用于地下水位较低，五层及五层以下的混合结构房屋和墙承重的轻型工业厂房工程。

三合土基础是用石灰、砂、碎砖或碎石，按体积比1:2:4~1:3:6配置，加适量的水搅拌均匀，分层填铺并夯实，上部砌筑砖大放脚。三合土基础一般适用于地下水位较低的四层及四层以下的民用建筑。

(1) 材料与构造要求

1) 构造要求：灰土与三合土基础构造详图如图4-5所示。两者构造相似，只是填料不同。

2) 材料要求：灰土基础材料应按体积配合比拌料宜为2:8或3:7。土料宜采用不含松软杂质的粉质黏性土及塑性指数大于4的粉土。对土料应过筛，其粒径不得大于15mm。土中的有机质含量不得大于5%。

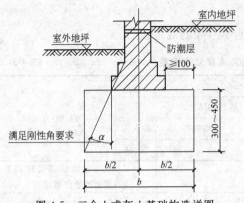

图 4-5 三合土或灰土基础构造详图

灰土用的熟石灰应在使用前一天将生石灰浇水消解,熟石灰中不得含有未熟化的生石灰块和过多的水分,生石灰消解 3～4d 筛除生石灰块后使用。过筛粒径不得大于 5mm。

三合土基础材料应按体积配合比拌料宜为 1∶2∶4～1∶4∶6,宜采用消石灰、砂、碎砖配置。砂宜采用中、粗砂和泥砂,砖应粉碎,其粒径为 20～60mm。

(2) 施工要点

施工工艺顺序:①清理槽底;②分层回填灰土并夯实;③基础放线;④砌筑放脚、基础墙;⑤回填房芯土;⑥防潮层。

1) 施工前应先验槽,清除松土,如有积水、淤泥应清除晾干,槽底要求平整干净。

2) 灰土基础拌和灰土时,应根据气温和土料的湿度搅拌均匀,灰土的颜色应一致,含水量宜控制在最优含水量±2%的范围(最优含水量可通过室内击实试验求得,一般为 14%～18%)。

3) 填料时应分层回填,其厚度宜为 200～300mm,夯实机具可根据工程大小和现场机具条件确定,夯实遍数一般不少于 4 遍。

4) 灰土上下相邻土层接槎应错开,其间距不应小于 500mm。接槎不得在墙角、柱墩等部位,在接槎 500mm 范围内应增加夯实遍数。

5) 基础底面标高不同时,土面应挖成阶梯或斜坡搭接,按先深后浅的顺序施工,搭接处应夯压密实。分层分段铺设时,接头应作成斜坡或阶梯形搭接,每层错开 0.5～1.0m,并应夯压密实。

6) 当日铺填的灰土当日压实,且压实后三日内不得受水浸泡。

7) 雨期施工时,应适当采取防雨、排水措施,保证在无水状态下施工。

8) 冬期施工,必须在基层不受冻的状态下进行,应采取有效的防冻措施。

(3) 质量检验

灰土土料石灰或水泥(当水泥代替土中的石灰时)等材料及配合比应符合设计要求,灰土应拌合均匀。

施工过程中应检查分层铺设的厚度、分段施工时上下两层的搭接长度、夯实加水量、夯实遍数、压实系数等。

施工结束后应检查灰土基础的承载力。灰土地基的质量验收标准应符合表 4-7 的规定。

1.2.4 混凝土基础与毛石混凝土基础施工

混凝土基础:当荷载较大、地下水位较高时常采用混凝土基础。混凝土基础的强度较高,耐久性、抗冻性、抗渗性、耐腐蚀性都很好。基础的截面形式常采用台阶形,阶梯高度一般不小于 300mm。

(1) 构造与材料要求

1) 构造要求:毛石混凝土基础与混凝土基础的构造相同,当基础体积较大时,为了

灰土地基的质量验收标准 表 4-7

项目	序号	检查项目	允许偏差或允许值		检查方法
			单位	数值	
主控项目	1	地基承载力	设计要求		按规定方法
	2	配合比	设计要求		按拌和时的体积比
	3	压实系数	设计要求		现场实测
一般项目	1	石灰的粒径	mm	≤5	筛分法
	2	土料有机质含量	%	≤5	实验室焙烧法
	3	土颗粒粒径	mm	≤15	筛分法
	4	含水量(与要求的最优含水量比较)	%	±2	烘干法
	5	分层厚度偏差(与设计要求比较)	mm	±50	水准仪

节约混凝土的用量,降低造价,可掺入一些毛石,掺入量不宜超过 30%,形成毛石混凝土基础。构造详图如图 4-6 所示。

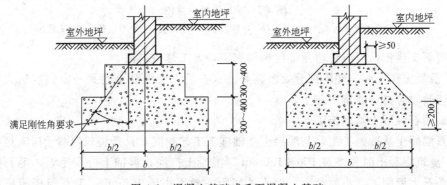

图 4-6 混凝土基础或毛石混凝土基础

2) 材料要求:混凝土的强度等级不宜低于 C15;毛石要选用坚实、未风化的石料,其抗压强度不低于 30kPa;毛石尺寸不宜大于截面最小宽度的 1/3,且不大于 300mm;毛石在使用前应清洗表面泥垢、水锈,并剔除尖条和扁块。

(2) 混凝土基础施工

施工工艺顺序:①基础垫层;②基础放线;③基础支模;④浇筑混凝土;⑤拆模;⑥回填土。

1) 首先清理槽底验槽并做好记录。按设计要求打好垫层,垫层的强度等级不宜低于 C15。

2) 在基础垫层上放出基础轴线及边线,按线支立预先配制好的模板。模板可采用木模,也可采用钢模。模板支立要求牢固,避免浇筑混凝土时跑浆、变形。如图 4-7 所示。

3) 台阶式基础宜按台阶分层浇筑混凝土,每层可先浇筑边角后浇筑中间。第一层浇筑完工后,可停 0.5~1.0h,待下部密实后再浇筑上一层。

4) 混凝土的浇筑高度在 2m 以内时,可直接将混凝土卸入基槽;当混凝土的浇筑高度超过 2m 时,应采用漏斗、串筒将混凝土溜入槽内,以免混凝土产生离析分层现象。

5) 基础截面为锥形斜坡较陡时,斜面部分应支模浇筑,并防止模板上浮。斜坡较平

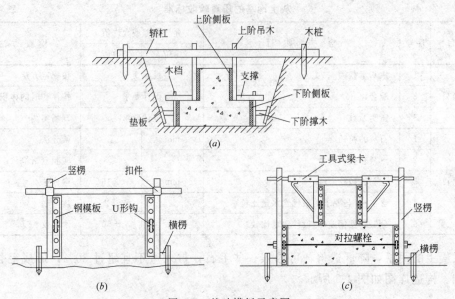

图 4-7 基础模板示意图
(a) 阶梯条形基础木模板支模；(b) 单阶条形基础钢模板；(c) 双阶条形基础钢模板

缓时，可不支模板，但应将边角部位振捣密实，人工修整斜面。

6）混凝土初凝后，外露部分要覆盖并浇水养护，待混凝土达到一定强度后方可拆除模板。待验收合格后回填房芯土。

(3) 毛石混凝土基础施工

毛石混凝土基础施工工艺与混凝土基础施工工艺相同，只是浇筑混凝土时有区别。

1）浇筑混凝土时先浇筑100～150mm厚混凝土打底，再铺上一层毛石。毛石铺放要均匀，毛石大面朝下，小面朝上，毛石的间距一般不小于100mm，毛石与模板槽壁的距离不小于150mm。

2）毛石均匀铺放后，继续浇筑混凝土100～150mm厚。再按上述方法铺放毛石，逐层向上浇筑。每层厚度不宜超过200～250mm，用振捣棒振捣密实，插入振捣棒应避免触及毛石和模板，如此往复直至基础顶面。毛石与顶面的距离不宜小于100mm，毛石的总掺入量不宜大于30%。

3）台阶形毛石混凝土基础，每阶高内不再划分浇筑层，每阶顶面要抹平。对于独立毛石基础，应一次浇筑完成不留施工缝。

1.3 钢筋混凝土基础施工

钢筋混凝土基础具有强度大、抗弯、抗拉、抗压性能好的特点。相对于刚性基础具有一定的柔性，在相同的条件下，基础的埋置深度不需加深，基础的底面积可以扩展。适用于软弱地基和荷载较大的工程。钢筋混凝土基础包括：柱下钢筋混凝土独立基础、墙下钢筋混凝土条形基础、柱下条形基础、筏板基础等。

1.3.1 钢筋混凝土独立基础施工

钢筋混凝土独立基础是柱基础的主要形式，有现浇柱钢筋混凝土基础和预制柱钢筋混凝土基础两种形式。现浇柱下钢筋混凝土基础，可做成台阶形或锥形，如图 4-8 (a)、 (b)。预制柱下钢筋混凝土基础可做成杯形基础,如图 4-8(c)所示。

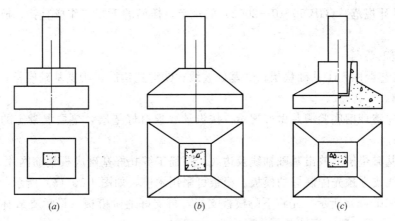

图 4-8 柱下钢筋混凝土独立基础
(a)台阶形基础;(b)锥形基础;(c)杯形基础

(1) 材料与构造要求

现浇柱基础构造要求：现浇钢筋混凝土独立基础有锥形、阶梯形两种形式,构造要求如图 4-9 所示。

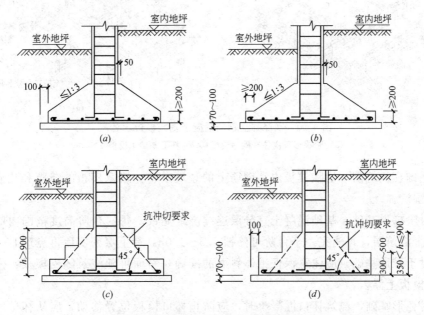

图 4-9 现浇柱下独立基础构造要求
(a)现浇锥形基础;(b)现浇锥形基础;(c)现浇阶梯形基础;(d)现浇阶梯形基础

基础垫层厚度不宜小于 70mm,混凝土强度等级为 C15。基础混凝土强度等级不宜小于 C20。锥形基础边缘的高度不宜小于 200mm；阶梯形基础每阶高度宜为 300～500mm。底板受力钢筋直径不宜小于 10mm,间距不宜大于 200mm,也不宜小于 100mm。当有垫层时底板钢筋保护层厚度为 40mm,无垫层时为 70mm。当基础的边长尺寸大于 2.5m 时,受力钢筋的长度可缩短 10%,钢筋应交错布置参见图 4-12。

现浇柱的插筋数目与直径同柱内要求，插筋的锚固长度及与柱的搭接长度应满足《钢筋混凝土设计规范》(GB 50010—2002) 的规定。插筋的下端应作成直钩，放在底板钢筋上面。

(2) 施工要点

施工工艺顺序：①基础垫层；②基础放线；③绑扎钢筋；④支基础模板；⑤浇筑混凝土；⑥拆模。

1) 首先清理槽底验槽并做好记录。按设计要求打好垫层，垫层混凝土的强度等级不宜低于 C15。

2) 在基础垫层上放出基础轴线及边线，钢筋工绑扎好基础底板钢筋网片。

3) 按线支立预先配制好的模板。模板可采用木模，如图 4-10 (b) 所示，也可采用钢模，如图 4-10 (a) 所示。先将下阶模板支好，再支好上阶模板，最后支放杯心模板。模板支立要求牢固，避免浇筑混凝土时跑浆、变形。

如为现浇柱基础，模板支完后要将插筋按位置固定好，并进行复线检查。现浇混凝土独立基础，轴线位置偏差不能大于 10mm。

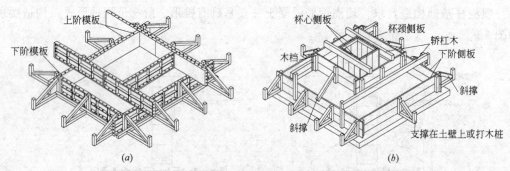

图 4-10 现浇独立钢筋混凝土基础模板示意图
(a) 阶梯形现浇柱基础钢模板；(b) 杯形基础木模板支模

4) 基础在浇筑前，清除模板内和钢筋上的垃圾杂物，堵塞模板的缝隙和孔洞，木模板应浇水湿润。

5) 对阶梯形基础，基础混凝土宜分层连续浇筑完成。每一台阶高度范围内的混凝土可分为一个浇筑层，每浇完一个台阶可停顿 0.5~1.0h，待下层密实后再浇筑上一层。

6) 对于锥形基础，应注意保证锥体斜面的准确，斜面可随浇筑随支模板，分段支撑加固以防模板上浮。

7) 对杯形基础，浇筑杯口混凝土时，应防止杯口模板位置移动，应从杯口两侧对称浇捣混凝土。

8) 在浇筑杯形基础时，如杯心模板采用无底模板，应控制杯口底部的标高位置，先将杯底混凝土捣实，再采用低流动性混凝土浇筑杯口四周。或杯底混凝土浇筑完后停顿 0.5~1.0h，待混凝土密实再浇筑杯口四周的混凝土。混凝土浇筑完成后，应将杯口底部多余的混凝土掏出，以保证杯底的标高。

9) 基础浇筑完成后，待混凝土终凝前应将杯口模板取出，并将混凝土内表面凿毛。

10) 高杯口基础施工时，杯口距基底有一定的距离，可先浇筑基础底板和短柱至杯口底面位置,再安装杯口模板,然后继续浇筑杯口四周的混凝土。

11) 基础浇筑完毕后,应将裸露的部分覆盖浇水养护。

1.3.2 墙下钢筋混凝土条形基础施工

(1) 材料和构造要求

1) 墙下条形基础的构造详图如图4-11(a)所示。图4-11(b)、图4-11(c)、图4-11(d)分别为条形基础交接处的构造处理要求。

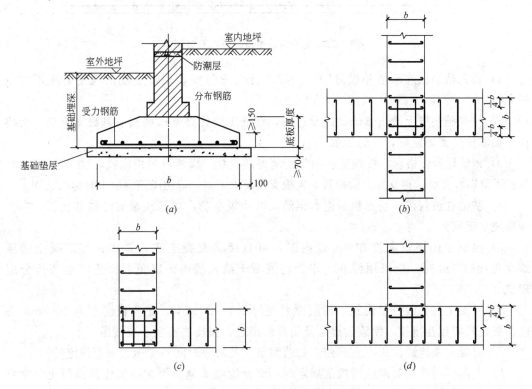

图4-11 墙下条形基础构造示意图

2) 基础垫层的厚度不宜小于70mm,混凝土强度等级应为C15;

3) 基础底板混凝土强度等级不宜低于C20;

4) 钢筋混凝土底板的厚度不小于200mm时,底板应做成平板;

5) 基础底板的受力钢筋直径不宜小于10mm,间距不宜大于200mm,也不宜小于100mm;

6) 基础底板的分布钢筋直径不宜小于8mm,间距不宜大于300mm;

7) 基础底板内每延米的分布钢筋截面积不应小于受力钢筋面积的1/10;

8) 底板钢筋保护层厚度,当有垫层时为40mm,当无垫层时为70mm。

9) 当条形基础底板的宽度大于或等于2.5m时,受力钢筋的长度可取基础宽度的0.9倍,并应交错布置,如图4-12所示。

(2) 施工要点

施工工艺顺序:①基础垫层;②基础放线;③绑扎钢筋;④支立模板;⑤浇筑混凝土;⑥拆模。

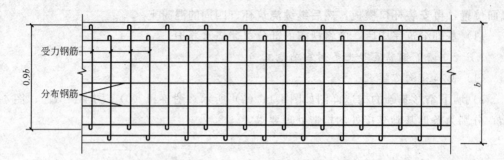

图 4-12 受力钢筋缩短后纵向布置图

1) 首先清理槽底验槽并做好记录。按设计要求打好垫层，垫层的强度等级不宜低于 C15。

2) 在基础垫层上放出基础轴线及边线，钢筋工绑扎好基础底板和基础梁钢筋，要将柱子插筋按位置固定好，检验钢筋。

3) 钢筋检验合格后，按线支立预先配制好的模板。模板可采用木模，也可采用钢模。先将下阶模板支好，再支好上阶模板，模板支立要求牢固，避免浇筑混凝土时跑浆、变形。

4) 基础在浇筑前，清除模板内和钢筋上的垃圾杂物，堵塞模板的缝隙和孔洞，木模板应浇水湿润。

5) 混凝土的浇筑高度在 2m 以内时，可直接将混凝土卸入基槽；当混凝土的浇筑高度超过 2m 时，应采用漏斗、串筒将混凝土溜入槽内，以免混凝土产生离析分层现象。

6) 混凝土宜分段分层浇筑，每层厚度宜为 200~250mm，每段长度宜为 2~3m，各段各层之间应相互搭接，使逐段逐层呈阶梯形推进，振捣要密实不要漏振。

7) 混凝土要连续浇筑不宜间断，如若间断，其间隔时间不应超过规范规定的时间。

8) 当需要间歇的时间超过规范规定时，应设置施工缝。再次浇筑应待混凝土强度到达 $1.2N/mm^2$ 以上时方可进行。浇筑前进行施工缝处理，应将施工缝松动的石子清除，并用水清洗干净浇一层水泥浆再继续浇筑，接槎部位要振捣密实。

9) 混凝土浇筑完毕后，应覆盖洒水养护。达到一定强度后，拆模、检验、分层回填、夯实房心土。

1.3.3 柱下条形基础的施工

柱下条形基础：柱下条形基础为钢筋混凝土基础，当上部荷载较大、地基较软弱时所需的基础底面较大，基础连成条形，形成柱下条形基础。如图 4-13 所示。

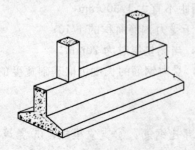

图 4-13 柱下钢筋混凝土条形基础

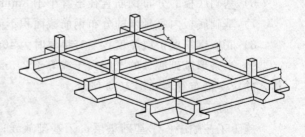

图 4-14 柱下钢筋混凝土十字形基础

柱下十字形基础：当建筑物的荷载较大且地基又较软弱，为了增强基础的整体刚度，减小不均匀沉降，在柱网的纵横方向设置钢筋混凝土条形基础，形成柱下十字形钢筋混凝土基础。如图 4-14 所示。

（1）基本要求：

柱下条形基除应满足墙下条形基础构造外，还应满足图 4-15 所示条件。

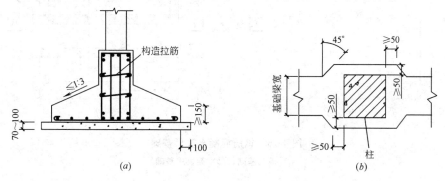

图 4-15　柱下钢筋混凝土条形基础

1）柱下条形基础梁端部应向外挑出，其长度宜为第一跨柱距的 0.25 倍；

2）柱下条形基础梁高度，宜为柱距的 1/4～1/8，翼板的厚度不宜小于 200mm。当翼板的厚度小于等于 250mm 时做成平板，当翼板的厚度大于 250mm 时，宜采用变截面，其坡度不宜大于 1∶3，如图 4-15（a）所示；

3）当梁高大于 700mm 时，在梁的两侧沿高度每隔 300～400mm 设置一根直径不小于 10mm 的腰筋，并设置构造拉筋，如图 4-15（a）所示；

4）当柱截面尺寸等于或大于基础梁宽时，应满足图 4-15（b）的规定；

5）基础梁顶部按计算所配纵向受力钢筋，应贯通全梁，底部通长钢筋不应少于底部受力钢筋总面积的 1/3。

（2）施工要点：施工要点同墙下条基。

1.3.4　钢筋混凝土筏板基础施工

当地基软弱上部荷载很大，采用十字形基础仍不能满足承载力要求时，或两相邻基础的距离很小或重叠时，基础底面形成整片基础，工地常称为满堂基础。按板的形式不同又分为平板基础和梁板基础，梁板基础的梁可在平板的上侧，也可在平板的下侧。如图 4-16 所示。

（1）材料和构造要求

1）板厚：等厚度筏形基础一般取 200～400mm 厚，且板厚与最大双向板的短边之比不宜小于 1/20，由抗冲切强度和抗剪强度控制板厚。有悬臂筏板，可做成坡度，但端部厚度不小于 200mm，且悬臂长度不大于 2.0m。

2）肋梁挑出：梁板的肋梁应适当挑出 1/6～1/3 的柱距。纵横向支座配筋应有 15% 连通。跨中钢筋按实际配筋率全部连通。

3）配筋间距：筏板分布钢筋在板厚小于或等于 250mm 时，取 $\phi 8$ 间距 250mm，板厚大于 250mm 时，取 $\phi 10$ 间距 200mm。

4）混凝土强度等级：筏板基础的混凝土强度等级不应低于 C30。当有地下室时筏板

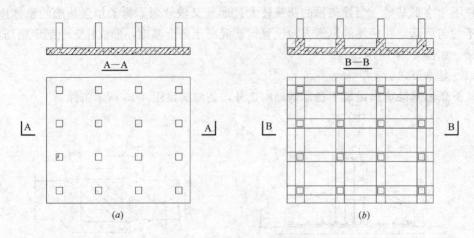

图 4-16　钢筋混凝土筏形基础
(a) 板式基础；(b) 梁板式基础

基础应采用防水混凝土，防水混凝土的抗渗等级应根据地下水的最大水头与防渗混凝土层厚度的比值，按现行《地下工程防水技术规范》GBJ 108 选用，但不应小于 0.6MPa。必要时宜设架空排水层。

5) 墙体：采用筏形基础的地下室，应沿地下室四周布置钢筋混凝土外墙，外墙厚度不应小于 250mm，内墙厚度不应小于 200mm。墙体截面应满足承载力要求，还应满足变形、抗裂、及防渗要求。墙体内应设置双面钢筋，竖向和水平钢筋的直径不应小于 12mm，间距不应大于 300mm。

6) 施工缝：筏板与地下室外墙的连接缝、地下室外墙沿高度的水平接缝应严格按施工缝要求采取措施，必要时设通长止水带。

7) 高层带裙房的基础：高层建筑筏形基础与相连的裙房之间设沉降缝时，高层建筑的基础埋深应大于裙房基础的埋深至少 2m。当不满足要求时必须采取有效措施。沉降缝以下的空间应用粗砂填实。

8) 柱、梁连接：柱与肋梁交接处构造处理应满足图 4-17 的要求。

(2) 筏板基础施工要点

施工工艺顺序：①基础垫层；②基础放线；③绑扎钢筋；④支立模板；⑤浇筑混凝土；⑥拆模。

1) 筏板基础为满堂基础，基坑施工的土方量较大，首先做好土方开挖。开挖时注意基底持力层不被扰动，当采用机械开挖时，不要挖到基底标高，应保留 200mm 左右最后人工清槽。

2) 开槽施工中应做好排水工作，可采用明沟排水。当地下水位较高时，可预先采用人工降水措施，使地下水位降至基底 500mm 以下，保证基坑在无水的条件下进行开挖和基础施工。

3) 基坑施工完成后应及时进行验槽。验槽后清理槽底，进行垫层施工。垫层的厚度一般取 100mm，混凝土强度等级不低于 C15。

4) 当垫层混凝土达到一定强度后，使用引桩和龙门架在垫层上进行基础放线、绑扎

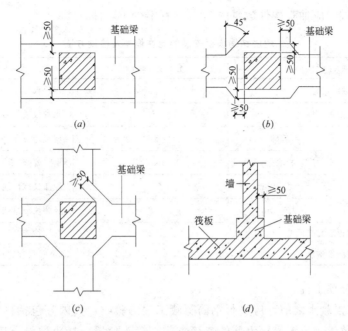

图 4-17 柱与肋梁交接处构造处理

钢筋、支立模板、固定柱或墙的插筋。

5) 筏板基础在浇筑前,应搭建脚手架以便运灰送料。清除模板内和钢筋上的垃圾、泥土、污物,木模板应浇水湿润。

6) 混凝土浇筑方向应平行于次梁方向,对于平板式筏形基础则应平行于基础的长边方向。筏板基础混凝土浇筑应连续施工,若不能整体浇筑完成,应设置竖直施工缝。施工缝的预留位置,当平行于次梁长度方向浇筑时,应在次梁中间1/3跨度范围内,如图4-18所示。对于平板式筏基的施工缝,可在平行于短边方向的任何位置设置。

7) 当继续开始浇筑时应进行施工缝处理,在施工缝处将活动的石子清除,用水清洗干净,浇撒一层水泥浆,再继续浇筑混凝土。

8) 对于梁板式筏形基础,梁高出地板部分的混凝土可分层浇筑。每层浇筑厚度不宜大于200mm。

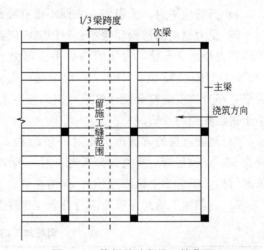

图 4-18 筏板基础留施工缝位置

9) 基础浇筑完毕后,基础表面应覆盖并洒水养护。当混凝土强度达到设计强度的25%以上时,即可拆模。待基础验收合格后即可回填土。

1.3.5 质量检验标准

(1) 模板安装

现浇结构模板安装的允许偏差及检验方法应符合表4-8的规定。在同一检验批次内,对梁、柱和基础,应抽查构件数量的10%,且不少于3件。

现浇结构模板安装的允许偏差及检验方法　　　　　表 4-8

项　　　目		允许偏差(mm)	检验方法
轴线位置		5	钢尺检查
底模上表皮标高		±5	水准仪或拉线、钢尺检查
截面内部尺寸	基础	±10	钢尺检查
	柱墙梁	+4,-5	钢尺检查
层高竖直度	不大于5m	6	经纬仪或吊线、钢尺检查
	大于5m	8	经纬仪或吊线、钢尺检查
相邻两板表面高低差		2	钢尺检查
表面平整度		5	2m靠尺和塞尺检查

(2) 钢筋分项工程

1) 在现浇混凝土之前,应进行钢筋隐蔽工程的验收,其内容包括:纵向受力钢筋的品种、规格、数量、位置等;钢筋的连接方式、接头位置、接头数量、接头面积百分率;箍筋、横向钢筋的品种、规格、数量、间距等;预埋件的规格、数量等。

2) 钢筋进场时,应按现行国家标准《钢筋混凝土用热轧带肋钢筋》GB 1499 等的规定抽取试件作力学性能检验,其质量必须符合有关标准的规定。

3) 当发现钢筋有脆断、焊接性能不良或力学性能显著不正常等现象时,应对该批钢筋进行化学成分检验或其他专项检验。

4) 钢筋应平直、无损伤、表面不得有裂纹、油污、颗粒状或片状老锈。

5) 受力钢筋的弯钩和弯折:HPB235级钢筋末端应做180°弯钩,其弯弧内径不应小于钢筋直径的2.5倍,弯钩的弯后平直部分长度不应小于钢筋直径的3倍;末端弯钩为135°时,HRB 335级、HRB 400级钢筋的弯弧内径不宜小于钢筋直径的4倍,弯钩的弯后平直部分长度应符合设计要求;钢筋作不大于90°的弯折时,弯折处的弯弧内直径不应小于钢筋直径的5倍。

6) 箍筋弯钩的弯折角度:对一般结构,不应小于90°;对有抗震等级要求的结构,应为135°;箍筋弯后平直部分长度:对一般结构,不宜小于箍筋直径的5倍;对有抗震要求的结构,不应小于箍筋直径的10倍。

7) 钢筋加工的允许偏差应符合表4-9的规定。

钢筋加工的允许偏差　　　　　表 4-9

项　　　目	允　许　偏　差(mm)
受力钢筋顺长度方向全长的净尺寸	±10
弯起钢筋的弯折位置	±20
箍筋内净尺寸	±5

8) 钢筋的接头宜设置在受力较小处,同一纵向受力钢筋不宜设置两个或两个以上接头。接头末端至钢筋弯起点的距离不应小于钢筋直径的10倍。

9) 同一构件中相邻纵向受力钢筋的绑扎搭接接头宜相互错开。绑扎搭接接头中钢筋的横向间距不应小于钢筋直径，且不应小于25mm。绑扎搭接接头连接区段的长度为$1.3l_l$（l_l为搭接长度，纵向受拉钢筋的最小搭接长度见表4-10），凡搭接接头中点位于该连接区段长度内的搭接接头均属于同一连接区段。如图4-19所示。纵向受拉

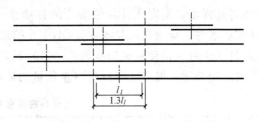

图4-19 绑扎搭接接头连接区段及接头面积百分率

钢筋搭接接头面积百分率：对于梁类、板类及墙类构件，不宜大于25%，对柱类构件，不宜大于50%。

纵向受拉钢筋的最小搭接长度　　　　　表4-10

钢筋类型		混凝土强度等级			
		C15	C20~C25	C30~C35	C40
光圆钢筋	HPB235级	45d	35d	30d	25d
带肋钢筋	HRB335级	55d	45d	35d	30d
	HRB400级 RRB400级	—	55d	40d	35d

10) 在梁、柱类构件的纵向受力钢筋搭接长度范围内，箍筋直径不应小于搭接钢筋较大直径的0.25倍；受拉搭接区段的箍筋间距不应大于搭接钢筋较小直径的5倍，且不应大于100mm；受压搭接区段的箍筋间距不应大于搭接钢筋较小直径的10倍，且不应大于200mm；当柱中纵向受力钢筋直径大于25mm时，应在搭接接头两个端面外100mm范围内各设置两个箍筋，其间距宜为50mm。

11) 钢筋安装位置的偏差应符合表4-11的规定。

钢筋安装位置的允许偏差和检查方法　　　　　表4-11

项　目			允许偏差(mm)	检验方法
绑扎钢筋	长、宽		±10	钢尺检查
	网眼尺寸		±20	钢尺检查,钢尺量连续三档,取最大值
绑扎钢筋骨架	长		±10	钢尺检查
	宽、高		±5	
受力钢筋	间距		±10	钢尺量两端、中间各一点,取最大值
	排距		±5	
	保护层厚度	基础	±10	钢尺检查
		柱、梁	±5	钢尺检查
		板、墙、壳	±3	钢尺检查
绑扎箍筋、横向钢筋间距			±20	钢尺检查,钢尺量连续三档,取最大值
钢筋弯起点位置			20	钢尺检查
预埋件	中心线位置		5	钢尺检查
	水平高差		+3,0	钢尺和塞尺检查

(3) 混凝土分项工程

1) 原材料：水泥进场时应对其品种、级别、包装或散装仓号、出厂日期等进行检查，

并应对其强度、安定性及其他必要的性能指标进行复验，其质量必须符合现行国家标准《硅酸盐水泥、普通硅酸盐水泥》GB 175 的规定。当月使用中对水泥质量有怀疑或水泥出厂超过 3 个月（快硬硅酸盐水泥一个月）时，应进行复验，并按复验结果使用。

2）配合比：混凝土原材料每盘称量的偏差应符合表 4-12 的规定。

原材料每盘称量的允许偏差　　　　　　　　　　　　　　表 4-12

材料名称	允许偏差	材料名称	允许偏差
水泥、掺合料	±2%	水、外加剂	±2%
粗、细骨料	±3%		

3）尺寸偏差：现浇混凝土构件拆模后的尺寸偏差和检验方法应符合表 4-13 的规定。

现浇混凝土构件尺寸允许偏差和检验方法　　　　　　　表 4-13

项　目		允许偏差(mm)	检验方法
轴线位置	基础	15	钢尺检查
	独立基础	10	
	墙、柱、梁	8	
	剪力墙	5	
竖直度	层高 ≤5m	8	经纬仪或吊线、钢尺检查
	层高 >5m	10	经纬仪或吊线、钢尺检查
	全高(H)	$H/1000$ 且≤30	经纬仪、钢尺检查
标高	层高	±10	水准仪或拉线、钢尺检查
	全高	±30	
截面尺寸		+8，-5	钢尺检查
电梯井	井筒长、宽对定位中心线	+25,0	钢尺检查
	井筒全高(H)竖直度	$H/1000$ 且≤30	经纬仪、钢尺检查
表面平整度		8	2m 靠尺和塞尺检查
预埋设施中心线位置	预埋件	10	钢尺检查
	预埋螺栓	5	
	预埋管	5	
预留洞中心线位置		15	钢尺检查

课题 2　箱形基础施工简介

箱形基础是由底板、顶板、纵横墙板组成，如图 4-20 所示。箱形基础空间刚度大，整体性好，对地基的不均匀沉降有显著的调整和减小作用。箱形基础的地下空间可作为地下室使用。另外箱形基础可减小地基的附加应力，减小地基的沉降，适用于上部荷载大的建筑。目前我国很多高层建筑都采用这种基础。

2.1 基础施工前准备

（1）现场、资料准备

箱形基础的埋深比一般浅基础深，箱形

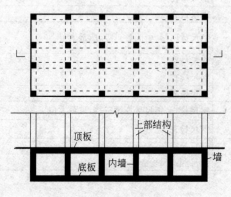

图 4-20　箱形基础

基础的施工技术也比一般浅基础复杂。因此开工前应熟悉施工图，了解施工现场的水文地质资料，做好施工组织设计。按施工组织计划安排材料场地、搅拌棚、材料库等，施工现场要做到三通一平。按图纸进行放线、验线等，当地下水位较高时应进行降水处理等工作。

(2) 机具准备

一般指水平和竖直运输工具、搅拌设备、其他小型工具等，当施工场地需要降水、打桩等工序时，还需准备专用的施工设备。

(3) 材料准备

按工程进度要求分批、分段准备施工所用砖、瓦、灰、砂、石、钢筋、木材、模板等材料，并做好材料质量验收，保证工程连续施工。

2.2 箱形基础施工工艺

在天然地基上建造箱形基础施工工艺顺序如下：①基础定位放线；②基坑开挖（包括加支撑或排除地下水）；③验槽和基底土的处理；④浇筑基础垫层及基础放线；⑤基础底板的防水处理；⑥底板绑扎钢筋；⑦支立墙模板；⑧浇筑底板及立墙混凝土；⑨支顶板模板；⑩浇筑顶板混凝土。

(1) 基础的定位放线

箱形基础的定位放线一般可采用龙门架放线，由于箱形基础挖土方量较大，多采用机械施工。特别注意引桩的处理，为确保轴线的准确性，应距开挖处保留一定的距离并加以保护，或引放到相邻的建筑物上。

(2) 基坑的开挖、支撑、排水与基底的保护

1) 基坑开挖前根据施工现场的实际情况以及地质水文条件确定基坑开挖的施工方法。由于箱形基础基坑的深度较大，应做好基坑的防水和排水工作。当地下水资源较丰富，不适宜明沟排水时，应考虑井点降水措施或其他降水措施（参见有关课题）。

2) 基坑开挖还应注意对相邻建筑物的影响以及基坑的边坡稳定问题，必要时应采取支护措施，可采取钢板桩、灌注桩、深层搅拌桩、地下连墙等支护措施（参见有关课题）。

3) 基础开挖应保证基底土层不受扰动，当使用机械挖槽时，基底应保留100~200mm厚原土层采用人工铲平，以免扰动持力土层。基坑挖好后，宜及时做基础垫层，如若不能，则坑底保留200mm厚土层，待做下道工序前铲平。此措施对软土尤为重要，且基坑不得长期暴露，不得积水。

(3) 验槽

当基坑（槽）挖至设计标高后，应组织设计、施工、质量监督和使用部门人员共同检查坑底土层是否与设计、勘察资料相符，是否存在填井、填塘、暗沟、墓穴、空洞等不良地质情况。验槽的方法（参见有关课题）以观察为主，辅以夯、拍和轻便触探。根据验槽结果，了解基础底部土层是否满足设计要求，若不满足要求时应由设计单位提出处理意见，若满足设计要求即可进行下一步垫层和基础施工。

(4) 浇筑基础垫层及基础放线

验槽后即可浇筑垫层混凝土，待达到一定强度后在垫层上进行箱基放线。由于箱基的深度较大，放线时要注意轴线的竖向投测，选择适当的投测方法，确保轴线位置的准确。

(5) 基础底板的防水处理

一般常用的防水处理方法有卷材防水和混凝土自防水，根据设计要求如采用卷材防水时，应在垫层上粘贴卷材防水层，并在防水层上抹一层 20～30mm 厚的水泥砂浆保护层，在保护层上绑扎钢筋。对于箱形基础多采用混凝土自防水做法，可用改善混凝土的级配和填加外加剂等方法制成防水混凝土。

（6）底板绑扎钢筋

箱形基础底板钢筋为双层布置，对于与上层钢筋一般由铁架架起，应保证底板的厚度和混凝土保护层的厚度要求。绑扎底板钢筋时要求安装好立墙的插筋，插筋的高度应错开布置，以满足同一截面内的钢筋搭接百分率要求。箱基的底板及顶板钢筋搭接接头宜采用焊接形式，钢筋排放位置、数量、形状要准确。钢筋绑扎完成后应由监理部门及时验筋。

（7）支立墙的模板

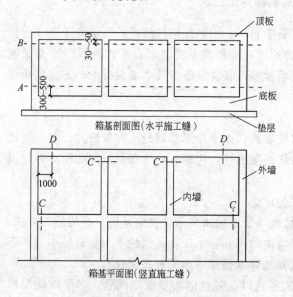

图 4-21 箱形基础施工缝留设位置示意图

钢筋绑扎完成后支立墙的外模板，要求尺寸、位置准确，宜采用大块模板，并用穿墙对接螺栓固定，内外支护要牢固。预埋铁件的位置要准确固定。

（8）浇筑箱形基础的混凝土底板、内外墙、和顶板的支模、绑扎钢筋、浇筑混凝土一般都是分块进行操作，浇筑底板时一般需要留设与墙体连接的水平施工缝，其位置如图 4-21 所示。图中 A 为箱基下部水平缝，预留在底板上皮 300～500mm 处。图中 B 为上部水平缝，预留在顶板下皮 30～50mm 处。图中 C 为内墙竖直缝。图中 D 为外墙竖直缝。

外墙施工缝要求做成企口形式，如图 4-22 所示。内墙施工缝可做成平缝。

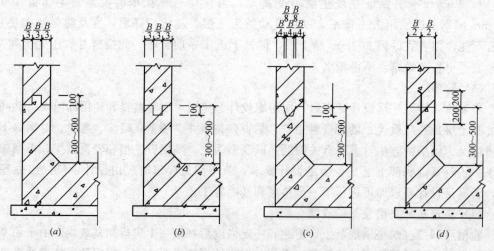

图 4-22 外墙施工缝形式

(a) 企口施工缝 1；(b) 企口施工缝 2；(c) 企口施工缝 3；(d) 止水带施工缝

（9）后浇带处理

为了避免浇筑混凝土时出现收缩裂缝，可采用设置后浇带的方法。后浇带的宽度不宜小于800mm，设置在柱距（或墙）的三等分中间范围内。后浇带同一位置的底板、顶板、立墙的钢筋可断开不贯通。当采用刚性防水方案时，同一建筑的箱形基础应避免设置变形缝，可采用沿箱形基础长度方向每隔20～40m留一条贯通底板、顶板、立墙的沉降后浇带。后浇带的底板、顶板和立墙的钢筋可贯通不断开。

后浇带的形式如图4-23所示。后浇带可预留成平缝、企口缝。待施工60天后完成后浇带的浇筑。浇筑混凝土前将预留缝进行凿毛处理，清除杂物，用水冲洗干净并浇灌一层水泥浆，再浇筑混凝土。浇筑后浇带应采用比设计强度等级高一级的无收缩混凝土浇筑。

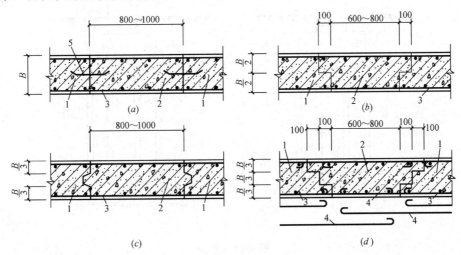

图4-23 施工后浇带
1—箱基混凝土；2—后浇带混凝土；3—主筋；4—附加钢筋$\phi14@150mm$；5—金属止水带

（10）混凝土浇筑

箱形基础的底板一般比较厚，浇筑混凝土时应考虑大体积混凝土浇筑施工的不利影响因素，选择正确合理的浇筑方案，采取有效的技术措施，防止浇筑混凝土时混凝土内部产生大量水化热，造成不利影响。防水产生大量水化热的措施有：

1）采用水化热较低的矿渣硅酸盐水泥、火山灰水泥、添加经研磨的粉煤灰掺合料，以减少水泥水化热、增加混凝土的和易性降低泌水性；

2）添加减水剂或缓凝剂，减少水泥用量，降低水化热，减缓水化速度；

3）合理选择混凝土的配合比和优选用料，提高混凝土的密实度，减少收缩量；

4）降低混凝土的入模温度，夏季施工时砂、石料场应遮晒，尽量降低用料温度；

5）浇筑时采用分层分段循环浇筑法，减缓浇筑速度，以利散热；

6）加强混凝土表面养护，必要时采取保温养护措施，减少混凝土表面的温差梯度，控制混凝土的内外温差；

7）箱形基础施工完毕，应及时进行隐蔽工程验收，待验收合格后及时做好基坑回填，尽量缩短基坑暴露时间；

8）基坑回填时应采用对称的方法进行回填土，逐层回填逐层夯实。

课题3 桩基础施工

在建筑工程中，当天然地基土质不良，无法满足建筑物对地基变形及强度要求时，可采用深基础形式，将荷载传给较深土层或岩层，以其作为持力层。深基础主要有桩基础、沉井基础、地下连续墙基础等类型。

桩基础是由埋入土体内部的桩群和桩承台共同组成，由承台把桩连接起来并承受上部结构传来的荷载，再通过桩的作用将荷载传递给地基，如图 4-24 所示。

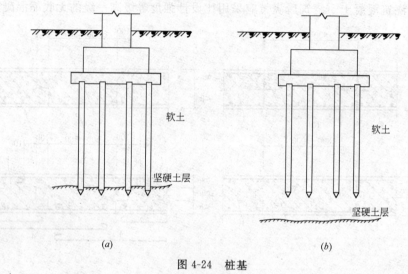

图 4-24 桩基
(a) 端承桩；(b) 摩擦桩

3.1 桩 的 分 类

3.1.1 按受力情况分类

(1) 端承桩：这种桩穿过软土层，桩尖直接落到坚硬的土层上，上部荷载由桩直接传到坚硬的土层上，不考虑桩的摩擦作用，如图 4-24 (a) 所示。

(2) 摩擦桩：这种桩未穿透软土层，上部荷载由桩身的摩擦力与桩端阻力共同承受，如图 4-24 (b) 所示。

3.1.2 按桩身材料分类

(1) 木桩：适用于小型建筑，采用坚硬耐久的木材，如杉木、橡木等。木桩工程宜打入地下水位以下，在干湿交替的环境或在地下水位以上木桩容易腐烂。

(2) 钢筋混凝土桩：多制成预制桩，是目前各地采用最多的桩，截面形式多为正方形，其边长为 200~600mm，单根桩的长度为 10~20m 长，根据工程的需要可以多节连接。

(3) 钢桩：钢桩主要是由型钢和钢管制作，它的截面形式有圆管形桩、工字形桩，钢桩多用于临时支护或永久性支护工程。

(4) 混合桩：由两种以上材料混合形成的桩体，如钢管混凝土桩、上部钢管下部混凝土桩等。

3.1.3　按施工方法分类

（1）打入桩：使用不同的打桩机械将预制桩采用不同的方法打入土层中。

（2）静力压桩：使用静力压桩机将预制桩压入土层内，该方法在施工中可减少打桩的噪声。

（3）灌注桩：采用不同的成孔方法，向孔内灌注成桩材料，如砂桩、混凝土桩等。

（4）搅拌桩：用特殊的搅拌机械成孔，向孔内灌注水泥粉或水泥浆，与土搅拌均匀形成水泥土桩。

（5）爆扩桩：在现场开孔，将炸药放入孔底，浇筑混凝土，在孔底引爆炸药使桩尖形成扩大的混凝土球体，再浇筑混凝土。由于底面积增大提高了承载能力。

（6）振冲桩：用偏心振动器和高压水成孔，向井孔内填入碎石作为桩材，成为碎石桩。

3.1.4　按成桩方法分类

（1）挤土桩：成桩过程中，桩周围的土体被桩体挤密，土体受到严重扰动，土体的结构被破坏，使土的工程性质改变。挤密桩和预制桩等属于此类。

（2）非挤土桩：这类桩主要是挖孔和钻孔埋桩，桩周围的土体结构很少受到扰动，土体结构基本不被破坏。

（3）部分挤土桩：这类桩主要有预钻孔打入式预制桩、打入式敞口桩、部分挤土灌注桩等，成桩时土体受到轻微扰动，土体结构和工程性质没有太大的变化。

3.2　钢筋混凝土预制桩基础施工

3.2.1　预制桩的构造要求

1）摩擦桩的中心距不宜小于桩身直径的3倍；

2）桩底进入持力层的深度，根据地质条件、荷载及施工工艺确定，宜为桩身直径的1～3倍。在确定桩底进入持力层深度时，尚应考虑特殊土、岩溶以及震陷液化等影响；

3）布置桩位时宜使桩基承载力合力点与竖向永久荷载合力作用点重合；

4）预制桩的混凝土强度等级不应低于C30，预应力桩不应低于C40；

5）配筋长度：受水平荷载和弯矩作用的桩，配筋长度应通过计算确定；桩基承台下存在淤泥、淤泥质土或液化土层时，配筋长度应穿过淤泥、淤泥质土层或液化土层；坡地岸边的桩、8度及8度以上地震区的桩、抗拔桩、嵌岩端承桩应通长配筋；

6）桩的主筋应经计算确定，打入式预制桩的最小配筋率不宜小于0.8%。

3.2.2　桩基础施工前的准备

（1）现场、资料准备

开工前应熟悉施工图，了解工程概况，了解施工现场地质水文资料。编制整套桩基础施工组织设计方案。施工组织设计的主要内容包括：确定打桩方案、编排打桩顺序平面布置、选择机械设备、编制各项计划措施等。

1）挖土打桩方案：是在打桩前先挖基坑至桩顶设计标高再进行打桩。此种方法适用于地下水位较低、桩群密集、桩顶标高较浅、地表浅层硬土较厚、场地施工条件较宽阔的工程。挖土打桩方案，对打桩时的挤土影响较小，桩的打入精度较高。在挖土打桩方案中

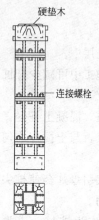

图 4-25 钢板送桩

有时基坑周围的护壁工程费用和基坑排水费用较高。

2）送桩方案：是不挖土打桩的方法，由于桩顶距地表面有一定的深度，要将桩打入到设计标高必须采用送桩器完成。送桩器如图 4-25 所示，采用钢板焊制而成，也可用其他具有较高强度和刚度的材料制作。

送桩时送桩器套在桩顶上，桩锤击打送桩器顶部的硬垫木，由送桩器将桩送入土中达到设计标高，然后再挖土。

3）编排打桩顺序平面布置图时：应根据施工现场的条件、水文地质条件、施工工艺要求、布桩要求等条件，确定打桩顺序。不同打桩顺序的沉降量和挤土情况不同，如图 4-26 所示。

当打桩的基坑不大时，可采用逐排打设的排列形式，如图 4-26（a）所示；当桩的密度较大时，可采用从中间向两侧的排列形式，如图 4-26（b）所示；当打桩两侧距离建筑物较近时，应由建筑物向内部排列打设，如图 4-26（c）所示；当打桩场地较大时，宜采用分段打设的形式，如图 4-26（d）所示；当桩心距大于等于 4 倍桩的直径时，与打桩的顺序无关，可采用打设方便的排列形式；在粉质黏土或黏性土区段，不宜按一个方向打设，以免土向一侧挤压造成桩入土深度不一，土体挤密不均匀，导致不均匀沉降；当桩基础标高不一致时，应按先深后浅的顺序排列；对桩规格不一的基础，应按先大后小，先长后短的排列贯入。

4）施工现场三通一平（即临时供水、供电、道路要通，施工现场要平），按施工组织设计安排材料场地、搅拌棚、材料库等工作。

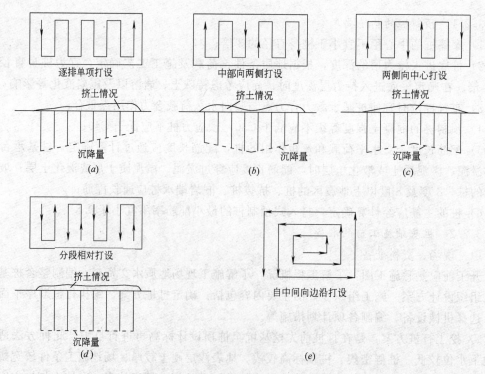

图 4-26 打桩顺序和挤土情况

5) 按施工图完成桩基轴线、桩位的测设放线等工作。

(2) 打桩机械

施工前根据所用桩的情况，合理的选择沉桩设备，预制桩的沉桩工具设备主要包括桩锤和桩架。

1) 桩锤：打桩工程中常用的桩锤有柴油锤、蒸汽锤、落锤、液压锤、振动锤等。在选择设备时应根据工程实际情况合理的选用。

桩锤锤重的选择：锤重选择不但会影响施工质量和进度。打桩时由桩锤的上举下落将桩沉入土中，桩锤过小不易沉桩，桩锤过大容易将桩顶击碎，因此应合理的选择桩锤质量。选择锤重时应根据工程地质条件、桩的类别、桩的强度和桩的密度等因素依照重锤低击的原则选用，根据经验可参照表4-14、表3-14选用。

锤重与桩重比值表（锤重/桩重） 表4-14

桩锤类型	桩的类别 钢筋混凝土桩	钢板桩
柴油锤	0.35～1.5	1.0～2.0
单动汽锤	0.45～1.4	0.7～2.0
双动汽锤	0.6～1.8	1.5～2.5
落锤	1.0～1.5	2.0～2.5

注：1. 使用此表时应注意桩长一般不超过20米，桩重包括桩帽重量。
2. 表3～14适用于20～60m长钢筋混凝土预制桩及40～60m长钢管桩。

2) 打桩机、打桩架：是打桩、压桩施工的重要组成部分，它的主要作用是将桩体、桩锤提升，并在打入过程中引导桩体的方向，使桩锤正常工作。

打桩机的类型按移动方式区分主要有履带式（图4-27）、步履式（图4-28）、轨道式（图4-29）、滚管式（图4-30）等。

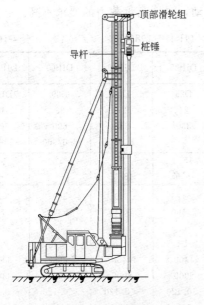

图4-27 履带式打桩机

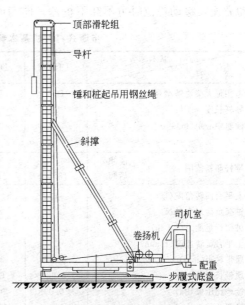

图4-28 步履式打桩架

履带式（导杆式）打桩机：如图 4-27 所示。装置导杆的导架安装在起重机上，并采用两根液压缸支撑，可调整导架前后倾斜，导架底部可前后微调。导架可作 90°回转。机架底部可作 360°回转，机架设置履带移动装置，使用卷扬机起吊沉桩，动力采用内燃机。履带式打桩机整体性能好，结构可靠，移动操作方便，爬坡能力强，拆装简便，工作效率高，桩架动力自给，可打前后斜桩，桩位和斜度控制精度高，适用面广。适用于不大于 80 级的柴油锤，桩长不大于 27m 的直桩和斜桩工程施工。履带式打桩机基本参数参见表 4-15。

履带式打桩机基本参数表（JJ 41—1986） 表 4-15

项 目	基本参数	DJU18	DJU25	DJU40	DJU60	DJU100
适用最大柴油锤型号		D18	D25	D40	D60	D100
导杆长度(m)		21	24	27	33	33
锤轨中心距(m)		330	330	330	600 330/600	600 330/600
导杆倾斜范围	前倾	5°	5°	5°	5°	5°
	后倾	18.5°	18.5°	18.5°	—	—
导杆水平调整范围(mm)		200	200	200	200	200
桩架负荷能力(kN)		≥100	≥160	≥240	≥300	≥500
桩架行走能力(km/h)		≤0.5	≤0.5	≤0.5	≤0.5	≤0.5
上平台旋转速度(r/min)		<1	<1	<1	<1	<1
履带运行时全宽(mm)		≤3300	≤3300	≤3300	≤3300	≤3300
履带运行时外扩后宽(mm)		—	—	3960	3960	3960
接地比压(MPa)		<0.098	<0.098	<0.120	<0.120	<0.120
发动机功率(kW)		60～75	97～120	134～179	134～179	134～179
桩架工作时总质量(kg)		40000	50000	60000	80000	100000

步履式（塔式）打桩机：如图 4-28 所示。机架为型钢构成的空间桁架结构，外侧设置导杆，采用卷扬机起吊沉桩，移动桩位时采用电动液压步履式行走机构。步履式桩架移动方便，移动桩位时可不卸下桩锤，向四周自由移动，对地基承载力的要求不高。起吊能

步履式打桩机基本参数与尺寸（JJ 41—1986） 表 4-16

项 目	基本参数与尺寸	DJB12	DJB18	DJB25	DJB40	DJB60	DJB100
适用最大柴油锤型号		D12	D18	D25	D40	D60	D100
导杆长度(m)		18	21	24	27	33	33
锤轨中心距(m)		330	330	330	330	600 330/600	600 330/600
导杆倾斜范围	前倾	5°	5°	5°	5°	5°	5°
	后倾	18.5°	18.5°	18.5°	18.5°	—	—
上平台回转角度(°)		≥120	≥120	≥120	360	360	360
桩架负荷能力(kN)		≥60	≥100	≥160	≥240	≥300	≥500
桩架行走能力(km/h)		≥0.5	≥0.5	≥0.5	≥0.5	≥0.5	≥0.5
上平台旋转速度(r/min)		<1	<1	<1	<1	<1	<1
履带轮距(mm)		3000	3800	4400	4400	6000	6000
履带长度(mm)		6000	6000	8000	8000	10000	10000
接地比压(MPa)		<0.098	<0.098	<0.120	<0.120	<0.120	<0.120
桩架总质量(kg)		≤14000	≤24000	≤36000	≤48000	7000	≤120000

力大，导杆竖直度的调节比较简单，可打斜桩。步履式打桩机的操作较复杂，对施工场地要求平整，拆、装转移桩架运输较麻烦。适用于 3～10t 的蒸气锤，25～60 级柴油锤，桩长不大于 30m 的直桩和斜度不大于 1∶10 的斜桩工程施工。步履式打桩机基本参数参见表 4-16 所示。

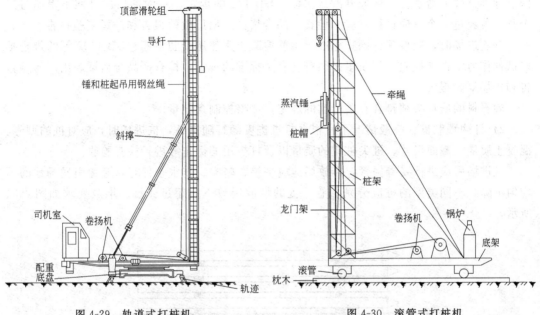

图 4-29　轨道式打桩机　　　　图 4-30　滚管式打桩机

轨道式（导杆式）打桩机：如图 4-29 所示。装置导杆的导架安装在专用的机架底座上，采用两个液压缸支承，可调节导架前后倾斜，机架在水平方向可作 360°回转，使用卷扬机起吊沉桩，移动桩位采用轮轨移动装置。轨道式打桩机基本参数参见表 4-17。

轨道式打桩机基本参数与尺寸（JJ 41—1986）　　　表 4-17

基本参数与尺寸　项　目	DJG12	DJG18	DJG25	DJG40	DJG60	DJG100
适用最大柴油锤型号	D12	D18	D25	D40	D60	D100
导杆长度(m)	18	21	24	27	33	40
锤轨中心距(m)	330	330	330	600	600	600
				330/600	330/600	330/600
导杆倾斜范围　前倾	5°	5°	5°	5°	5°	5°
后倾	14°	18.5°	18.5°	18.5°	—	—
导杆水平调整范围(mm)	—	200	200	200	200	200
上平台调整角度	360°	360°	360°	360°	360°	360°
桩架负荷能力(kN)	≥60	≥100	≥160	≥240	≥300	≥500
桩架行走速度(km/h)	≤0.5	≤0.5	≤0.5	≤0.5	≤0.5	≤0.5
上平台旋转速度(r/min)	<1	<1	<1	<1	<1	<1
轮距(mm)	300°	380°	4400	4400	6000	6000
桩架总质量(kg)	≤12000	≤20000	≤33000	≤45000	≤65000	≤10000

(3) 材料准备

根据施工方案所确定的施工方法准备好施工材料。

1) 现场预制桩：要求水泥进场时应对其品种、级别、包装或散装仓号、出厂日期等进行检查，并应对其强度、安定性及其他必要的性能指标进行复验，其质量必须符合现行国家标准《硅酸盐水泥、普通硅酸盐水泥》GB 175的规定。水泥的出厂日期不得超过三个月，若超过三个月应进行复验。检查产品合格证、出厂检验报告和进场复验报告。

钢筋进场时，应按现行国家标准《钢筋混凝土用热压带肋钢筋》GB 1499等的规定抽取试件作力学性能检验，其质量必须符合有关标准的规定。检查产品合格证、出厂检验报告和进场复验报告。

砂石料的质量必须符合有关标准的规定，严格控制含泥量。

2) 订购预制桩：一般情况下宜根据打桩进度随打随进桩，桩进场时，应对桩的型号、混凝土质量、截面尺寸、桩尖桩靴的质量以及打桩用的标志等进行检查验收。

桩进场后应进行妥善保管，堆放场地应平整、坚实、排水条件好，避免引发场地的不均匀沉降。不同类型的桩应分别保管，桩的堆放层数不宜超过4层。堆放要求如图4-31所示。

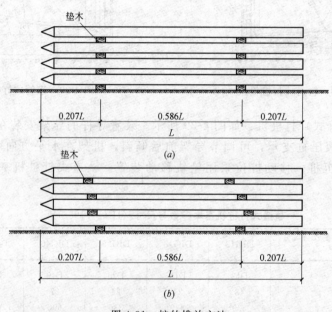

图 4-31 桩的堆放方法
(a) 正确；(b) 错误

3.2.3 桩基础的施工工艺

桩基础施工工艺：①桩机就位；②吊桩就位；③开锤打桩；④接桩；⑤承台施工。

(1) 桩机就位

按施工准备时预定的打桩方案，将打桩机就位，打桩机要平稳，桩架要竖直，桩位要准确。

(2) 吊桩就位

当桩机就位后，先将桩锤和桩帽一同提起到一定高度，临时将其固定在桩架上。用另一组滑轮组和卷扬机将桩吊起成竖直状态固定在龙门导杆内，调整桩身将桩尖对准桩位，放下桩帽和桩锤，桩顶放入桩帽内使桩锤、桩帽、桩身的中心在同一条中心线上，桩身竖直度偏差不得超过0.5%，桩顶要水平。

（3）开锤打桩

开始沉桩时桩锤的落距要小，轻击桩顶，同时观察桩身的竖直度，待桩身入土一定深度后，桩身竖直并稳定时，可转入正常落距打桩。打桩过程要连续不宜间断，锤击速度要均匀。采用重锤低击的原则，控制桩锤的落距和桩身的入土深度。当设计无要求时桩的贯入深度宜按贯入度控制，即

$$S=\frac{n \cdot A \cdot Q \cdot H}{mP(mP+nA)} \cdot \frac{Q+0.2q}{Q+q} \tag{4-1}$$

式中　S——桩的控制贯入度（mm）；

　　　n——桩垫系数，钢筋混凝土桩采用麻布片垫取 $n=1$，采用木垫时取 $n=1.5$；

　　　A——桩的横截面积（mm^2）；

　　　Q——锤的重力（N）；

　　　H——桩锤落距（mm）；

　　　q——桩和桩帽重力（N）；

　　　m——安全系数，对永久工程取 $m=2$，对临时工程取 $m=1.5$；

　　　P——桩的设计承载力（N）。对已做静载试验的桩，mP 应取桩的极限荷载 P_k 代入。

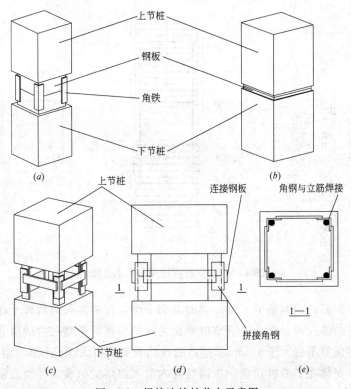

图 4-32　焊接法接桩节点示意图

(4) 接桩

当桩的设计深度较大时，或由于桩的运输条件及桩架高度的影响，一般将桩分段预制，打桩时需将其连接成整桩。桩的连接方法有三种：焊接法、法兰连接法和硫黄胶泥锚固法（浆锚法）。焊接法、法兰连接法接桩适用于各类土层，硫黄胶泥锚固法适用于软土层。

1) 焊接法：桩的端头钢板表面平整，应与桩的轴线竖直，两端头钢板之间若有缝隙，用薄钢片垫实焊牢，如图 4-32 所示。上、下节桩的轴线应对正重合，偏差值不得大于 5mm。钢板宜采用低碳钢，焊条宜采用 E43 型。焊接前应清除预埋件的污泥杂物，焊接时应先采用四角点焊固定，然后采用对角焊接，焊缝要求连续、饱满，焊缝高度符合设计要求。

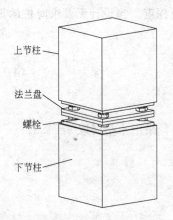

图 4-33 法兰接桩节点示意图

2) 法兰连接法：将桩端头的预埋法兰盘用螺栓连接，该法接桩速度快，沉桩效率高。

但法兰盘接头制造工艺复杂，用钢量大，如图 4-33 所示。接桩时将桩端头的法兰盘用螺栓拧紧后，提锤轻击数次，使上、下节桩端部结合紧密再次拧紧螺栓，并将螺母焊死，做防锈处理后再继续打桩。

3) 硫黄胶泥锚固接头法（浆锚法）：上节桩的下端预留甩筋，直径为 22～25mm，甩出长度为 15d。下节桩预留锚筋孔，直径为 56～60mm。如图 4-34 所示。

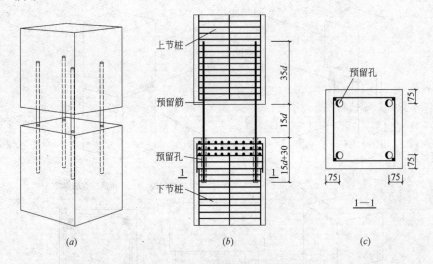

图 4-34 硫黄胶泥锚固接头示意图

接桩时，应保证锚固钢筋的直度，表面清理干净，并将锚孔内清理干净。将上节桩的甩筋插入下节桩的锚孔内，保持上下节桩端面之间的距离，调整桩身的竖直度，上节桩与下节桩中心线的偏差不得大于 10mm。接点的弯曲矢高不得大于桩长的 1/1000。

将夹钳挡圈安装在下节桩顶部，在锚筋孔内灌入热熔的硫黄胶泥使之溢出并铺满桩的结合面，然后将上节桩压紧，使上下节桩的端面紧密粘合。浇筑硫黄胶泥时，其温度应控制在145℃左右,并应在2min内完成。待胶泥冷硬后具有一定的强度再继续打桩。浆锚法制作工艺简单,耗钢量少,接桩速度快,沉桩效率高,打桩时桩锤的能耗较小。此种接头耐腐蚀性好,但接头处抗水平力作用能力较弱。

(5) 承台施工

承台的构造要求:

1) 桩顶嵌入承台内的长度不宜小于50mm。主筋插入承台内的长度不宜小于钢筋直径(Ⅰ级钢)的30倍和钢筋直径(Ⅱ级钢和Ⅲ级钢)的35倍。对于大直径灌注桩,当采用一柱一桩时,可设置承台或将柱与桩直接连接。桩和柱的连接可按高杯口基础的要求选择截面尺寸和配筋,柱纵筋插入桩身的长度应满足锚固长度的要求。

2) 承台及地下室周围的回填土应满足土密实度的要求。

3) 承台的宽度不应小于500mm,边柱中心至承台边缘的距离不宜小于桩的直径或边长,且桩的外边缘至承台边缘的距离不小于150mm。对于条形承台梁,桩的外边缘至承台梁边缘的距离不小于75mm。

4) 承台梁的最小厚度不应小于300mm。

5) 承台的配筋:对于矩形承台其钢筋应按双向均匀通长布置(如图4-35(a)所示),钢筋直径不宜小于10mm,间距不宜大于200mm;对于三桩承台,钢筋应按三向板带均匀布置,且最里面的三根钢筋围成的三角形应在柱截面范围内(如图4-35(b)所示)。承台梁的主筋除满足计算要求外,尚应符合现行《混凝土结构设计规范》GB 50010—2002关于最小配筋率的规定,主筋直径不宜小于12mm,架立筋不宜小于10mm,箍筋直径不宜小于6mm(如图4-35(c)所示)。

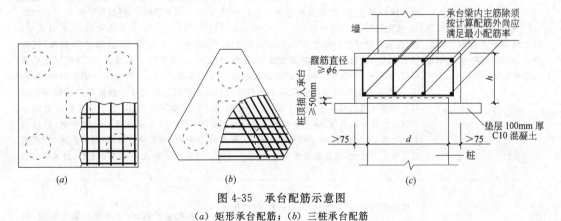

图4-35 承台配筋示意图
(a) 矩形承台配筋;(b) 三桩承台配筋

6) 承台的埋置深度不宜小于600mm。在季节性冻土及膨胀土地区承台的埋深及处理措施,应按现行《建筑地基基础设计规范》和《膨胀土地区建筑技术规范》等有关规范执行。

7) 承台混凝土强度等级不应小于C20,当无垫层时,纵向钢筋的混凝土保护层厚度不应小于70mm,当有混凝土垫层时,不应小于40mm。

8) 单桩承台,宜在两个互相竖直的方向上设置联系梁;两桩承台,宜在端墙设置联系梁;有抗震要求的柱下独立承台,宜在两个主轴方向设置联系梁。

9) 联系梁顶面宜与承台位于同一标高。联系梁的宽度不应小于250mm,梁的高度可取承台中心距的 1/15～1/10；联系梁的主筋应按计算确定，梁内上下纵筋直径不应小于 12mm 且不应少于 2 根，并应按规范要求锚入承台。

承台的施工要求：

1）桩基础打桩完成停顿一定的时间后方可进行承台施工。

2）承台基坑开挖前应编制施工方案，确定基坑开挖方法。当采用无支护基坑时，应对基坑的边坡稳定进行验算。

3）采用基坑支护的方法有：钢板桩、地下连墙、排桩（灌注桩）、水泥土搅拌桩、喷锚、H 型钢桩、锚杆或内撑组合等支护结构。

4）基坑开挖时应随挖随做排水盲沟及集水井。

5）若采用机械挖方，施工机械不得损坏桩体。挖土过程中应分层进行，高差不宜过大。挖出的土方不得堆放在基坑附近，应及时清运干净。

6）独立桩承台施工时应先深后浅。当承台的埋置深度较深时，应对邻近的建筑物、市政设施等采取必要的保护措施。

3.2.4 钢筋混凝土预制桩质量通病及其防治措施（见表 4-18）

钢筋混凝土预制桩质量通病及其防治措施　　　　　表 4-18

质量通病	产生原因	防治措施
1. 桩顶击碎：打桩时，桩顶出现混凝土掉角、碎裂、坍塌，或被打坏；桩顶钢筋局部或全部外露	混凝土强度设计等级偏低；混凝土施工质量不良，如混凝土配合比不准确，浇筑振捣不密实，养护不良等；桩顶配置钢筋网片不足，主筋端部距桩顶距离太小；桩顶作外形不符合规范要求，桩顶面倾斜或不平，桩顶混凝土保护层过厚或过薄；桩锤选择不当，桩锤锤重过小，使锤击次数过多，造成桩顶混凝土疲劳破坏；桩锤锤重过大，使桩顶锤击应力过大，造成混凝土破碎；桩顶与桩帽接触不平，桩帽变形倾斜或桩沉入土中不竖直，造成桩顶局部应力集中而将桩头打坏；沉桩时未加缓冲桩垫或桩垫损坏，失去缓冲作用，使桩直接承受冲击荷载；施工中落锤过高或遇坚硬砂土夹层、大块石等，由于桩身阻力增大，沉桩时桩受锤击力过大，超过桩的承受能力	合理设计桩头，保证有足够的强度；严格控制桩的制作质量，支模正确、严密，使制作偏差符合规范要求；施工中，混凝土配合比应准确，振捣密实，主筋不得超过第一层钢筋网片，浇筑后应有 1～3 个月的自然养护过程，使其达到 100% 设计强度；根据桩、土质情况，合理选择桩锤；沉桩前，对桩构件进行检查，对有桩顶不平或破碎缺陷的，应修补后才能使用；经常检查桩帽与桩的接触面处及桩帽垫木是否平整，如不平整应进行处理后方能打桩，并应及时更换缓冲垫；桩顶已破碎时，应更换桩垫；如破碎严重，可把桩顶剔平补强，必要时加钢板箍，再重新沉桩
2. 沉桩达不到设计控制要求：打桩结果桩未达到设计标高或未达到最后沉入度控制指标要求	桩锤选择不当，桩锤太小或太大，使桩沉不到或超过设计要求的控制标高；桩帽、缓冲垫、送桩的选择与使用不当，锤击能量损失过大；地质勘察不充分，地质和持力层起伏标高不明，致使设计桩尖标高与实际不符；设计要求过严，打桩超过施工机械能力和桩身混凝土强度；桩距过密，打桩顺序不当，使基土的密实度增大过多；沉桩遇地下障碍物，如大块石、坚硬土夹层、砂夹层或旧埋置物；打桩间歇时间过长，阻力增大；桩顶打碎或桩身打断，致使桩不能继续打人；桩接头过多，连接质量不好，引起桩锤能量损失过大	根据地质情况，合理选择施工机械、桩锤大小、施工的最终控制标准；检修打桩设备，及时更换缓冲垫；详细探明工程地质情况，必要时应作补勘；正确选择持力层或桩尖标高；确定合理的打桩顺序；探明地下障碍物，并进行清除或钻透处理；打桩应连续打入，不宜歇时间过长；保证桩的制作质量，防止桩顶打碎和桩身打断措施同"桩顶破碎"、"桩身断裂"防治措施

续表

质量通病	产生原因	防治措施
3. 桩倾斜、偏移:桩身竖直偏差过大,桩身倾斜	桩制作时桩身弯曲超过规定要求,桩尖偏离桩的纵轴线较大,桩顶不平,致使沉入时发生倾斜,或桩长细比过大,打桩产生桩体压曲破坏;施工场地不平、地表松软,导致沉桩设备及导杆倾斜,引起桩身倾斜;稳桩时桩不竖直,桩帽、桩锤及桩不在同一直线上;接桩位置不正,相接的两节桩不在同一轴线上,造成歪斜;桩入土后,遇到大块孤石或坚硬障碍物,使桩向一侧偏斜;采用钻孔、插桩施工时,钻孔倾斜过大,沉桩时桩顺钻孔倾斜而产生位移;桩距太近,邻桩打桩时产生土体挤压;基坑土方开挖方法不当,桩身两侧土压力差值较大,使桩身倾斜	沉桩前,检查桩身弯曲,超过规范允许偏差的;桩的长细比不宜超过40;安设桩架的场地应平整、坚实,打桩机底盘应保持水平;随时检查、调整桩机及导杆的竖直度,并保证桩锤、桩帽与桩身在同一直线上;接桩时,严格按操作要求接桩,保证上下节桩在同一轴线上;施工前用钎或洛阳铲探明地下障碍物,较浅的挖除,深的用钻机钻透,钻孔插桩时,钻孔必须竖直,竖直偏差应在1%以内;在饱和软黏土施工密集群桩时,合理确定打桩顺序;控制打桩速度,采用井点降水、砂井、挖沟降水等排水措施;分层开挖基坑土方,避免使桩身两侧出现较大的土压力差;若偏移过大,应拔出,移位再打;若偏移不大,可顶正后再慢锤打入
4. 桩身断裂:沉桩时,桩身突然倾斜错位,贯入度突然增大,同时当桩锤跳起后,桩身随之出现回弹	桩身有较大弯曲,打桩过程中,在反复集中荷载作用下,当桩身承受的抗弯强度超过混凝土抗弯强度时,即产生断裂,主要情况有:桩长细比过大,沉桩时遇到较坚硬土层或障碍物,桩身局部混凝土强度不足或不密实,在反复施工时导致断裂;桩在堆放、起吊、运输过程中操作不当,产生裂纹或断裂	桩制作时,应保证混凝土配合比正确,振捣密实,强度均匀;桩在堆放、起吊、运输过程中,应严格案操作规程操作,发现桩超过有关验收规定不得使用;检查桩外形尺寸,发现弯曲超过规定或桩尖不在桩纵轴线上时,不得使用;每节桩长细比应控制不大于40;施工前查清地下障碍物并清除;接桩要保持上下节桩在同一轴线上;沉桩过程中,发现不竖直,应及时纠正,或拔出重新沉桩;断桩,可采取在一旁补桩的办法处理
5. 接头松脱、开裂:接桩处经锤击出现松脱开裂等现象	接头表面留有杂物、油污、水未清理干净;采用硫磺胶泥接桩时,配合比、配制使用温度控制不当,造成硫磺胶泥强度达不到要求,在锤击作用下产生开裂;采用焊接或法兰连接时,焊接件或法兰平面不平,有较大间隙,造成焊接不牢或螺栓拧不紧;或焊接质量不好,焊缝不连续、不饱满,存在夹渣等缺陷;接桩时上下节桩不在一直线上,在接桩处产生弯曲,锤击时在接桩处局部产生应力集中而破坏连接	接桩前,清除连接表面杂质、油污;采用硫磺胶泥接桩时,严格控制配合比、熬制工艺和使用温度,按操作要求操作,保证连接强度;连接件必须牢固、平整,如有问题,应修正后才能使用;保证焊接质量;控制接桩上下中心线在同一直线上
6. 桩顶上涌:在沉桩过程中,桩产生横向位移或桩身上涌	在软土地基施工较密集的群桩时,由一侧向另一侧施工时,常会使桩向一侧挤压造成位移或涌起	在饱和软黏土地基施工密集群桩时,应合理确定打桩顺序;控制打桩速度;浮起较大的桩应重新打入

3.2.5 预制桩质量检验标准

1) 桩位的放样允许偏差:群桩为20mm,单排桩为10mm。

2) 当桩顶设计标高与施工场地标高相同,或桩基工程结束后有可能对桩位进行检查时,桩基工程的验收应在施工结束后进行。

3) 当桩顶设计标高低于现场标高,送桩后无法对桩位进行检查时,对打入桩可在每根桩桩顶沉至场地标高时,进行中间验收,待全部桩施工结束,承台或底板开挖到设计标高后,再作最终验收。对灌注桩可对护筒位置作中间验收。

4)打(压)入桩(预制混凝土方桩、先张法预应力管桩、钢桩)的桩位偏差,必须符合表 4-19 的规定。斜桩倾斜度的偏差不得大于倾斜角正切值的 15%(倾斜角系桩的纵向中心线与竖直方向的夹角)。

预制桩(钢桩)桩位的允许偏差(mm)　　　　表 4-19

项	项　目	允许偏差
1	盖有基础梁的桩: (1)竖直基础梁的中心线 (2)沿基础梁的中心线	$100+0.01H$ $150+0.01H$
2	桩数为 1~3 根桩基的桩	100
3	桩数为 4~16 根桩基的桩	1/2 桩径或边长
4	桩数大于 16 根桩基中的桩 (1)最外边的桩 (2)中间桩	1/3 桩径或边长 1/2 桩径或边长

注:H 为施工现场地面标高与桩顶设计标高的距离。

5)桩在现场预制时,应对原材料、钢筋骨架(见表 4-20)混凝土强度进行检查,采用工厂生产的成品桩时,桩进厂后应进行外观及尺寸检查。

预制桩钢筋骨架质量检验标准(mm)　　　　表 4-20

项	序	检查项目	允许偏差或允许值	检查方法
主控项目	1	主筋距桩顶距离	±5	用钢尺检查
	2	多节桩锚固筋位置	±5	用钢尺检查
	3	多节桩预埋铁件	±3	用钢尺检查
	4	主筋保护层厚度	±5	用钢尺检查
一般项目	1	主筋距离	±5	用钢尺检查
	2	桩中心线	10	用钢尺检查
	3	箍筋间距	±20	用钢尺检查
	4	桩顶钢筋网片	±10	用钢尺检查
	5	多节桩锚固筋长度	±10	用钢尺检查

6)施工中应对桩体竖直度、沉桩情况、桩顶完整状况、接桩质量等进行检查,对电焊接桩,重要工程应做 10%的焊缝探伤检查。

7)施工结束后,应对承载力及桩体质量作检验。

8)对长桩或超过 500 击的锤击桩,应符合桩体强度及 28d 龄期两项条件才能锤击。

9)钢筋混凝土预制桩的质量检验标准应符合表 4-21 的规定。

3.3　混凝土灌注桩施工

3.3.1　灌注桩的分类

灌注桩按其成孔方式不同可分为:

泥浆护壁钻孔灌注桩、泥浆护壁冲孔灌注桩、沉管灌注桩、夯扩桩、干作业成孔灌注桩、人工挖孔灌注桩等。

钢筋混凝土预制桩的质量检验标准   表 4-21

项目	序号	检查项目	允许偏差或允许值 单位	允许偏差或允许值 数值	检查方法
主控项目	1	桩体质量检验	按基桩检测技术规范		按基桩检测技术规范
	2	桩位偏差	见表 4-22		用钢尺量
	3	承载力	按基桩检测技术规范		按基桩检测技术规范
一般项目	1	砂、石、水泥、钢材等原材料(现场预制时)	符合设计要求		查出厂质保文件或抽样送检
	2	混凝土配合比及强度(现场预制时)	符合设计要求		检查质量及查试块记录
	3	成品桩外形	表面平整、颜色均匀、吊脚深度 10mm,蜂窝面积小于总截面积 0.5%		直观
	4	成品桩裂缝(收缩裂缝或起吊、装运、堆放引起的裂缝)	深度<20mm,宽度 0.25mm,横向裂缝不超过边长的一半		裂缝测定仪,该项在地下水有侵蚀地区及锤击数超过 500 击的长桩不适用
	5	成品桩尺寸:横截面边长	mm	±5	用钢尺量
		桩顶对角线	mm	<10	用钢尺量
		桩尖中心线	mm	<10	用钢尺量
		桩身弯曲矢高		<1/1000L	用钢尺量,L 为桩长
		桩顶平整度	mm	<2	用水平尺量
	6	电焊接桩:焊缝质量	见钢桩施工检验质量标准		见钢桩施工检验质量标准
		电焊结束后停歇时间	min	>1.0	秒表测定
		上下节平面偏差	mm	<10	用钢尺量
		节点弯曲矢高		<1/1000L	用钢尺量,L 为两节桩长
	7	硫黄胶泥接桩:胶泥浇筑时间	min	<2	秒表测定
		浇筑后停歇时间	min	>7	秒表测定
	8	桩顶标高	mm	±50	水准仪
	9	停锤标准	设计要求		现场实测或查沉桩记录

3.3.2 施工准备

(1) 现场、资料准备

1) 开工前应熟悉施工图,了解工程概况,了解施工现场地质水文资料。编制整套桩基础施工组织设计方案。施工组织设计的主要内容包括:确定打桩方案、编排打桩顺序平面布置、选择机械设备、泥浆处理措施、编制各项计划措施等。

2) 做好施工现场的三通一平工作(即临时供水、供电、道路要通,施工现场要平),按施工组织设计安排材料场地、搅拌棚材料库、泥浆池、泥浆排放及处理等工作。

(2) 打桩机械

1) 钻机:泥浆护壁灌注桩的施工机

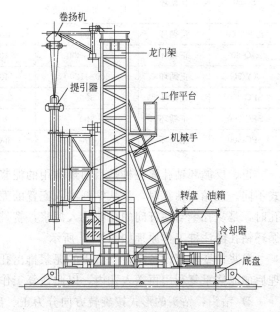

图 4-36 KP3500 转盘式钻机示意图

械形式很多，多采用转盘式正、反循环钻机和潜水式钻机，正反循环钻机示意图如图 4-36 所示，规格性能可参照表 4-22 选用。选择机械时应根据桩型、钻孔深度、桩的直径、土层情况、设计要求、工程进度等情况综合分析选用。

正、反循环钻机规格性能表　　　　　　　　表 4-22

钻机型号	钻孔方式	钻孔直径(mm)	钻机深度(mm)	转盘扭矩(kN·m)	功率(kW)	生产厂家
GPS-10	正循环	400～1200	50	8.0	37	上海探矿机械厂
GPS-15	泵吸反循环	800～1500	50	17.7	30	上海探矿机械厂
SPJT-300	正、反循环	500	80	—	40	上海探矿机械厂
GJ-15	反循环	500～1500	50	18.0	30	衡阳探矿机械厂
KT1500	正、反循环	600～1500	100	24.7	37	郑州探矿机械厂
KP2000	正、反循环	2000(岩石) 3000(土层)	100	43.8	45	郑州探矿机械厂
KP3500	正、反循环	3500(岩石) 6000(土层)	130	21.0	120	郑州探矿机械厂
KQ800	正、反循环	450～800	80	19.0	22	新河钻机厂
KQ200	正、反循环	800～2000	80	13.72	44	新河钻机厂
BRM-08	正、反循环	1200	40～60	4.2～8.7	22	武汉桥机场
BRM-1	正、反循环	1250	40～60	3.3～12.1	22	武汉桥机场
BRM-2	正、反循环	1500	40～60	7.0～28.0	28	武汉桥机场
BRM-4	正、反循环	3000	40～100	15.0～80.0	75	武汉桥机场
S-300	反循环	470～3000(土层)	200	19	40	日本日立建机
S-450	反循环	1000～4500(岩石) 1000～2000(土层)	100～250	80	75	日本日立建机
红星-300	反循环	650	400	13.2	40	郑州勘探机械厂
GQ-80	正循环	600～800	40	5.5	22	重庆勘探机械厂
XY-5G	正循环	800～1200	40	25.5	45	张家口勘探机械厂
SPC-300	正循环	300	300	6.73	60	天津探矿机械厂
SPC-500	正循环	500	500	13.0	75	上海探矿机械厂
SPC-600	正循环	500	600	11.5	75	上海探矿机械厂

正、反循环钻孔灌注桩是目前最常用的泥浆护壁灌注桩，它们的主要区别在于排渣方式不同。正循环钻孔时，是从钻杆注入配置的泥浆，泥浆携带渣土自孔口溢出；反循环钻孔时，是从孔壁与钻杆间的孔隙注入泥浆，携带渣土的泥浆由泵经钻杆排出孔外。正、反循环钻孔灌注桩工作原理如图 4-37 所示。

泥浆护壁配套设备将带有渣土的泥浆排出孔外到废浆处理设备进行处理，然后将经处理后的泥浆重复利用再送入孔内，以此往复工作。

2) 钻头：钻头的形式按旋转方向分为正、反两种类型。

正循环钻机钻头：如图 4-38 所示。

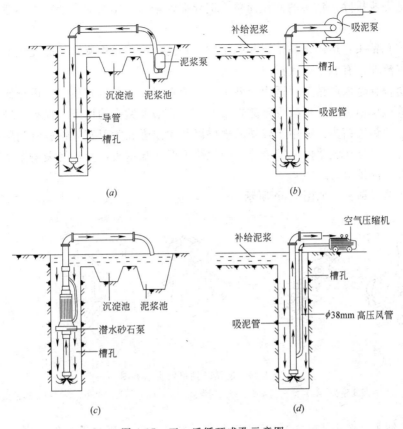

图 4-37 正、反循环成孔示意图
(a) 正循环;(b) 泵举反循环;(c) 泵吸反循环;(d) 压缩空气反循环吸泥排渣

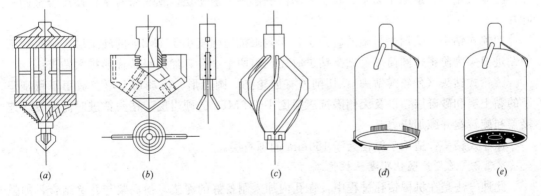

图 4-38 正循环钻机钻头类型示意图
(a) 双腰带翼状钻头;(b) 鱼尾钻头;(c) 合金扩孔钻头;
(d) 筒状肋骨合金取芯钻头;(e) 钢粒全面钻进钻头

双腰带翼状钻头:适用于黏土层、砂土层、砂砾层、粒径小的卵石层和风化基岩等。对第四系地层的适应性较好,在钻压和回转扭矩的作用下,回转阻力较小,由合金钻头切削岩土,钻渣随泥浆排除。钻头具有良好的扶正导向性,有利于清除孔底部的沉渣。

鱼尾钻头:适用于黏土层和砂土层。在钻压和回转扭矩的作用下,由合金钻头切削岩土,钻渣随泥浆排除。钻头的制作简单,但导向性较差,钻头的直径较小不适宜大直径桩孔的施工。

合金扩孔钻头:适用于黏土层和砂土层。钻孔时泥浆顺螺旋翼片的孔隙上升,形成旋流增大排浆流速,有利于孔底排渣。

筒状肋骨合金取芯钻头:适用于砂土层、卵石层和一般岩石地层。用于比较完整的砂岩、灰岩等地层钻进时,可减少破碎岩石的体积,增大钻头的比压,提高钻进速率。

钢粒全面钻进钻头:适用于较硬的岩层以及大漂砾和大孤石。钻进时利用钢粒作为磨料破碎岩石,悬浮在泥浆内。携带碎石的泥浆不但冷却钻头,而且将失去作用的钢粒磨碎磨小从钻头后部排出。

反循环钻机钻头:如图4-39所示。

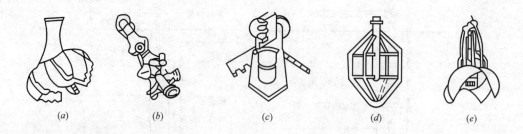

图4-39 反循环钻机钻头示意图
(a) 多瓣式钻头;(b) 滚轮式钻头;(c) 三翼式钻头;(d) 四翼式钻头;(e) 抓斗式钻头

多瓣式钻头(蒜头式钻头):适用于黏土、粉土、和砂砾层等一般土层。钻进效率较高,使用较广,不适用较硬的土层。

三翼式钻头:适用于黏土、粉土、和砂砾层等一般土层。钻头带有平齿硬质合金的三叶片。

四翼式钻头:适用于坚硬的砂砾层,无侧限抗压强度小于1MPa的硬土层。钻头端部的钻进刀尖为阶梯式圆筒形,钻头钻进时先钻出两个小孔,然后呈阶梯形扩大钻进。

滚轮式钻头(牙轮式钻头):切削刃有齿轮型、圆盘形、滚动切刀形。适用于特别坚硬的黏土层和砂砾层,以及无侧限抗压强度小于2MPa的硬岩层。钻头钻进时需用旋转连接器和旋转盘并施加压力。

抓斗式钻头:适用于粒径大于150mm的砾石层。

3.3.3 泥浆护壁钻孔灌注桩施工

此种方法是在机械钻孔过程中,在孔内加入制备好的泥浆,使泥浆与孔壁结合,加强孔壁的强度以防塌孔。主要适用于地下水位以下的黏性土、粉土、砂土、填土、碎石土、风化岩层以及软硬变化较大的土层等。还适用于地质状况复杂、夹层多、风化不均匀的岩层、具有障碍物的土层等,在有溶岩的地区应慎重使用。

(1) 泥浆护壁钻孔灌注桩施工工艺

施工工艺:①埋设护筒;②安装钻机;③钻进;④第一次清孔;⑤检测桩孔回淤厚度;⑥吊放钢筋笼;⑦进行第二次清孔;⑧插入导管灌注水下混凝土;⑨拔出导管和护筒。如图4-40所示。

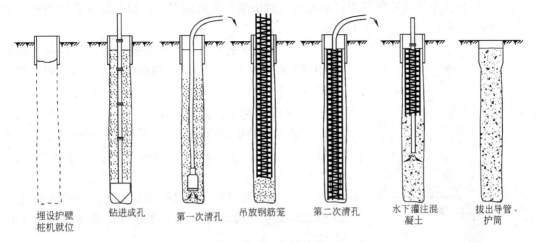

图 4-40 泥浆护壁钻孔灌注桩工艺流程示意图

1) 护筒一般用 4~8mm 厚钢板制作，其内径应大于钻头直径 100mm，上部开设两个溢浆孔。埋设护筒时位置要求准确，护筒中心与桩中心位置的偏差不得大于桩位的允许偏差值。其埋设深度在黏性土中不宜小于 1.0m，在砂土中不宜小于 1.5m，高度应满足孔内泥浆面高于地下水位。当地下水位较高时，应将护筒接高，高于地面 400~600mm，以保证泥浆的压力。

2) 安装钻机应稳定，保证桩位的平面定位准确，控制在允许偏差范围内，并应保证钻进时成孔的竖直度偏差不应大于 1mm。

3) 钻机安装调整后，在护壁筒内注入泥浆，启动吸浆泵使泥浆开始循环，开动钻机进钻。在软土层中根据泥浆供给情况控制进钻速度，在硬土层或岩层中的进钻速度以钻机不产生跳动为准。钻进过程中如发生钻孔倾斜、塌孔、护壁筒周围漏浆冒浆时，应停钻进行处理，处理后再行钻进。钻进过程中应根据土层情况控制泥浆指标。

4) 钻孔完成后，在放入钢筋笼之前应将孔底的沉渣清除进行第一次清孔，如图 4-41 所示。应满足孔底 500mm 以内的泥浆相对密度小于 1.25，含砂率不大于 8%，黏度不大于 28s。

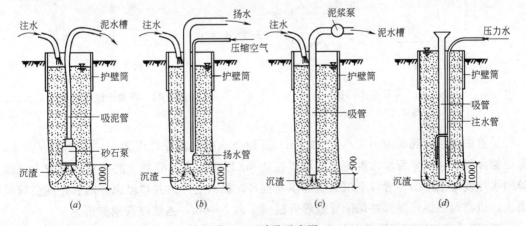

图 4-41 清孔示意图
(a) 潜没式砂石泵清孔；(b) 气举法清孔；(c) 砂石泵清孔；(d) 高压水清孔

5) 在放入钢筋笼之前利用钢筋笼检测器检测桩孔回淤厚度，以保证钻孔的直径、竖直度与钻孔深度。

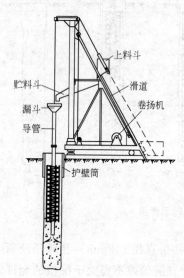

图 4-42 水下浇筑混凝土示意图

6) 吊放钢筋笼时，使钢筋笼竖直进入桩孔，避免钢筋笼碰撞孔壁。就位后将钢筋笼固定，以免钢筋笼浮起使位置偏移。

7) 进行第二次清孔，在灌注混凝土之前孔底沉渣厚度指标应满足下列要求：端承桩≤50mm，端承摩擦桩≤100mm，摩擦桩≤300mm。清孔方法如图 4-41 所示。

8) 当桩孔的质量满足要求后方可进行水下混凝土的浇筑工程。浇筑方法常采用导管法灌注，如图 4-42 所示。

先将导管吊入到桩孔内，导管应采用法兰连接或双螺纹方口快速接头连接，提、拔导管时为避免接头挂住钢筋笼，其接头可设置防护罩如图 4-43 所示。

导管底部安装隔水栓，以防泥浆进入导管。隔水栓一般采用 C20 混凝土制成，直径宜比导管内径小 20mm，高度宜比直径大 50mm，上部安装 4mm 厚的橡胶垫圈与内径密封，用 8 号钢丝吊在导管内，如图 4-44 所示。

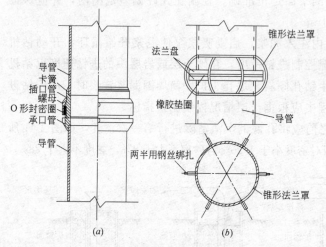

图 4-43 导管接头构造示意图
(a) 螺纹接头；(b) 法兰接头

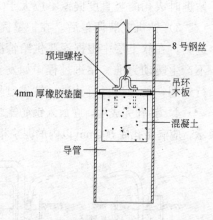

图 4-44 混凝土隔水栓构造示意图

导管底部距孔底的距离为 0.3~0.5m，开始浇筑时，在导管内装入一定量的混凝土，保证撤掉隔水栓时导管埋入混凝土的深度在 0.8m 以上。由于混凝土的相对密度较大，撤掉隔水栓混凝土冲出导管口下沉到底部填满桩径，泥浆上浮由井口溢出。随后连续浇筑混凝土，边浇筑边提升导管并保证导管埋入混凝土内 2~6m，连续浇筑到桩顶。

9) 浇筑完毕后拔出导管及护壁筒，移动桩机到下一桩位。

(2) 泥浆护壁钻孔灌注桩施工要点

1) 配置水下浇筑混凝土的粗骨料可采用碎石或卵石,最大粒径不得大于钢筋净距的1/3。

2) 水下浇筑混凝土的塌落度为180～220mm,混凝土的强度等级不得低于C20,水泥强度等级不得低于32.5,且每立方米混凝土的水泥用量不少于370kg。

3) 钢筋笼的制作应符合设计要求,钢筋的接头可不作弯钩采用焊接连接。用导管浇筑混凝土,钢筋笼的直径应比导管连接处的外径大100mm以上。

4) 为保证钢筋笼的混凝土保护层厚度,钢筋笼应每隔1～1.5m设置定位钢筋环或采取其他方法定位,水下现浇钢筋混凝土桩的主筋保护层厚度允许偏差值为±20mm。

5) 成孔钻进时应控制泥浆指标,当在黏土、亚黏土层钻进时,可向孔内注入清水采用原土造浆。在钻进穿过砂土层时,为防止塌孔可在孔内适量加入黏土以增大泥浆的黏度。如在砂土层中钻进或砂土层较厚时,应采用制备泥浆。

6) 注入泥浆的相对密度应控制在1.1左右,排出的泥浆相对密度应控制在1.2～1.4为宜。当穿越砂类卵石层等容易塌孔的土层时,泥浆的相对密度可增大到1.3～1.5。

7) 在施工过程中应勤测泥浆的密度,并应定时测定泥浆的黏度、含沙量和胶体率。

8) 每根桩的浇筑时间按初盘混凝土的初凝时间控制,一般控制在4～6h内完成,间歇时间应控制在15min内,不得超过30min,必要时可适量加入缓凝剂。

9) 导管提升速度应与混凝土的上升速度相适应,始终保持导管插入混凝土1.5m以上。

10) 应控制最后一次灌注量,柱顶不得偏低,一般比设计标高高出0.5～0.8m,以便凿除桩顶部的泛浆层后达到设计标高的要求。

3.3.4 泥浆护壁灌注桩施工质量常见通病及防治(见表4-23)

泥浆护壁灌注桩施工质量常见通病及防治　　　　　表4-23

质量通病	产生原因	防治措施
1. 塌孔:在成孔过程中或在成孔以后孔壁坍塌	泥浆配置质量不好密度不足或土质疏松;护筒埋置太浅、未及时向孔内加注泥浆使泥浆的水头压力不足;护筒周围发生泥浆渗漏孔内泥浆面低于孔外地下水位;钻孔速度过快泥浆在孔壁上没有形成泥膜就继续钻进;提升、下落钻机、冲锤、掏渣筒和放钢筋骨架等时碰撞孔壁	保证配置泥浆的稠度,使泥浆充分填充孔壁土层孔隙;钻进过程中随时向孔内加注新泥浆,使泥浆高于孔外地下水位;护筒周围用黏土填封紧密,保持或提高孔内水位;成孔钻进速度应根据地质情况确定;提升下落钻杆、冲锤、掏渣筒和放钢筋骨架时保持竖直上下,注意不碰撞孔壁;孔孔为轻度塌孔时,应加大泥浆密度和提高孔内水位;对严重塌孔,应用黏土全部回填,待黏土沉积密实,孔壁稳定后再采用低速钻进
2. 钻孔偏移、倾斜	施工场地不平或地面不均匀沉降使桩架不平稳,导架不竖直,钻机严重磨损或部件出现故障,钻杆弯曲或连接不当,接头不直,钻头导向部分太短,导向性差,钻机钻进时,遇不平整的岩层,土质软硬不均,或遇孤石,钻头所受阻力不匀,造成倾斜	施工场地要平整,安装钻机时调整桩架竖直度,合理选择钻机、钻头设备,设置足够长度的钻头导向,经常检修钻孔设备,如钻杆弯曲,及时调换;在有倾斜状软硬不均的土层处钻进时,应控制进钻速度以低速钻进,并采用上下提升反复扫钻,削去硬土层,或用冲击锥将斜面硬层冲平再钻进;偏斜过大时,填入石子、黏土重新钻进,控制钻速,慢速上下提升、下降,往复扩孔纠正。当遇有探头石时宜采用钻机钻透,采用冲孔机时应低锤密击,把石块打碎

续表

质量通病	产生原因	防治措施
3. 钻孔漏浆：在成孔过程中，或成孔后，泥浆向孔外流失	遇到透水性强或有地下水流动的土层；护筒埋设过浅，回填土不密实，或护筒接缝不严密，在护筒刃脚或接缝处漏浆；水头过高使孔壁渗透	适当加稠泥浆或倒入黏土，慢速转动，或在回填土内渗片石、卵石，反复冲击增强护壁；护筒周围及底接缝应填密实；适当控制孔内水头高度，不要使压力过大
4. 梅花孔：桩的断面形状不规则，呈梅花形	冲孔时转向环失灵，冲锤不能自由转动；泥浆太稠，阻力太大，提锤太低，冲锤刚提起又落下，得不到足够转动时间，变换不了冲击位置	经常检查转向吊环，保持冲锤转动灵活；适当降低泥浆稠度，勤掏渣；保持适当的提锤高度，必要时辅以人工转动；用低冲程时，隔一段时间更换高一些的冲程，使冲锤锥有足够的转动时间
5. 卡锤：冲锤成孔时，锤被卡在孔内，不能上下运动	冲锤在孔内遇到大的探头石（上卡）；冲锤磨损过甚，孔径成梅花形，提锤时，锤的大径被孔的小径卡住（下卡）；石块落入孔内，夹在锤与孔壁之间	上卡时，用一个半截冲锤冲打几下，使锤脱落卡点，锤落孔底，然后吊出；下卡时，可用小钢轨形成T字形钩，将锤一侧拉紧后吊起；被石块卡住时，也可用上法提出冲锤
6. 流砂：桩孔内大量冒砂将孔涌塞	孔外水压比孔内大，孔壁松散，使大量流砂涌塞桩底；遇粉砂层，泥浆密度不够，孔壁未形成泥皮	使孔内水压高于孔外水位0.5m以上，适当加大泥浆密度；流砂严重时，可抛入碎砖、石、黏土，用锤冲入流砂层，做成泥浆结块，使其成坚厚孔壁，阻止流砂涌入
7. 黏土层中钻进缓慢甚至没有进尺	排渣不畅，钻头粘满黏土块（糊钻头）；钻头周围堆积土块；钻头合金刀具安装角度不适当，刀具切土过浅，泥浆密度过大，钻头配重过轻；钻头磨损严重	加强排渣，重新安装刀具角度、形状、排列方向；降低泥浆密度，加大钻头配重；糊钻时，可提出钻头清除泥块后，再进行钻近；修复或更换钻头
8. 钢筋笼变形、偏位：钢筋笼变形，保护层不够，深度、放置位置不符合设计要求	钢筋笼过长，未设加劲箍，刚度不够，造成变形；钢筋笼上未设垫块或耳环来控制保护层的厚度；桩孔本身偏斜或偏位；钢筋笼吊放时未竖直缓慢放下，而是斜插入孔内；孔底沉渣未清理干净，使钢筋笼达不到设计深度	钢筋过长，应分2～3节制作，分段吊放，分段焊接或加劲箍加强；在钢筋笼部分主筋上，应每隔一定距离设置混凝土垫块或焊耳环，控制保护层的厚度；桩孔本身偏斜、偏位，应在下钢筋笼前往复扫孔纠正；孔底沉渣应置换清水或适当密度的泥浆清除
9. 断桩	搅拌机发生故障或商品混凝土供应不上，使混凝土浇筑中断时间过长；混凝土坍落度太小，骨料粒径太大，未及时提升导管及导管倾斜，使导管堵塞，形成桩身混凝土中断；提升导管碰撞钢筋笼，使孔壁土体坍塌混入混凝土中	保证混凝土连续浇筑；混凝土坍落度按设计要求控制，骨料粒径按规范要求控制；边浇筑混凝土边拔导管，并勘测混凝土顶面高度，随时掌握导管插入深度，避免导管脱离混凝土面；当导管堵塞，可吊起导管，用高压水冲开
10. 吊脚桩	清孔后泥浆密度过小，孔壁坍塌或孔底涌进泥浆或未立即灌注混凝土；清渣未净，残留泥渣过厚；吊放钢筋骨架、导管等物时碰撞孔壁，使混凝土塌落孔底	做好清孔工作，达到要求后立即浇筑混凝土；注意泥浆密度和使孔内水位经常保持高于孔外水位0.5m以上；施工中注意保护孔壁，不让重物碰撞，造成孔壁坍塌

3.3.5 锤击沉管灌注桩与夯扩桩

（1）锤击沉管灌注桩

1）锤击沉管灌注桩的特点及适用范围：锤击沉管灌注桩是将钢管利用桩锤将带活瓣桩靴或钢筋混凝土桩靴的钢管锤击沉入土中成孔，然后边浇筑混凝土边拔出桩管成桩。主要适用于黏性土、粉土、淤泥质土、砂土及填土。在厚度较大灵敏度较高的淤泥和流塑状态的黏性土等软弱土层中采用时,应有质量保证措施,并经工艺试验成功后方可实施。其特点可利用小桩管成形较大截面的桩,避免塌孔、颈缩、断桩、桩移位、脱空等现象。

2) 施工机械:主要施工机具有桩架、桩锤、套管、桩靴等(参见地基处理技术-土和灰土挤密桩地基锤击沉管成孔施工)。由于灌注混凝土后需要拔管,宜选用振动打拔桩锤如图 4-45 所示。

3) 施工工艺顺序:①桩机就位;②沉入钢管;③浇筑混凝土;④边锤击边拔管(继续浇筑混凝土);⑤下钢筋笼(继续浇筑混凝土);⑥成桩。如图 4-46 所示。

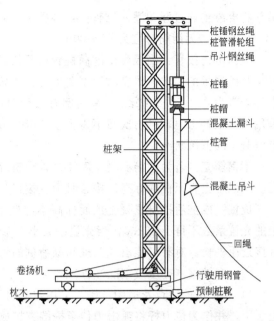

图 4-45　滚管式锤击沉管打桩机示意图

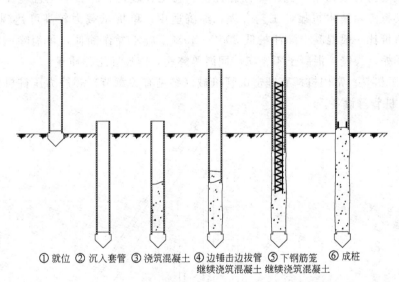

图 4-46　锤击沉管灌注桩示意图

桩机就位:桩机提起桩管,对准预先埋设在桩位的桩靴,桩靴与桩管的接口处垫好草绳或麻绳,以作缓冲和防止地下水进入桩管。放下桩锤,利用桩锤重和桩管自重将桩靴压入土中,要求桩管竖直,竖直度偏差不大于 5%。

沉入套管:立好桩管后检查桩管、桩架、桩锤的竖直度,采用低锤轻击桩管。当桩管进入土中一定深度,且偏差在允许范围内时,再采用正常落距施打,直至设计标高。沉管过程中如桩靴损坏,应及时拔出桩管更换桩靴,用土或砂填实桩孔重新沉管。

浇筑混凝土:当沉管到设计标高后检查桩管内有无泥浆或渗水,当满足设计要求时用吊斗将混凝土通过漏斗灌入桩管内，混凝土应灌满桩管。混凝土的坍落度，有钢筋时宜为80～100mm，无钢筋时宜为60～80mm。

边锤击边拔管：当混凝土灌满桩管后开始拔管，一边拔管一边锤击，同时浇筑混凝土以满足灌注量的要求。拔管时速度要均匀，一般土层宜为1m/min，对软土层或软硬土层交界处宜为0.3～0.8m/min。采用倒打拔管时，单动汽锤打击次数不得少于50次/min。采用小落距轻击时，打击次数不得少于40次/min。拔管过程中应配有测锤或浮标随时检查混凝土的下沉状况。

下钢筋笼：若为钢筋混凝土灌注桩，浇筑混凝土时先浇筑至笼底标高，放入钢筋笼后再浇筑混凝土直至桩顶标高。拔管时不宜拔得过高，应控制在所需混凝土灌注量范围内。

成桩：成桩后桩身混凝土顶面标高不应低于设计标高500mm。混凝土的灌注桩混凝土的充盈系数不得小于1.0，当充盈系数小于1.0时，应全长复打桩，复打桩管入土深度宜接近原桩长。对有可能出现断桩和颈缩桩的情况，应采用局部复打。

（2）夯扩桩（夯压成型灌注桩）

1）夯扩桩的特点及适用范围：采用双套管，内管代替混凝土桩靴，与外管共同打入土层中，并作为传力杆将锤击力传至桩端夯扩成大头形，同时利用内管和桩锤的自重将外管内的现浇混凝土压密成桩，使水泥浆压入桩侧土体并挤密桩侧的土，提高桩的承载力。适用于桩端的持力层为中、低压缩性黏性土、粉土、砂土、碎石类土且埋深不超过20m的情况。其特点，技术可靠，工艺合理，经济适用，单桩承载力较高可达到1000kN以上，工程造价比一般混凝土灌注桩低30%～40%。施工操作简便，可消除一般灌注桩容易出现的颈缩、裂缝、混凝土不密实、回淤等弊病，能保证工程质量。

2）施工机具：常用机械有锤击沉管机械（参见有关章节）和静力压桩机械（如图4-47所示）、桩管等设备。

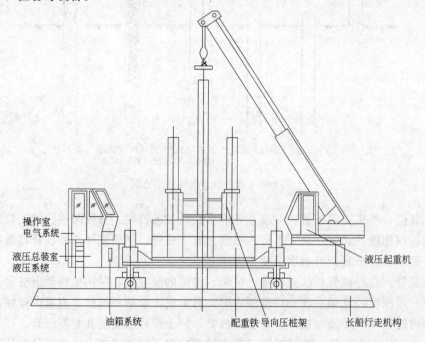

图4-47 液压式压桩机示意图

3）施工工艺：①桩机就位调整桩机；②打（压）入桩管；③提升内管浇筑混凝土；④插入内管，提起外管，夯扩混凝土；⑤重复上两步，直至成桩。如图 4-48 所示。

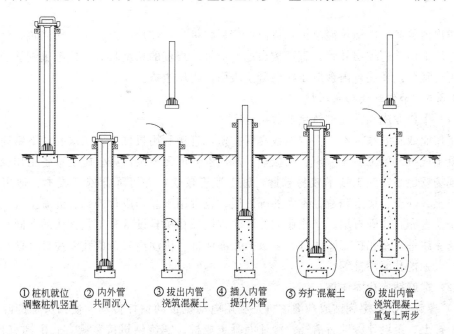

图 4-48 夯扩桩施工工艺示意图

桩机就位调整桩机：按测放好的桩位安置桩机，将桩管就位调整竖直。

打（压）入桩管：将内、外桩管共同沉入到设计标高，沉管过程中出现涌水现象，可采用干硬性混凝土在外管内封底，形成阻水、阻泥管塞，高度一般为 100mm。

提升内管浇筑混凝土：将内管拔出，在外管内浇筑混凝土，浇筑混凝土高度为 H，体积一般为 $0.1 \sim 0.3 m^3$。

插入内管提升外管：将内管插入，压在外管的混凝土顶面上，并将外管拔出一定高度 h（$h < H$），一般为 $0.6 \sim 1.0 m$。

夯扩混凝土：放下桩锤由内管将灌入的混凝土挤出外管，将内、外管再同时打入到桩底设计深度，使混凝土向四周扩大挤压孔壁土体形成扩大桩头（根据设计要求可进行二次夯扩）。夯扩端头平均直径可按下式估算：

一次夯扩 $$D_1 = d_0 \sqrt{\frac{H_1 + h_1 - C_1}{h_1}} \tag{4-2}$$

二次夯扩 $$D_2 = d_0 \sqrt{\frac{H_1 + H_2 + h_2 - C_1 - C_2}{h_2}} \tag{4-3}$$

式中 D_1、D_2——第一次、第二次夯扩头平均直径；

d_0——外管的内径；

H_1、H_2——第一次、第二次夯扩过程中，外管内灌注混凝土高度（从桩底部算起）；

h_1、h_2——第一次、第二次夯扩过程中，外管提升高度（从桩底部算起）。可取

$H_1/2$，$H_2/2$；

C_1、C_2——第一次、第二次夯扩过程中，内外管同步下沉至距桩底的距离，可取为0.2m。

拔出内管第二次浇筑混凝土：拔出内管后将桩身所需用的混凝土一次浇筑，将内管插入，边压下内管边拔出外管，直至拔出地面成桩。当桩的长度较大，或配置钢筋笼时，桩身混凝土宜分段灌注，内管应压在混凝土表面，边压边拔。

3.3.6 干作业成孔灌注桩

（1）干作业成孔灌注桩特点及适用范围

干作业成孔灌注桩不需要泥浆或套管护壁，直接利用机械或人工成孔，下钢筋笼、浇筑混凝土成桩。施工中无噪声、无振动，对周围环境无泥浆污染。施工准备工作少，占用施工现场场地小，施工技术较易掌握，施工速度较快，并可降低施工成本。适用于黏性土、粉土、砂土、填土和粒径不大的砾砂层，也可用于非均质含碎砖、混凝土块、条石的杂填土及大卵石、砾石层。干作业成孔灌注桩按成孔机具设备和工艺方法的不同有：干作业钻孔灌注桩、钻孔扩底灌注桩、多级扩孔灌注桩、机动洛阳铲成孔灌注桩、钻孔压浆灌注桩、人工挖孔灌注桩等。

（2）螺旋钻成孔灌注桩

1）螺旋钻机：螺旋钻成孔灌注桩是利用电动机带动钻杆传动，使钻头螺旋叶片旋转削土、排土、至设计深度后清孔，灌注混凝土成桩。螺旋钻机按装载方式不同有步履式、履带式、轨道式和汽车式。

图4-49为步履式长螺旋钻孔机，长螺旋钻成孔灌注桩是用长螺旋钻头在桩位处就地切削土层，被切土块随钻头旋转，沿着带有长螺旋叶片的钻杆上升到地面排出孔外。长螺旋钻孔机型号及技术性能见表4-24。

长螺旋钻孔机型号及技术性能 表4-24

钻机类型	钻孔直径（mm）	钻孔最大深度（m）	钻头转速（r/min）	钻进速度（r/min）	最大扭矩（kN·m）	电机功率（kW）
LZ型长螺旋钻机	300,600	15	63～116	1.0	3.4	40
LKZ400型长螺旋钻机	400	8～10.5	140	—	1.47	22
ZKL600-1型长螺旋钻机	600	25	23～40	1.0	17～30	37×2
GKL800型长螺旋钻机	800	27.5	21.7	1.0	48.3	55×2
BQZ型长螺旋钻机	400	8	85	1.0	1.5	22
1号、2号型长螺旋钻机	300	8.2	120	1.0	1.05	13
4号型长螺旋钻机	400	12.0	120	1.0	1.4	14

图4-50为步履式短螺旋钻孔机，短螺旋钻成孔灌注桩是用短螺旋钻孔机钻头在桩位处就地切削土层，被切土块随钻头旋转，沿着带有数量不多的螺旋叶片的钻杆上升，积聚在短螺旋叶片上，形成"土柱"，然后提钻、反转、甩土，将钻屑散落在孔周。一般每钻进0.5～1.0m提钻甩土一次。短螺旋钻孔机型号及技术性能见表4-25。

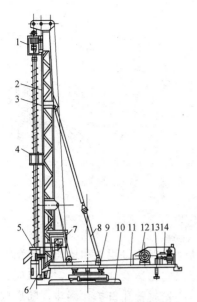

图 4-49 步履式长螺旋钻孔机

1—减速箱；2—臂架；3—钻杆；4—中间导向套；
5—出土装置；6—前支腿；7—操纵室；8—斜撑；
9—中盘；10—下盘；11—上盘；12—卷扬机；
13—后支腿；14—液压系统

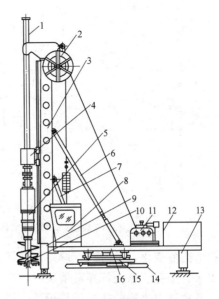

图 4-50 步履式短螺旋钻孔机

1—钻杆；2—电缆卷筒；3—臂架；4—导向架；5—主机；
6—斜撑；7—起架油缸；8—操纵室；9—前支腿；
10—钻头；11—卷扬机；12—液压系统；13—后支腿；
14—下盘；15—中盘；16—上盘

短螺旋钻孔机型号及技术性能　　表 4-25

钻机类型	钻孔直径 (mm)	钻孔最大深度(m)	钻头转速 (r/min)	最大扭矩 (kN·m)	动力形式及功率 (kW)
KU1500	1500~3000	160~80	27~179	100	柴油机 120
BZ-1 型短螺旋钻机	300~800	11.8	45	5.2	液压泵 40
天津钻机厂 600	1828	10.6	30~188	8.4~52.9	柴油机 100
KQB1000	1800	30	40		电动机 22

目前使用比较广泛的为长螺旋钻，这种钻易保持孔形，工效较高，钻孔直径为 300~800mm，孔深可达 10m 以上。

2) 钻头：钻头的形式有多种，不同类型的土层宜选用不同形式的钻头。常用的类型有锥底钻头，适用于黏性土层；平底钻头，适用于松散土层；耙式钻头，在齿尖处镶有硬质合金刀头，能将砖破碎成小块，随螺旋叶片的旋转送到孔口，适用于含有砖头、瓦砾的杂填土；筒式钻头，可将石块钻透，被钻出的碎块挤满在圆筒内，提出钻头将碎块清出钻孔，适用于钻混凝土块、条石等障碍物。钻头形式见图 4-51 所示。

3) 螺旋钻成孔灌注桩施工工艺顺序：①桩机就位；②取土成孔；③测孔径、孔深和桩孔水平与竖直偏差并校正；④取土成孔达设计标高；⑤清除孔底松土沉渣及成孔质量检查；⑥安放钢筋笼或插筋；⑦放置孔口扩孔漏斗；⑧浇筑混凝土；⑨拔出孔口扩孔漏斗。

4) 施工要点：

钻孔时，钻杆应保持竖直稳固、位置正确，防止因钻杆晃动引起孔径扩大；钻进速度

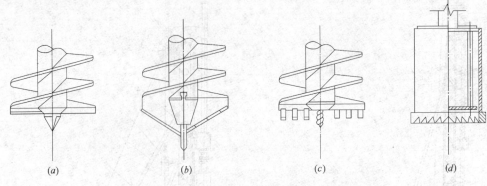

图 4-51 钻头示意图
(a) 平底钻头；(b) 锥底钻头；(c) 耙式钻头；(d) 筒式钻头

应根据电流值变化，及时进行调整；钻进过程中，应随时清理孔口积土和地面散落土，遇到地下水、塌孔、缩孔等异常情况时，应及时停钻处理；成孔达设计深度后，孔口应予以保护，并按规定进行验收，做好记录；浇筑混凝土前，应先放置孔口扩孔漏斗，随后放置钢筋笼并再次测量孔内虚土厚度。桩顶以下 5m 范围内混凝土应随浇随振动，并且每次浇筑厚度均不得大于 1.5m。

(3) 钻孔扩底灌注桩

钻孔扩底灌注桩施工方法是在钻杆上装扩孔装置，当达到设计深度位置时进行扩孔。成孔后放入钢筋笼，浇筑混凝土形成扩底桩，以提高单桩竖向承载力。此种桩单桩承载力可比同直径直孔桩大 1 倍以上。

1) 特点及适用范围：钻孔扩底灌注桩施工无噪声、无振动、对环境无污泥污染、单桩承载力较高、工程造价较低。适用于地下水位以上的黏性土、粉土、砂土、填土和粒径不大的砂砾层。桩端宜设置在强度较高的持力层上，如黏土层、粉土层、砂土层及砾砂层等。

2) 施工机械设备：钻扩机（扩孔机）有螺旋式钻扩机、重力起闭式钻扩机等多种形式。螺旋钻扩机技术性能参见表 4-26。钻扩机钻杆构造示意图如图 4-52 所示。

3) 螺旋钻孔扩底灌注桩施工工艺顺序：①螺旋式钻扩孔机钻孔；②打开扩孔器扩孔；③清孔；④放钢筋笼；⑤浇筑混凝土。

4) 钻孔扩底灌注桩施工要点：

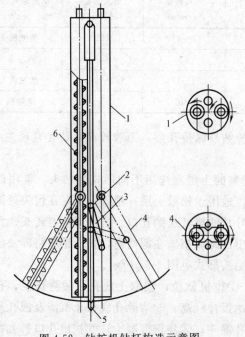

图 4-52 钻扩机钻杆构造示意图
1—外管；2—万向节；3—张开装置；
4—扩刀；5—定位尖；6—输土螺旋

螺旋钻扩机技术性能　　　　　　　　　　　　　　表 4-26

型号	钻孔最大直径（mm）	钻孔最大时深度(m)	孔底扩大头最大直径(mm)	钻头转速（r/min）	钻进速度（m/min）	电机功率（kW）
ZK120-1	350	4	1000	34	1.0	13
ZK120-2	350	5	1200	17.5～40	1.0	—
QKJ-120	400	7	800～1200	18.7	—	—
KKJ40/120	300～500	11.8	800～1200	45	1.5	40
DZ40/120	300～400	12	800～1200	23～112	3.1	22

施工直孔部分时，钻杆应保持竖直稳固，位置正确，防止因钻杆晃动引起孔径扩大；钻进过程中，应随时清理孔口积土；遇到地下水、塌孔、缩孔等异常情况时，应及时处理；

钻孔扩底时应根据电流值或油压值调节扩孔刀片切削土量，防止出现超负荷现象；扩底直径应符合设计要求，清底后孔底的虚土厚度应符合规范要求；

钻孔到达设计深度后，孔口应予以保护，按规范规定进行验收，并做好记录；

浇筑混凝土前，应先放置孔口扩孔漏斗，随后放置钢筋笼并再次测量孔内虚土厚度，扩底桩灌注混凝土时，第一次应灌到扩底部位的顶面，随即振捣密实；浇筑桩顶以下5m范围内的混凝土时，应随浇随振动，每次浇筑高度不得大于1.5m。

3.3.7 混凝土灌注桩质量检验标准

(1) 施工前应对水泥、砂、石子（如现场搅拌）、钢材等原材料进行检查，对施工组织设计中制定的施工顺序、监测手段（包括仪器、方法）也应检查。

(2) 施工中应对成孔，清渣、放置钢筋笼、灌注混凝土等进行全过程检查，人工挖孔桩尚应复验孔底持力层土（岩）性，嵌岩桩必须有桩端持力层的岩性报告。

(3) 施工结束后，应检查混凝土强度，并应做桩体质量及承载力的检验。

(4) 混凝土灌注桩的质量检验标准应符合表4-27、表4-28、表4-29的规定。

灌注桩的平面位置和竖直度的允许偏差　　　　　　表 4-27

序号	成孔方法		桩径允许偏差（mm）	竖直度允许偏差（%）	桩位允许偏差(mm)	
					1～3根单排桩基础垂直于中心线方向和群桩基础的边桩	条形桩基延中心线方向和群桩基础的中间柱
1	泥浆护壁钻孔桩	$D \leqslant 1000$mm	±50	<1	$D/6$，且不大于100	$D/4$，且不大于150
		$D > 1000$mm	±50		$100+0.01H$	$150+0.01H$
2	套管成孔灌注桩	$D \leqslant 500$mm	−20	<1	70	150
		$D > 500$mm			100	150
3	干成孔灌注桩		−20	<1	70	150
4	人工挖孔桩	混凝土护壁	+50	<0.5	50	150
		钢套管护壁	+50	<1	100	200

注：1. 桩径允许偏差的负值是指个别断面。
2. 采用复打、反插法施工的桩，其桩径允许偏差不受上表限制。
3. H 为施工现场地面标高与桩顶设计标高的距离，D 为设计桩径。

混凝土灌注桩钢筋笼质量检验标准　　　　表 4-28

项目	序号	检查项目	允许偏差或允许值	检查方法
主控项目	1	主筋间距	±100	用钢尺量
	2	长度	±100	用钢尺量
一般项目	1	钢筋材料质量	设计要求	用钢尺量
	2	钢筋间距	±20	用钢尺量
	3	直径	±20	用钢尺量

混凝土灌注桩质量检验标准　　　　表 4-29

项目	序号	检查项目	允许偏差或允许值		检查方法
			单位	数值	
主控项目	1	桩位	表 4-27		基坑开挖前量护筒,开挖后量桩中心
	2	孔深	mm	+300	只深不浅,用重锤测或测钻杆、套管长度
	3	桩体质量检验	按桩基检测技术规范		按桩基检测技术规范
	4	混凝土强度	设计要求		试件报告或钻芯取样送检
	5	承载力	按桩基检测技术规范		按桩基检测技术规范
一般项目	1	竖直度	表 4-27		侧套管或钻杆,或用超声波探测,干施工时吊锤球
	2	桩径	表 4-27		井径仪或超声波检测,干施工用钢尺,人工挖孔不包括内衬厚度
	3	泥浆相对密度(黏土或砂性土中)	1.15～1.20		用相对密度计测,清孔后在距孔底 50cm 处取样
	4	泥浆面标高(高于地下水位)	m	0.5～1.0	目测
	5	沉渣厚度:端承桩 摩擦桩	mm mm	≤50 ≤150	用沉渣仪或重锤测量
	6	混凝土坍落度:水下灌注桩 施工	mm mm	160～220 70～100	坍落度仪
	7	钢筋笼安装深度	mm	±100	用钢尺量
	8	混凝土充盈系数	>1		检查每根桩的实际灌注量
	9	桩顶标高	mm	+30 -50	水准仪,需扣除桩顶浮浆层及质量较差桩体

(5) 灌注桩的桩顶标高至少要比设计标高高出 0.5m,桩底清空质量按不同的成桩工艺有不同的要求,应按各相关的要求执行。每浇筑 50m³ 混凝土必须预留一组试件,混凝土用量小于 50m³ 的桩,每根桩必须预留一组试件。

课题 4　地下连续墙施工

4.1　地下连续墙施工

4.1.1　地下连续墙概述

地下连续墙是用于深基坑支护和建造地下构筑物的一项新技术。它是在地面上采用一种挖槽机械,沿着开挖的基坑或工程的周边轴线,在泥浆护壁保护条件下,开挖出一条狭长的深槽,清槽后在槽内吊放钢筋笼,然后用导管法浇筑水下混凝土,形成一个单元槽段,如此逐段进行施工,在地下筑成一道连续的钢筋混凝土墙壁,作为截水、防渗、挡土和承重结构,如图4-53所示。

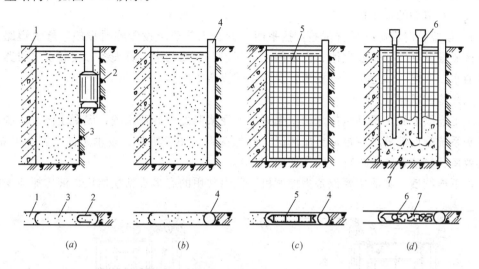

图4-53 地下连续墙施工程序示意
(a) 成槽;(b) 放入接头管;(c) 放入钢筋笼;(d) 浇筑混凝土成墙
1—已完成的墙段;2—成槽钻机;3—护壁泥浆;4—接头管;5—钢筋笼;6—导管;7—混凝土

地下连续墙可用于建造高层建筑物的深基础、地下室、地下车库、商场和工业建筑的深池、竖井、水工结构、水坝防渗墙、护岸、码头等工程。

地下连续墙工程作为支护结构具有刚度大、强度高、耐久性好等优点,可起到挡土、承重、截水、抗渗的作用。对周围建筑地基无扰动,可在狭窄场地条件下施工。适用于开挖较大、较深(深度>10m)、地下水位较高周围有高层建筑物、不允许设置内部支撑的情况。

用于高层建筑地下室逆作法施工,可地下地上同时施工,缩短工期,与常规开挖基坑方法相比,可大量减少挖土方,且无需降低地下水位。施工过程中振动小,噪声低,在地面操作,施工安全。

地下连续墙施工适用于多种地质条件,可用于黏性土、砂砾石土、软土包括淤泥、淤泥质土等多种土层情况,其深度可达50m,与邻近建筑物距离可达0.3m,因此在国内外应用较广。

地下连续墙施工需要的机具设备较多,一次性投资较高,施工工艺技术较为复杂,施工质量要求严格,施工人员需具备一定的技术素质。

4.1.2 地下连续墙施工前准备

(1) 现场、资料准备

1) 清理场地:按设计地面标高进行场地整平,拆迁施工区域内的房屋、通信、电力设施、上下水道等障碍物和挖除工程部位地面以下3m内的地下障碍物。

2) 水文地质调查:勘察施工现场地质情况,在工程范围内进行钻探。查明地质、地层、水文情况,为选择挖槽机具、制备泥浆循环工艺、确定槽段长度等提供可靠的技术依据。同时进行场地钻探,摸清地下连续墙部位的地下障碍物等情况。

3) 资料准备:根据工程结构、地质情况及施工条件制定施工方案,选定并准备施工机具设备。进行施工组织设计,编制施工方案、部署平面规划、劳动配备、划分槽段、确定泥浆配合比、配制及处理方法,提出材料、施工机具需用量计划及技术培训、保证质量、安全及节约的技术措施等。

4) 设置临时设施并进行试验:按平面布置及工艺要求设置临时设施,修筑道路,在施工区域设置导墙。安装挖槽、泥浆制配、处理、钢筋加工机具设备;安装水电线路;进行试通水、通电、试运转、试挖槽、混凝土试浇筑等工作。

(2) 施工机械

地下连续墙施工机具包括深槽挖掘系统,泥浆制配、处理系统,混凝土浇筑系统,槽段接头系统等四部分。应根据土质情况、开挖深度、施工机具、技术条件、安全可靠性、施工效率、经济效益等进行比较选择确定机具。

地下连续墙施工的主要设备为挖槽机,国内常用的有多头钻挖槽机、液压抓斗挖槽机

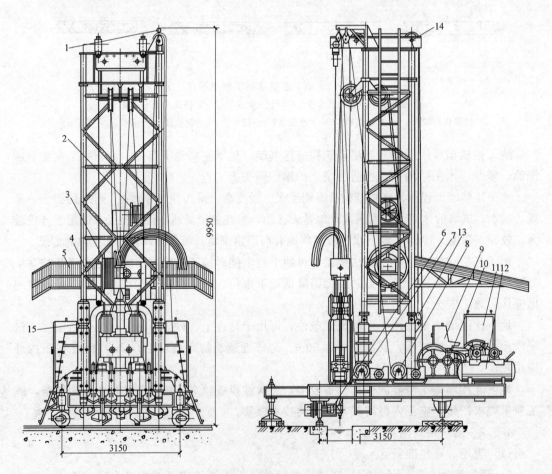

图 4-54　SF60-80 型多头钻成槽机

1—φ150提升台令;2—信号电缆收线盘;3—动力电缆收线盘;4—多头钻机钻头;5—遮阳篷;
6—行走电动机;7,8—卷扬机;9—操纵台;10—机头升降卷扬机;11—配电箱;
12—空气压缩机;13—拉力传感器;14—探测发送器;15—机头进给速度显示

和钻抓斗式挖槽机等几种。

1) 多头钻挖槽机：可分为 SF 型、DZ 型、GZJ 型、GZQ 型和 BWN 型等，应用较多的为 SF 型如图 4-54 所示，DZ 型如图 4-55 所示。多头钻挖槽机技术性能见表 4-30。

多头钻挖槽机技术性能 表 4-30

项目		成槽宽度(mm)	一次挖掘长度(m)	有效长度(mm)	高度(mm)	钻头个数(个)	钻头钻速(r/min)	电动机功率(kW)	吸浆排渣管直径(mm)	最大工作深度(m)	机头重量(t)
多头挖槽机	SF60-80型	600～800	2.6～2.8	2000	4300	5	30/50	(1.85/20)×2	150	50～60	9.7～10.2
	DZ400×4型	800	2.6	1800	5200	4	38.5	22×4	150	35	10.5

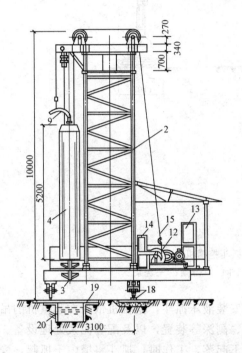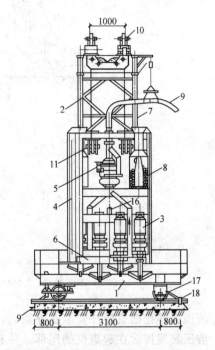

图 4-55 DZ800×4 型长导板简易多头钻

1—底座；2—钢管机架；3—潜水电钻；4—长导板用架；5—潜水砂石泵；
6—侧刀或铲刀；7—电缆；8—电缆收集管；9—排泥管；10—机头提升滑轮
系统；11—滑轮组；12—卷扬机；13—配电盘；14—操作台；15—电子秤；
16—竖直检测仪；17—行走轮；18—导轨；19—枕木；20—导墙

多头钻挖槽机是由多头钻头、底盘、支架、卷扬机、空气压缩机和配件柜等组成，底盘上装有电子秤拉力传感器、机头工作深度进给速度显示器、成槽倾斜度传感器等仪器仪表。多头钻挖槽机工作时，由多头钻切削土体，每个钻头在空间交叉旋削，削不到的土体由竖直振动侧刀铲除，成孔土壁光滑整齐，切下的土屑利用泥浆反循环从中心轴孔排出槽外。

2) 液压抓斗挖槽机：

液压抓斗挖槽机是由导架、导杆、液压装置、抓斗等组成，如图 4-56 所示。

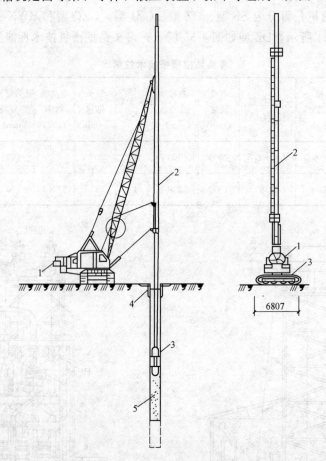

图 4-56　液压抓斗挖槽机
1—挖槽机；2—导杆；3—抓斗；4—导墙；5—泥浆

液压抓斗挖槽机导杆安装在导架内，下部安装液压抓斗，挖掘机依附在起重机的吊臂上。液压装置按放在起重机的尾部，并有测斜、测深等装置，以及配套泥浆处理设备、液压引拔机等。抓斗连同导杆由起重机操纵上、下起落，工作时，抓斗将槽内土抓起，操纵导杆将抓斗提起，将土卸于槽外。这种挖槽机的优点是设备简单，操作方便，行动灵活，工效高，挖槽能力强，通用性大，成本低，但是挖出的槽壁较粗糙，不适于在较小的场地施工。

3）钻抓式挖槽机

钻抓式挖槽机是由电动机、钻孔机构、导板抓斗和出土机构等组成，悬装在轨道式塔式机架上，由卷扬机控制升降，如图 4-57 所示。钻孔机构包括潜水钻头、导向筒体等组成。工作时，机架先按连续墙设计线就位，然后由潜水钻机根据标定孔位钻成两个直径与槽宽相同的竖直导孔，钻出的泥浆由钻头喷出的泥浆带至上部孔口排出，当两导孔钻成后，移动机架，用抓斗将导孔之间的土块挖走。

4.1.3　施工工艺流程

多头钻挖槽机常用施工及泥浆循环工艺流程如图 4-58 所示。

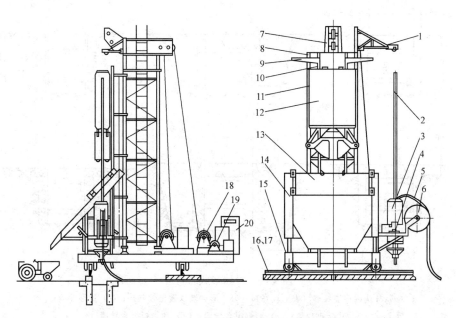

图 4-57 钻抓挖槽机示意图

1—电钻吊臂；2—钻杆；3—潜水电钻；4—钳制台；5—泥浆管及电缆；
6—转盘；7—顶梁；8—圈梁；9—吊臂滑车；10—龙门；11—机架立柱；
12—抓斗；13—上滑槽；14—下滑槽；15—底盘；16—轨道；
17—枕木；18—卷扬机；19—小卷扬机；20—电器控制箱

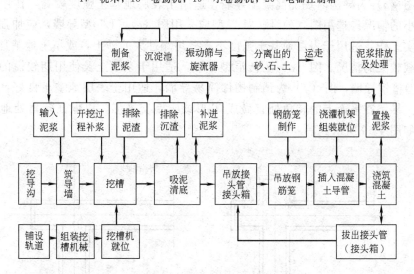

图 4-58 多头钻挖槽机施工及泥浆循环工艺

4.1.4 挖导沟、筑导墙施工

(1) 导墙的类型

深槽开挖前，必须沿着地下连续墙的轴线位置开挖导沟，浇筑或砌筑导墙，常用导墙形式如图 4-59 所示。

导墙的截面形式根据场地土质、地下水位、与邻近建筑物的距离、工程特点以及施工

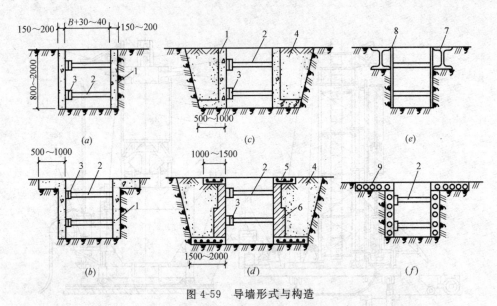

图 4-59 导墙形式与构造

(a) 导沟内现浇导墙（表土较好）；(b) [形导墙（表土较差）]；(c) L 形导墙；
(d) 砖砌导墙；(e) 型钢组合导墙；(f) 预制板组合导墙

1—C10 混凝土或 C15 钢筋混凝土导墙；2—木横撑（2.0m）；3—木楔；4—回填土夯实；
5—C15 预制板；6—砖墙；7—H 型钢；8—钢板；9—路面板或圆孔板

机具、使用期限等情况而定。导墙施工是确保地下连续墙的轴线位置及成槽质量的关键工序。其中图（a）为导沟内现浇混凝土导墙，适用于表层地基土强度较高，作用在导墙上的荷载较小的情况。选用图（b）倒"L"型或采用图（c）"L"型导墙，应加强导墙背后的回填夯实工作，适用于表层地基土强度不高、坍塌性大的砂土，或填土地基且作用在导墙上的荷载较大的情况。图（d）为砖混型导墙，适用于杂填土及使用期较短的情况。图（e）为薄型槽钢导墙，图（f）为预制构件简易导墙，适用于表层地基土良好，临时性使用的情况。导墙在平面上的转角处宜做成 T 形或十字交叉形，以保证转角处地下连续墙的刚度，如图 4-60 所示。

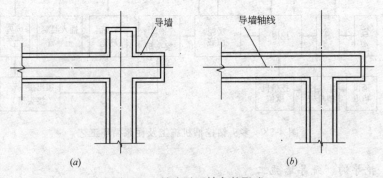

图 4-60 导墙平面转角的形式

(a) 十字交叉转角；(b) T 形平面转角

（2）导墙的作用及做法

导墙的作用是控制挖槽位置、为挖槽机导向、贮存泥浆、防止槽顶坍塌、作为架设挖槽设备的支承点。导墙的深度、厚度和结构形式应根据现场的地质条件，施工荷载以及采用的挖槽方法而定。导槽深度一般为 0.8～2.0m，底部应落在原土层上。顶部高于施工场地 50～100mm，并高于地下水位 1.5m，以满足槽内泥浆的最小压差，以防塌方。导墙的厚度一般为 0.15～0.25 m，两墙间净距比成槽机宽 30～50mm。

(3) 导墙施工的注意事项

导墙基底与土面应紧密接触，墙背应用黏土分层夯实，以防槽内泥浆外渗；导墙与连续墙中心必须一致，墙面与纵轴线允许偏差为±5mm；导墙上表面应水平，全长高差应小于±10mm，局部高差应小于 5mm。

4.1.5 施工槽段的划分

地下连续墙施工时将连续墙分成若干个分段，施工过程中是逐段进行施工，再将各段连在一起形成整体地下连续墙。

(1) 施工槽段的划分原则

地下连续墙的施工是按单元槽段进行，单元槽段应根据槽壁的工程地质条件和水文地质条件、地面荷载、单位时间内混凝土的供应能力、泥浆池的容积、施工设备性能、起吊能力和钢筋重量、槽壁稳定性等因素综合确定单元槽段长度。一般采用挖槽机最小挖掘长度为一单元槽段。如地质条件较好，在施工条件允许的情况下，也可采用 2～4 个挖掘单元组成一个槽段。一般槽段的长度宜为 6～8m。如图 4-61 所示。

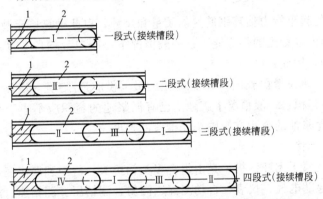

图 4-61 多头钻单元槽段的组成及挖槽顺序
1—已完槽段；2—导墙；Ⅰ～Ⅳ—挖槽顺序

槽段分段接头位置，应尽量避开转角部位和内隔墙连接部位，以保证良好的整体性和强度。连续墙的几种常用接头形式如图 4-62 所示。由于半圆形接头具有连接整体性、抗渗性好和施工较简便等优点，使用最为普遍。

(2) 槽段长度的影响因素

1) 地质条件：当土层不稳定时，为防止槽壁倒塌，应减少单元槽段的长度，以缩短挖槽的时间和减少槽壁在泥浆中的暴露面，挖槽后立即浇筑混凝土，以消除或减少槽段倒塌的可能性。

2) 地面荷载：如附近有高大建筑物或有较大的地面荷载，在挖槽期间会增大侧向压力，影响槽壁的稳定性，为了保证槽壁的稳定，亦应缩短单元槽的长度。

3) 起重机的起重能力：由于单元槽段的钢筋笼多为整体吊装的，所以要根据施工单

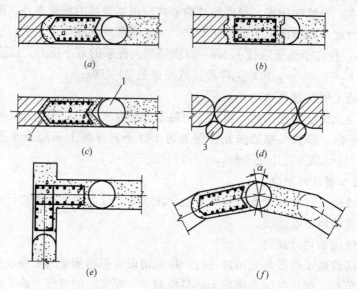

图 4-62 地下连续墙接头形式
(a) 半圆形接头；(b) 凸榫接头；(c) V形隔板接头；(d) 对接接头；
(e) 旁加侧榫；(e) 墙转角接头；(f) 圆形构筑物接头
1—接头管；2—V形隔板；3—二次钻孔灌注混凝土

位现有起重机械的起重能力估算钢筋笼的质量和尺寸，以此推算单元槽段的长度。

4) 单位时间内混凝土的供应能力：一般情况下一个单元槽段长度内的全部混凝土宜在 4h 内浇筑完毕，因此：

$$单位槽段长度 = 4h 混凝土的最大供应量/墙宽 \times 墙深$$

5) 泥浆池的容积：一般情况下工地上已有泥浆池的容积应不小于每一单元槽段挖土量的 2 倍，所以泥浆池的容积亦影响单元槽段的长度。

4.1.6 槽段开挖

多头钻挖槽机属于无杆钻机，是由组合多头钻机头、机架和底座三部分组成。所有配套的起重机械、起动电气、仪表、自动测深、测斜、测钻压、测钻速、测功率等装置均安装在底座上。组合钻机头一般由 3～5 台潜水钻机、砂石泵、吸泥器及其他附属件组成，如图 4-63 所示。钻头采取对称布置正反向回转，使钻头扭矩相互抵消，旋转切削土体成槽，钻削轨迹如图 4-64 所示。

切削土体时钻头切削圆柱土体，钻头工作范围之间未钻削的三角区，利用两侧上下运动的振动侧刀或水平往返运动的侧刀切削，侧刀利用中间 1～2 台钻机带动，一次下钻形成有效长度 1.3～2.0m 的长圆形掘削单元。

机头由 5t 慢速卷扬机牵引提升，采用钢丝绳自由悬挂，无动力下放。下钻时应使吊索保持一定张力，使钻具对地层保持适当压力，引导钻机头竖直成槽，钻头的钻进速度取决于泥渣的排出能力及土质的软硬程度，多头钻每小时排除槽内的淤泥量一般可用下式计算：

$$W = (\gamma_1 - \gamma_2)Q \tag{4-4}$$

式中 W——从槽内排出泥土的质量（kg/h）；

γ_1——从槽内排出泥浆的重度（kg/m^3）；
γ_2——向槽内补充泥浆的重度（kg/m^3）；
Q——反循环排浆时从槽内排泥浆的速度（m^3/h）。

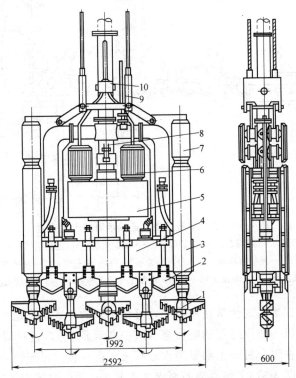

图 4-63　多头钻机的钻头
1—钻头；2—侧刀；3—导板；4—齿轮箱；5—减速箱；6—潜水电动机；
7—纠偏装置；8—高压进气管；9—泥浆管；10—电缆接头

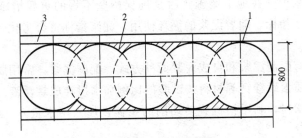

图 4-64　多头钻切土轨迹
1—钻头切削部分；2—侧（铲）刀切削部分；3—导墙

多头钻每小时的钻进速度为：

$$V = \frac{W}{\gamma} \cdot \frac{1}{F} \tag{4-5}$$

式中　V——多头钻钻进速度（m/h）；
　　　γ——原状土的天然重度（kg/m^3）；
　　　F——多头钻挖掘面积（m^2）。

钻进时注意下钻速度均匀，一般采用吸力泵排泥时，下钻速度为9.6m/h，采用空气吸泥法及砂石泵时，下钻速度为5m/h左右。多头钻施工工艺系统如图4-65所示。

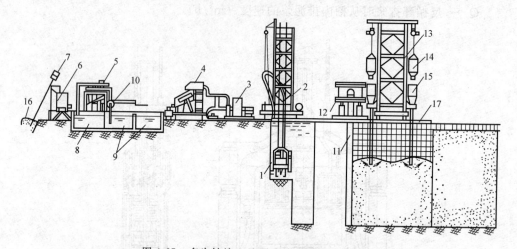

图4-65 多头钻施工地下连续墙时的工艺布置
1—多头钻；2—机架；3—吸泥泵；4—振动筛；5—水力旋流器；6—泥浆搅拌机；7—螺旋输送机；8—泥浆池；9—泥浆沉淀池；10—补浆用输装泵；11—接头管；12—接头管顶升架；13—混凝土浇灌机；14—混凝土吊斗；15—混凝土导管上的料斗；16—膨润土；17—轨道

多头钻工作时被掘削的泥土落在泥浆中，可用不同的方式排出槽外。排渣方法一般有两种方式：一是在钻机一侧设专用的吸力泵（或空气吸泥机），通过吸泥管将泥渣吸出槽外，称正循环；二是在组合机头上部安潜水砂石泵一台，直接以反循环方式将泥渣排出槽外，称反循环（参见图4-37）。但在砂石泵潜入泥浆5m深以前需用正循环排渣。

4.1.7 泥浆护壁循环工艺

在地下连续墙成槽过程中要不间断地供给泥浆，泥浆在槽中起护壁、携渣、冷却机具和润滑等作用。泥浆护壁在地下墙施工时是确保槽壁不塌的重要措施，必须有完整的仪器，经常地检验泥浆指标，随着泥浆的循环使用，泥浆指标将会劣化，只有通过检验，方可把好此关。

泥浆供给一般有配制泥浆和自成泥浆两种方式。配制泥浆，常用膨润土、羧甲基纤维素、纯碱及镁铬木质素磺酸钙等材料按试验的比例加水搅拌成悬浮液。自成泥浆，是在黏土或粉质黏土中成槽时，利用钻机旋转切削的土体，加入用水量0.2%～0.3%的纯碱作稳定剂形成泥浆护壁。

泥浆分离处理常用的方法有机械分离和自然重力沉淀两种。多头钻挖槽机成槽泥浆循环工艺参见图4-58。为了满足使用和沉淀处理的要求，泥浆容器的容积应为一个单元槽段挖掘量的1.5～2.0倍。容器一般采用钢制可移动式的，对于工程量不太大的连续墙支护施工，也可采用砖砌池坑。当采用自成泥浆护壁时，通常只设泥浆沉淀池，安设一台泥浆泵排除废沉渣。

槽内泥浆应保持一定密度，新鲜泥浆的密度一般控制为1.04～1.05t/m³。循环过程中的泥浆密度应控制在1.25～1.30t/m³以下。浇筑混凝土前，泥浆的密度应控制在1.15～1.20t/m³以下。在成槽过程中，要不断向槽内补充新鲜泥浆，泥浆面应高出地下水位0.5m以上，也不应低于导墙顶面0.3m。施工中要经常测试泥浆性能，调整泥浆的配合比。

4.1.8 槽段接头施工

地下连续墙的施工是分段施工，最后组合成整体连续墙，所以槽段的接头施工质量直接影响连续墙的质量。目前，地下墙的接头形式多种多样，从结构性能来分有刚性、柔性、刚柔结合型，从材质来分有钢接头、预制混凝土接头等。但无论选用何种形式，从抗渗要求着眼，接头部位常是薄弱环节，应严格控制这部分的质量。槽段的接头形式参见图4-62所示。

槽段的连接多采用半圆形接头、圆形接头管连接。接头施工时在吊放钢筋笼之前，用履带式或汽车式起重机将接头管吊入槽内，固定在未开挖槽段一端紧靠土壁。其作用是阻止混凝土与未开挖槽段土体结合，起到侧模的作用，然后吊放钢筋笼并浇筑混凝土。混凝土浇筑3~5h后开始逐节拔出接头管，在浇筑段端部形成半圆形的混凝土接缝。挖槽施工程序如图4-66所示。

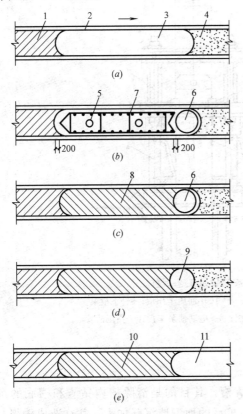

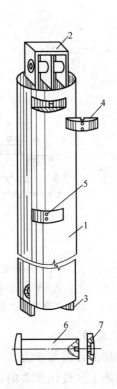

图4-66 圆形接头管连接施工程序

(a) 挖出单元槽段；(b) 先吊放接头管，再吊放钢筋笼；
(c) 浇筑槽段混凝土；(d) 拔出接头管；
(e) 形成半圆接头，继续开挖下一槽段

1—已完槽段；2—导墙；3—已挖好槽段并充满泥浆；4—未开挖槽段；5—混凝土导管；6—接头管；7—钢筋笼；8—混凝土；9—拔管后形成的圆孔；10—已完槽段；11—继续开挖槽段

图4-67 接头管构造示意

1—钢管体 $\phi 400mm$、$\phi 600mm$、$\phi 800mm$、$\phi 1000mm$
2—上阳插头；3—下阴插头；4—月牙形垫块；
5—沉头螺栓；6—接头管接长插销；7—销盖

槽段接头的接头管采用10mm厚的钢板制作，外径略小于槽宽，由多段组成，每段长5～6m，另配2～3节1～2m长的短管，接头管采用承插式内插销连接，如图4-67所示。接头管制作精度要求较高，表面要求平整、光滑，直径偏差在±3mm以内，全长竖直偏差在0.1%以内。

混凝土浇筑后，接头管上拔的方法有起重机吊拔和液压千斤顶顶拔两种方式。起重机吊拔适于深18m以内、直径600mm以下的接头管的施工。液压千斤顶顶拔适用于直径600mm以上、埋置较深的接头管顶拔。液压千斤顶顶拔装置由底座、上下托盘、承力横梁和二台行程1.2～1.5m的75～100t柱塞式千斤顶及配套的高压油泵等组成，如图4-68所示，可在混凝土浇筑前就位。在混凝土开始浇筑3～5h的时候拔动，每隔30min拔出0.5～1.0m，如此反复进行，在混凝土浇筑结束后4～8h内将接头管全部拔出，然后按上述程序进行下一槽段施工。

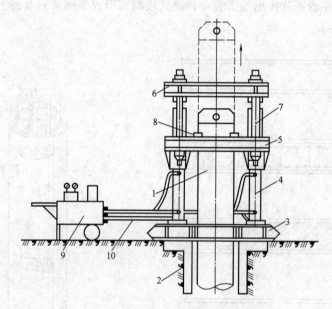

图4-68 接头管顶拔装置及工艺示意

1—接头管；2—导墙；3—底座；4—75～100t油压千斤顶；5—下横梁；
6—上横梁；7—调节螺栓；8—铁扁担；9—电动油泵车；10—高压油管

4.1.9 清槽

（1）清槽的目的及方法

连续墙施工到设计要求的深度后应进行清槽，其目的是清除槽内钻渣和槽底的沉淀物，以保证连续墙的施工质量。沉渣过多，施工后的地下墙沉降加大，往往造成楼板、梁结构开裂，这是不允许的。

清槽时一般采用吸力泵法、压缩空气法和潜水泥浆泵法排渣。对已下钢筋笼后的清槽则利用导管压入清水清孔。

清槽程序是：钻到设计深度后，停止钻进，使钻头空转4～6min，再用吸力泵或砂石泵以反循环方式抽吸10min，将钻渣清除干净，使泥浆密度值控制在1.15～1.2t/m³范围内。对前段混凝土接头处的残留泥皮，可将特制清扫接头钢丝刷用吊车吊入槽内，紧贴接头混凝土表面上下往复刷2~3遍，将泥皮清除干净。

(2) 清槽的质量要求

清槽结束后1h，测定槽底沉淀物，淤积厚度不大于20cm，槽底20cm处的泥浆密度不大于$1.2t/m^3$时为合格。

4.1.10 钢筋笼加工与安装吊放

(1) 钢筋笼的加工制作

地下连续墙钢筋笼应按设计要求配置钢筋，在地面平台上放样成形。主筋接头要求对焊连接，在现场按一个单元槽段平卧组装，整体平整度误差要求不大于50mm。

钢筋笼骨架的主筋和箍筋交点宜采用点焊连接，也可视钢筋笼结构情况除四周两道主筋支点全部点焊外，其余可采用50%交错点焊和钢丝扎结（直径0.8mm以上）的方法。

为加强钢筋笼吊放时的刚度，应加钢筋笼纵向加设钢筋桁架和水平斜向拉筋，与闭合箍筋点焊成骨架，如图4-69(a)所示。

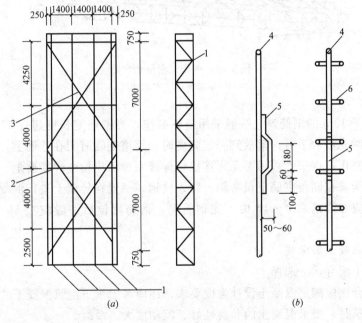

图4-69 钢筋笼的加固与耳环构造
(a) 钢筋笼加固；(b) 钢筋耳环垫块
1—纵向加固筋；2—水平加固筋；3—剪刀加固筋；4—主筋；5—ϕ20mm耳环或垫块；6—箍筋

对宽度尺寸较大的钢筋笼，应增设由直径25mm的水平钢筋和拉条组成的横向水平桁架。主筋保护层厚度一般为7~8cm，在主筋上焊50~60mm高的钢筋耳环定位块，如图4-69(b)所示。在竖直方向每隔2~5m设一排，每排每个面不少于二块，以保证钢筋笼位置的正确。

钢筋笼制作尺寸的允许偏差：主筋间距±10mm，箍筋间距±20mm，钢筋笼的厚度和宽度±10mm，总长度为±50mm。

(2) 钢筋笼的安装吊放

钢筋笼在绑扎制作过程中应将钢筋笼的起吊点位置确定，起吊环应焊接在钢筋笼骨架上。钢筋笼起吊时应采用横梁或吊架多点水平起吊，如图 4-70 所示，以防钢筋笼在起吊过程中变形。钢筋笼起吊后不得在空中晃动，水平移动到槽口后对准槽口，起吊钢筋笼下端的吊点下降，起吊钢筋笼上端的吊点上升，将钢筋笼竖直落放入槽内，下落时应避免钢筋笼碰撞槽壁。

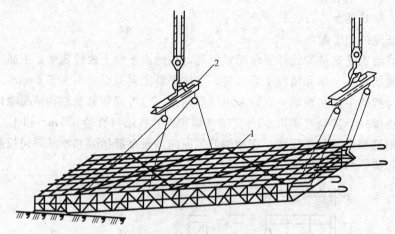

图 4-70　钢筋笼起吊示意图
1—钢筋笼；2—铁扁担

对长度小于 15m 的钢筋笼，一般采用整体制作。当钢筋笼长度超过 15m 时，常分两段制作。安装时先吊放下节，落放到一定高度时，用槽钢临时架在导墙上，然后再起吊上节与下节垂直对正，接头处采用帮条焊连接，焊接完成后应检查焊接质量。继续落放到设计深度后用吊钩或在四角主筋上设弯钩，穿入槽钢，搁置在导墙上进行混凝土浇筑。为防止槽壁塌落，应在清槽后 3～4h 内下完钢筋笼，钢筋就位后一般应在 5h 内开始浇筑混凝土。

4.1.11　混凝土的浇筑

（1）混凝土配合比的选择

混凝土配合比应满足混凝土设计强度要求，还应考虑水下浇筑混凝土的施工特点，当采用导管法浇筑时，要求混凝土的和易性好、流动度大、缓凝。

混凝土强度等级一般比设计强度等级提高 5MPa。水泥应采用 42.5 级或 52.5 级普通水泥或矿渣水泥；石子宜采用卵石，最大粒径不大于导管内径的 1/6 和钢筋最小净距的 1/4，且不大于 40mm，使用碎石时粗径宜为 0.5～20mm；水灰比不大于 0.6；单位水泥用量不大于 370kg/m³；砂宜用中粗砂，含砂率宜为 40%～45%；

混凝土应具有良好的和易性，施工坍落度宜为 180～200mm，并具有一定的流动性。混凝土坍落度降低至 150mm 的时间不宜小于 1h，其扩散度宜为 340～380mm。混凝土初凝时间应满足浇筑和接头施工工艺要求，一般宜低于 3～4h。如运输距离较远，宜在混凝土中掺入木钙减水剂，减小水灰比，增大流动性，减少离析，防止浇筑时堵塞导管，并延缓初凝时间，降低浇筑强度。地下连续墙需连续浇筑，以在初凝期内完成一个槽段为好，商品混凝土可保证短期内的浇灌量。

（2）浇筑方法

地下连续墙混凝土浇筑如图 4-71 所示。

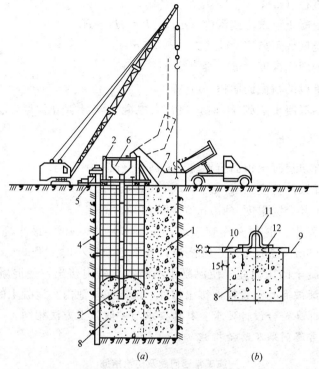

图 4-71 地下连续墙混凝土浇筑
(a) 混凝土浇筑机具设备及过程；(b) 混凝土隔水塞
1—已浇筑的地下连续墙；2—浇筑架；3—混凝土导管；4—接头钢管；
5—接头管顶升架；6—下料斗；7—卸料翻斗；8—混凝土；
9—3mm 厚橡胶垫；10—木板；11—吊钩；12—预埋螺栓

地下连续墙混凝土浇筑采用导管法水下浇筑，导管内径一般为 150～300mm，用 2～3mm 厚钢板卷焊而成，每节长 2～2.5m，并配几节 1～1.5m 的调节长度用的短管。导管的连接采用管端粗螺纹或法兰螺栓连接，接头处用橡胶垫圈密封防水，接头外部应光滑，接头处理及连接参见图 4-43。

浇筑混凝土时当单元槽段长度在 4m 以内，可采用单根导管浇筑混凝土。当槽段长度在 4m 以上时宜用 2～3 根导管同时浇筑，导管间距一般在 3m 以内，最大不得超过 4m，同时距槽段端部不得超过 1.5m。导管接头在地面组装成 2～3 节一段，用吊车吊入槽孔连接，导管的下口至槽底距离，一般取 0.4m 或 1.5D（D 为导管直径）。

开导管方法采用球胆或预制圆柱形混凝土隔水塞，塞球胆法预先将球胆塞放在混凝土漏斗下口，当混凝土浇筑后，混凝土压迫球胆从导管下口挤出漂浮在泥浆表面；混凝土隔水栓法则用 8 号钢丝将隔水栓吊挂在导管下端，参见图 4-44，上盖一层砂浆，待混凝土在导管内达一定量后，剪断钢丝，混凝土塞下落埋入底部混凝土中。第一次开导管时管内混凝土的储藏量可按下式计算：

$$V = h_1 \cdot \frac{\pi d^2}{4} + H_c \cdot A \tag{4-6}$$

式中　V——第一次开导管混凝土体积（m³）；
　　　d——导管直径（m）；
　　　H_c——首批混凝土要求浇筑深度（m），$H_c = H_d + H_e$；
　　　H_d——管底至槽底距离（m），取 0.4～0.5m；
　　　H_e——导管的埋设深度（m），取 1.5m；
　　　A——浇筑槽段的横截面面积（m²）；
　　　h_1——槽段内混凝土达到 H_e 时，导管内混凝土与导管外泥浆压力平衡所需高度，(m)，$h_1 = H_w \cdot \dfrac{\gamma_s}{\gamma_c}$；
　　　H_w——预计浇筑混凝土顶面至导墙顶面高差（m）；
　　　γ_s——槽内泥浆的重度（kg/m³），取 120kg/m³；
　　　γ_c——混凝土拌合物重度（kg/m³），取 240kg/m³。

在整个浇筑过程中，混凝土导管应埋入混凝土中 2～4m，最小埋入深度不得小于 1.5m，也不宜大于 6m。混凝土应连续浇筑，且不小于每小时上升 3m。浇筑时利用连续浇筑及导管出口混凝土的压力差，使混凝土不断从导管内挤出，使混凝土面逐渐均匀上升，槽内的泥浆逐渐被混凝土置换而排出槽外，流入泥浆池内。混凝土的浇筑高度应保证凿除浮浆后，墙顶标高符合设计要求。其他要求与一般施工方法相同。

4.1.12　施工常遇问题及防治措施

施工常遇问题及防治措施　　　　　　　　　　　　　表 4-31

质量通病	产生原因	防治措施
1. 糊钻：在黏性土层成槽，黏土附在多头钻刀片上产生抱钻现象，影响钻进	在软塑黏土层钻进，进尺过快，钻渣大，出浆口堵塞，易造成糊钻；在黏性土层成孔，钻速过慢，未能将切削泥土甩开，附在钻头刀片上将钻头抱住；与泥浆的流动形式、钻头的形式有关	施钻时，注意控制钻进速度，不要过快或过慢；已糊钻时可将钻头提出槽孔，清除钻头上的泥饼后继续钻进；钻进时加强泥浆循环方式，在钻头的喷浆管路系统加放一根压力泥浆管，将循环的泥浆送至多头钻，压力泥浆从钻头旁侧喷出，使钻头工作区产生激烈的泥浆流动，减小糊钻发生
2. 卡钻：钻机在成槽过程中被卡在槽内，难以上下或提不出来的现象	钻头钻进时泥浆中所悬浮的泥渣沉淀在钻头周围，将钻机与槽壁之间的孔隙堵塞；钻进过程中途停钻，且未及时将钻机提出地面，泥渣沉积在挖槽机具周围，将钻具卡住；槽壁局部塌方，将钻机埋住，或钻进过程中遇地下障碍物被卡住；在塑性黏土中钻进，遇水膨胀，槽壁产生缩孔卡钻；槽孔偏斜弯曲过大，钻机为柔性垂悬挂，被槽壁卡住	钻进中应不定时的交替紧绳、松绳，将钻头慢慢下降或空转，避免泥渣淤积堵塞，造成卡钻；中途停钻时，应将潜水钻机提出槽外，钻进中要适当控制泥浆密度，防止塌方；挖槽前应探明障碍物及时处理，在塑性黏土中钻进或槽孔出现偏斜弯曲，应经常上下扫孔纠正；挖槽机在槽孔内不能强行提出，以防吊索破断，一般可采用高压水或空气排泥方法排除周围泥渣及塌方土体，再慢慢提出，必要时，用挖竖井方法取出
3. 架钻：钻进中钻机导板箱被槽壁土体局部托住，不能钻进	在钻进中由于钻头磨损严重，钻头直径减小，未及时补焊造成槽孔宽度变小，使导板箱被搁住不能钻进；钻机切削三角死区的垂直铲刀或侧向拉刀装置失灵，或坚硬土石层，功率不足，难以切去	钻头直径应比导板箱宽 1～3cm；钻头磨损严重应及时补焊加大。钻进三角死区土层的垂直铲刀或侧向拉刀失效，或遇坚硬土石层功率不足，难以切去时，可辅以冲击钻破碎后再钻进

续表

质量通病	产生原因	防治措施
4. 槽壁坍塌：槽段内局部孔壁坍塌出现水位突然下降，孔口冒细密的水泡，出土量增加，而不见进尺，钻机负荷显著增加等现象	遇竖向节理发育的软弱土层或流砂土层；护壁泥浆选择不当，泥浆密度不够，不能形成坚实可靠的护壁；地下水位过高，泥浆液面标高不够，或孔内出现承压水，降低了静水压力；泥浆水质不合要求，含盐和泥砂多，易于沉淀，使泥浆性质发生变化，起不到护壁作用；泥浆配制不符合质量要求；在松软砂层中钻进，进尺过快或钻机回旋速度过快，空转时间太长，将槽壁扰动；成槽后搁置时间过长，未及时吊放钢筋灌混凝土，泥浆沉淀失去护壁作用；由于漏浆或施工操作不慎造成槽内泥浆液面降低，超过了安全范围；或下雨使地下水位急剧上升；单元槽段过长，或地面附加荷载过大等	在竖向节理发育的软弱土层或流砂层钻进，应采取慢速钻进，适当加大泥浆密度，控制槽段内液面高于地下水位 0.5m 以上；成槽时应根据土质情况选用合格泥浆，并通过试验确定泥浆密度，一般不应小于1.05；泥浆必须配制，并使其充分溶胀，储存3h以上，严禁将膨润土火碱等直接倒入槽中；所用水质应符合要求；在松软砂层中钻进，应控制进尺，不要过快或空转时间过长；槽段成槽后，立即放钢筋笼并浇灌混凝土，尽量不使其搁置时间过长；根据钻进情况，随时调整泥浆密度和液面标高；单元槽段一般不超过两个槽段，注意地面荷载不要过大；严重塌孔，要拔钻填入较好的黏土重新下钻，局部坍塌，可加大泥浆密度，已坍塌土体可用钻机搅成碎块抽出；如发现大面积坍塌，应将钻机提出地面，用优质黏土（掺入20%水泥）回填至坍塌处以上1~2m 待沉积密实后再行钻进
5. 槽孔偏斜（歪曲）：槽孔向一个方向偏斜，竖直度超过规定数值	钻机柔性悬吊装置偏心，钻头本身倾斜或多头钻底座未安置水平；钻进中遇较大孤石或探头石或局部坚硬土层；在有倾斜度的软硬地层交界岩面倾斜处钻进；扩孔较大处钻头摆动，偏离方向；采取依次下钻，一端为已灌筑混凝土墙，常使槽孔向土一侧倾斜；成槽掘削顺序不当，钻压过大	钻机使用前调整悬吊装置，防止偏心，机架底座应保持水平，并安设平稳；遇较大孤石、探头石应辅以冲击法破碎；在软硬岩层交界处及扩孔较大处，采取低速钻进，尽可能采取两槽段成槽，间隔施工；合理安排掘削顺序，适当控制钻压；查明钻孔偏斜的位置和程度，一般可在偏斜处吊住钻机上、下往复扫孔，使钻孔变竖直；偏差严重时，应回填砂、黏土到偏孔处1m 以上，待沉积密实后，再重新施钻
6. 钢筋笼难以放入槽孔内或上浮：成槽后，吊放钢筋笼被卡或搁住，难以全部放入孔内，混凝土灌筑时钢筋被托起槽孔面，出现上浮现象	槽壁凹凸不平或弯曲，钢筋笼尺寸不准，纵向接头处产生弯曲，钢筋笼重量太轻，槽底沉渣过多；钢筋笼刚度不够，吊放时产生变形，定位块过于凸出；导管埋入深度过大，或混凝土浇灌速度过慢，钢筋笼被托起上浮	成孔要保持槽壁面平整，严格控制钢筋笼外形尺寸，其长宽应比槽段小11~12cm；钢筋笼接宽时，先将下段放入槽孔内，保持竖直状态，悬挂在槽壁上，再对上节，使竖直对正下段，再进行焊接，要求对称施焊，以免焊接变形，使钢筋笼产生纵向弯曲；如因槽壁弯曲钢筋笼不能放入，应修整后再放钢筋笼；钢筋笼上浮，可在导墙上设置锚固点固定钢筋笼，清除槽底沉渣，加快浇灌速度，控制导管的最大埋深不要超过6m
7. 锁头管拔不出：地下混凝土连续墙接头处锁头管在混凝土灌筑后抽拔不出来	锁头管本身弯曲或安装不直，与预升装置、土壁及混凝土之间产生较大摩擦力；抽拔锁头管千斤顶能力不够，或不同步，不能克服管与土壁、混凝土之间的摩阻力；拔管时间未掌握好，混凝土已经终凝，摩阻力增大；混凝土浇灌时未经常上下活动锁头管；锁头管表面的耳槽盖漏盖	锁头管制作精度（竖直度）应在1/1000以内，安装时必须竖直插入，偏差不应大于50mm；拔管装置能力应大于1.5倍阻力；锁头管抽拔要掌握时机，一般混凝土达到自立强度（3.5~4h），即可开始顶拔，5~8h 内将管子拔出，混凝土初凝后，即应上下活动，每10~15min活动一次；吊放锁头管时，要盖好上月牙形管盖
8. 夹层：混凝土灌筑后，地下连续墙壁混凝土内存在泥夹层	灌注管摊铺面积不够，部分角落灌注不到，被泥渣填充；灌注管埋置深度不够，泥渣从底口进入混凝土内；导管接头不严密，泥浆渗入导管内；首批下灌土量不足，未能将泥浆与混凝土隔开；混凝土未连续浇灌造成间断或浇灌时间过长，首批混凝土初凝失去流动性，而继续浇灌的混凝土顶破顶层而上升，与泥渣混合，导致在混凝土中夹有泥渣形成夹层；导管提升过猛，或测深错误，导管底口超出原混凝土面底口涌入泥浆；混凝土浇灌时局部塌孔	采用多槽段灌注时，应设2~3个灌注管同时灌注；导管埋入混凝土深度应为 1.2~4m，导管接头应采用粗丝扣，设橡胶圈密封；首批灌入混凝土要足够充分，使其有一定的冲击力，能把泥浆从导管中挤出，同时始终保持快速连续浇筑，中途停歇时间不超过15min，槽内混凝土上升速度不应低于2m/h，导管上升速度不要过猛；采取快速灌筑，防止时间过长塌孔；遇塌孔可将沉积在混凝土上的泥土吸出，继续灌注，同时应采取加大水头压力等措施；如混凝土凝固，可将导管提出，将混凝土清出，重新下导管，灌注混凝土；混凝土已凝固出现夹层，应在清除后采取压浆补强方法进行处理

续表

质量通病	产生原因	防治措施
9. 导墙破坏或变形:导墙出现坍塌、不均匀下沉、裂缝、向内挤拢等现象	导墙的强度及刚度不足;地基发生坍塌或受到冲刷;导墙内侧没有设置支撑;作用在导墙上的施工荷载过大	按要求施工导墙,导墙内钢筋应连接;适当加大导墙深度,加固地基;墙周围设排水沟,导墙内侧加支撑;施工荷载分散设置,使其受力均匀;已破坏或变形的导墙应拆除,并用优质土(或掺入适量水泥、石灰)回填夯实,重新建造导墙
10. 漏浆:出现槽内泥浆液面高度位迅速下降,泥浆突然大量泄漏现象	挖槽遇多孔的砾石地层或落水洞、暗沟等,泥浆大量渗入孔隙或沿洞、沟流失	立即停止吸力泵(或砂石泵)的使用,并往导槽内输送尽量多的泥浆,同时将挖槽机提出来,对砾石层提高泥浆黏度和密度,并备堵漏材料,及时补浆和堵漏,使槽内泥浆保持正常液面;对漏水孔洞、暗沟填充优质黏土,重新施钻
11. 导管内卡混凝土:混凝土导管内被混凝土堵塞,混凝上下不去	导管口离槽底距离过小或插入槽底泥砂中;隔水塞卡在导管内;混凝土坍落度过小,石子粒径过大,砂率过小;浇灌间歇时间过长	导管口离槽底距离保持不小于1.5D;混凝土隔水塞与导管内径保持有5mm的空隙;按要求选定混凝土配合比,加强操作控制,保持连续浇灌;浇灌间歇要上、下小幅度提动导管,已堵管可敲击、抖动、振动或提动导管(高度在30cm以内)或用长杆捣导管内混凝土进行疏通;如无效,在顶层馄凝土尚未初凝时,将导管提出,重新插入混凝土内,并用空气吸泥机将导管内的泥浆排出,再恢复灌注混凝土
12. 槽段接头渗漏水:基坑开挖后在槽段接头处出现渗水、漏水、涌水等现象	挖槽机成孔时,粘附在上段混凝土接头面上的泥皮、泥渣未清除掉就下钢筋笼浇灌混凝土	在清槽的同时,对上段接缝混凝土面用钢丝刷或刮泥器将泥皮、泥渣清理干净;如渗漏水量不大,可采用防水砂浆修补;渗漏水较大时,可根据水量大小,用短钢管或胶管引流,周围用砂浆封住,然后在背面用化学灌浆堵漏,最后堵引流管;漏水量很大时,用土袋堆堵,然后用化学灌浆封闭,阻水后,再拆除土袋
13. 混凝土导管内进泥:浇灌混凝土时导管内出现涌泥,使混凝土出现夹层	首批混凝土数量不足;导管底距槽底间距过大;导管插入混凝土内深度不足;提导管过度,泥浆挤入管内;导管接头不严泥浆涌入导管	首批混凝土量应经计算保持足够数量,导管口离槽底间距保持不小于1.5D(D为导管直径),导管插入混凝土深度保持不小于1.5m;测定混凝土上升面,确定高度后再据此提拔导管;如槽底混凝土深度小于0.5m,可重新放隔水塞浇灌混凝土,否则应将导管提出,将槽底的混凝土用空气吸泥机清出,重新浇灌混凝土;或改用带活底盖导管插入混凝土内,重新浇灌混凝土;检查导管接头,重新连接导管

4.2 地下连续墙的质量控制与检验

(1) 泥浆配方及成槽机选型与地质条件有关,常发生配方或成槽机选型不当而产生槽段塌方的事例,地下连续墙施工前宜先试成槽,以检验泥浆的配比、成槽机的选型并可复核地质资料,以确保工程的顺利进行。仅对专业施工经验丰富、熟悉土层性质的施工单位可不进行试成槽。

(2) 检查混凝土上升速度与浇筑面标高均为确保槽段混凝土顺利浇筑及浇筑质量的措施。锁口管(或称槽段浇筑混凝土时的临时封堵管)拔得过快,入槽的混凝土将流淌到相邻槽段中给该槽段成槽造成极大困难,影响质量,拔管过慢又会导致锁口管拔不出或拔断,给地下连续墙构成隐患。

(3) 作为永久结构的地下连续墙，其抗渗质量标准可按现行国家标准《地下防水工程施工质量验收规范》GB 50208 执行。

(4) 地下连续墙槽段间的连接接头形式，应根据地下连续墙的使用要求选用，且应考虑施工单位的经验，无论选用何种接头，在浇筑混凝土前，接头处必须刷洗干净，不留任何泥砂或污物。

(5) 地下连续墙与地下室结构顶板、楼板、底板及梁之间连接可预埋钢筋或接驳器（锥螺纹或直螺纹），对接驳器也应按原材料检验要求，抽样复验，数量每 500 套为一个检验批，每批应抽查 3 件，复验内容为外观、尺寸、抗拉试验等。

(6) 施工前应检验进场的钢材、电焊条，已完工的导墙应检查其净空尺寸，墙面平整度与竖直度。检查泥浆用的仪器、泥浆循环系统应完好。地下连续墙应选用商品混凝土。

(7) 施工中应检查成槽的竖直度、槽底的淤积物厚度、泥浆相对密度、钢筋笼尺寸、浇筑导管位置、混凝土上升速度、浇筑面标高、地下连续墙连接面的清洗程度、商品混凝土的坍落度、锁口管或接头箱的拔出时间及速度等。

(8) 成槽结束后应对成槽的宽度、深度及倾斜度进行检验，重要结构每段槽段都应检查，一般结构可抽查总槽段数的 20%，每槽段应抽查 1 个段面。检查槽段的宽度及倾斜度宜用超声测槽仪，以确保精度。

(9) 永久性结构的地下连续墙，在钢筋笼沉放后，应做二次清孔，沉渣厚度应符合要求。

(10) 每 50m³ 地下连续墙应做 1 组试件，每槽段不得少于 1 组，在强度满足设计要求后方可开挖土方。

(11) 作为永久性结构的地下连续墙，土方开挖后应进行逐段检查，钢筋混凝土底板也应符合现行国家标准《混凝土结构工程施工质量验收规范》GB 50204 的规定。

地下连续墙质量检验标准　　　　　表 4-32

项目	序号	检查项目		允许偏差或允许值		检查方法
				单位	数值	
主控项目	1	墙体强度		设计要求		查试件记录或取芯试压
	2	竖直度：永久结构 　　　　临时结构			1/300 1/150	超声波测槽仪或成槽机上的检测系统
一般项目	1	导墙尺寸	宽度 墙面平整度 导墙平面位置	mm mm mm	W+40 <5 ±10	用钢尺量，W 为地下连续墙设计厚度 用钢尺量 用钢尺量
	2	沉渣厚度：永久结构 　　　　　临时结构		mm mm	≤100 ≤200	重锤测或沉积物测定仪
	3	超深		mm	+100	重锤测
	4	混凝土坍落度		mm	180~220	坍落度测定仪
	5	钢筋笼尺寸		参见表 4-30		参见表 4-30
	6	地下连续墙表面平整度	永久结构 临时结构 插入式结构	mm mm mm	<100 <150 <20	此为均匀粘土层，松散及塌落土层由设计决定
	7	永久结构时的预埋件位置	水平向 竖直向	mm mm	10 20	用钢尺量 水准仪

(12) 地下连续墙的钢筋笼检验标准应符合表 4-28 的规定。其他标准应符合表 4-32 的规定。

复习思考题

1. 简述天然地基上建造浅基础的施工工艺。
2. 简述砖基础的施工要点。
3. 砖基础施工注意事项是什么？
4. 简述混凝土基础施工要点。
5. 现浇钢筋混凝土独立基础的构造要求有哪些？
6. 简述现浇钢筋混凝土独立基础的施工要点。
7. 筏板基础的材料和构造有哪些要求？
8. 简述筏板基础的施工。
9. 箱形基础的后浇带如何处理？
10. 箱形基础的混凝土怎样浇筑？
11. 桩基础有哪些类型？
12. 预制桩基础施工时打桩机械包括那些？
13. 怎应堆放预制桩？
14. 简述预制桩基础的施工工艺。
15. 怎样确定预制桩的贯入度？
16. 简述预制桩节桩的方法。
17. 钢筋混凝土预制桩的质量通病有哪些？怎样防治？
18. 灌注桩有哪几种类型？
19. 泥浆护壁钻孔灌注桩的作用是什么？
20. 简述泥浆护壁钻孔灌注桩施工工艺。
21. 如何进行水下混凝土的浇筑？
22. 泥浆护壁灌注桩施工质量通病有哪些？如何防止？
23. 简述夯扩桩的施工工艺。
24. 什么是地下连续墙？它的作用是什么？
25. 导墙的类型有哪些？作用是什么？如何施工？
26. 怎样划分施工段？
27. 简述泥浆护壁循环工艺。
28. 简述槽段接头的施工。
29. 地下连续墙施工常见的质量通病有哪些？如何防治？

参考文献

1. 吴湘兴主编. 土力学与地基基础（第二版）. 武汉：武汉大学出版社，1997
2. 建筑地基基础工程施工与质量验收实用手册. 北京：中国建筑工业出版社，2004
3. 中华人民共和国国家标准：土工试验方法标准（GB/T 50123—1999）. 北京：中国计划出版社，1999
4. 建筑施工技术与机械. 北京：中国建筑工业出版社，2003
5. 建筑施工技术. 第二版. 北京：中国建筑工业出版社，2003
6. 廖代广主编. 建筑施工技术. 武汉：武汉工业大学出版社，1997
7. 中华人民共和国国家标准：砌体工程施工质量验收规范（GB 50203—2002）. 北京：中国建筑工业出版社，2002
8. 中华人民共和国国家标准：混凝土结构工程施工质量验收规范（GB 50204—2002）. 北京：中国建筑工业出版社，2002
9. 中华人民共和国国家标准：建筑地基基础设计规范（GB 50007—2002）. 北京：中国建筑工业出版社，2002
10. 唐业清主编. 简明地基基础设计施工手册. 北京：中国建筑工业出版社，2003
11. 陈跃庆编. 地基与基础施工技术. 北京：机械工业出版社，2004
12. 牛志荣主编. 地基处理技术及工程应用. 北京：中国建筑工业出版社，2004
13. 江正荣主编. 基坑工程便携手册. 北京：机械工业出版社，2004
14. 沈克仁主编. 地基与基础. 北京：中国建筑工业出版社，2004
15. 陈希哲主编. 土力学与地基基础. 北京：清华大学出版社，2004
16. 张力庭主编. 土力学与地基基础. 北京：高等教育出版社，2003
17. 徐占发，王旭鹏主编. 土力学与地基基础. 北京：中国建筑工业出版社，2004
18. 高大钊主编. 土力学与基础工程. 北京：中国建筑工业出版社，1999
19. 建设部教育司组织编写. 试验工. 北京：中国建筑工业出版社，2003
20. 中华人民共和国国家标准：岩土工程勘察规范（GB 50021—2001）. 北京：中国建筑工业出版社，2002
21. 中华人民共和国国家标准：土工试验方法标准（GB/T 50123—1999）. 北京：中国建筑工业出版社，2002